シリーズ 新約聖書に聴く

マルコの福音書に聴くI

イエス・キリストの福音のはじめ

中島真実［著］

いのちのことば社

はじめに

「神の子、イエス・キリストの福音のはじめ」（一・一）。マルコの福音書の書き出しです。福音を書き記すとの宣言。そこから始めて、イエス・キリストの出来事について叙述すると述べています。この発言は、初代教会が「イエスが主」という自らの宣教内容を「福音」と称していた事実と全く合致するものです。それゆえマルコの福音書は、まさしく初代教会のメッセージの一環として記され、受け入れられ、そして伝えられてきたということを自ら物語っていることになります。別の言い方をすれば、この書は、初代教会の信仰告白に則《のっと》って、その中核をなおも明確にすべく著され、かつ、そういうものとして受けとめられて用いられていったもので、それゆえに、初代教会の宣教において生まれた新約聖書二十七巻に収められるのは至極当然ということになります。

マルコの福音書は、新約聖書二十七巻の中でも最初のセクション・福音書群の二番目に置かれています。しかし、これは書き記された時間的順序を示すものではありません。福音書群は新約正典の中では比較的遅い時期（といっても紀元一世紀後半）に書き記されていますが、その執筆事情としては、初代教会の宣教範囲の拡大と主イエスの目撃証人世代の召天により、主イエスについての証言をまとまった形で得るには主イエスの活動の具体像を文章化する以外にない、という喫緊の状況が少なからず影響しています。つまり、宣教の進展に伴って、すでにパウロ書簡などが記されてきてはいたのですが、さらにこの状況を受けて福音書群が文書として登場する段になるというわけです。けれども、状況に迫られてということ以上に、主と呼ばれる方の活動を文書として記録し、その具体像を描くことは、主に従う教会として強く望まれることですし、宣教の取り組みとして当然のプロセスでした。マルコの福音書も、そうした動きの中で書き記されたということです。

（ちなみに、新約正典の枠の外にも「福音書」と自称する文書〔外典福音書〕がありますが、これらは主イエスの具体像を歴史に即して伝えるものではなく、旧約聖書にも無関心で、地歴叙述も不正確です。これらは正典福音書とは異なる主張を展開するために、主イエスの具体像とは別のネタを後付けで加えようとしたもので、本当は福音書と呼べるような代物ではありません。ところが、映画『ダ・ヴィンチ・コード』など昨今のポップ・カルチャーの中で、まことしやかに登場することもあるので、注意が必要です。）

このように、マルコの福音書を含め、新約正典の福音書群は主イエスの具体像を描くことが主眼ではありますが、それは伝記を書くということではなく、伝記的ではあっても、それ以上のメッセージ（＝福音）を教会の宣教現場に伝えるということを意味します。それゆえ、まさしく福音書と呼ばれるべき文書です。けれども、同時に宣教現場の実情は様々ですので、そこに応えるメッセージにもユニークな味わいが生まれます。それで、同じ主イエスを描く福音書でも、結果、四つの文書が誕生したというわけです。それゆえに、マルコの福音書にはマルコの福音書の現場があり、その叙述の特徴は現場の問いに由来するものです。マルコの福音書らしさが生まれる背景とでも言いましょうか。興味深いテーマですが、その詳細は下巻の序説で扱うほうがよりふさわしいので、ここでは割愛します。

むしろ、ここでは四つの福音書間の異同と相関に軽く触れて、マルコの福音書の特徴を理解する助けを得たいと思います。マルコの福音書は、マタイやルカと同じく、地上を歩んだ主イエスの出来事に関心を傾け、主イエスが招く神の国(恵みの支配)とは何かを描き出す視点を共有しています。なので、これらは共観福音書と呼ばれます。それに対して、ヨハネは異なる観点から、すなわち、地上に到来した主イエスの存在に関心を傾け、神の国に招く主イエスはだれなのかを描き出そうとします。その意味でヨハネの福音書とは異なり、共観福音書には互いに共有される記事が多数見受けられ、何かの形で共通の資料基盤が存在していることをほのめかしています。B・F・ウェストコットによれば、中でもマルコの福音書は九三%が他の福音書と共有される記事で構成されており、記事の共有度がきわめて高くなっています(マタイは五八%、ルカは四一%)。このことは、マルコの福音書が他の何かに相当依存しているか、マルコの福音書自体が共通の資料基盤を提供しているのか、どちらかであることを示しています。仮に前者だとして、マルコの福音書がマタイあるいはルカに依存したと考えるなら、より複雑な文書からの要約版をマルコはこしらえたことになりますが、そうしなければならなかった理由説明には困難があります。むしろ、後者だとして、マルコの福音書がマタイとルカに共通の資料基盤を提供したと考えるならば、より複雑・詳細な文書が必要あって各々に共通の基盤から派生した流れを見て取ることができます。さらに、主イエスの出来事が叙述される順序は基本的に共観福音書に共通していますが、稀なケース、マタイ・ルカがマルコと異なる扱いをしている場合（ベルゼブル論争の記事など）、マタイとルカも各々独自の扱いをしており、この点もまた、共観福音書の基本的な叙述順はマルコが基盤となっていることを暗示しています。これに加え、マルコの福音書がどんな現場に応答して記されたかを叙述の特徴から受けとめるならば（下巻の序説で扱う予定）、これが最初に書かれた福音書と考えるのが妥当でしょう。

したがって、マルコの福音書冒頭の「神の子、イエス・キリストの福音のはじめ」（一・一）は、当の福音書の出だしを告げるだけでなく、初代教会が宣教する福音の出来事の始まりを告げ知らせ、かつ、福音書文学という形を初代教会が宣教に用い始めた事実をも告げ知らせるという意味で、三重のファンファーレが鳴り響いているようなフレーズと言えるでしょう。神の救いの歴史の新たなページが決定的に開かれるという緊張感と期待感、驚きと喜びが溢れています。それゆえ、マルコの福音書を講解するにあたり、こうした雰囲気を明確に踏まえていきたいと考えます。

さて、このようにして始まるマルコの福音書、書き記したのはいったいだれなのでしょうか。マルコの福音書なのだから、著者はマルコでしょ、と単純に考える人から、著作権などという感覚など全くない古代文書だから、まず疑ってかかれという懐疑派まで、様々な考え方がありますが、まずは先述のように、初代教会が宣教する福音を誠実に伝えているということを押さえておきましょう。そこを押さえておけば、著者がだれであろうが、マルコの福音書の基本的な内容理解にさほどの困難は生じないというのが実情ではありません。著者の特定が内容理解に直結する書簡などとは異なり、福音書の内容は主イエスの出来事ですから、具体的に著者がだれであれ、何かそれで大きな影響を内容理解に及ぼすということはありません。ただし、著者がだれであるか、できるかぎりで肉薄していくことは、福音書が書かれた当時の初代教会のコミュニケーションに迫ることであり、文書自体を生き生きととらえていくうえで良い刺激を提供してくれます。なので、しばしそこに触れることにします。

使徒世代が去って後の古代教会の証言によれば、マルコの福音書の著者は、使徒ペテロの従者にして通訳者、ペテロの手紙第一において「私の子」と呼ばれているマルコ（五・一三）であるとされています。パピアス証言、イレナエウス、ムラトリ断片、アレクサンドリアのクレメンスなどが、そのあたりを証言しています。これらの証言は、マルコの福音書をペテロとの繋がりでとらえさせてくれます。そうだとすれば、マルコの福音書は、弟子として主イエスの公生涯にお伴をして、十字架の死と復活の出来事の目撃証言者となり、原始教会最初の説教者となった使徒ペテロの口述が叙述の中心であり、記録としてもメッセージとしても、直接に触れた者だけが語り得る迫真の力を有することになります。

こうした古代教会の証言に対して、それらがペテロの権威を高めてローマ教会の中心性を主張する作用があることから、その信憑性に疑義を挟む主張があります。しかしながら、それは決定的とは言えません。むしろ、マルコの福音書が描くペテロをはじめ弟子たちの姿は、悟りが鈍く、心頑なで、失態続きの姿、最後には主イエスの弟子であることを否定してしまうことまでやらかします。どうやって見ても「権威を高める」ために格好つけている描写は見当たりません。もしヒエラルキー的に権威を高めたいのなら、少なくともここまで失態を暴露することはないでしょう。逆に、ここまで正直になれるとすれば、それでも弟子として招いた主イエスの深い恩寵の証し以外の何ものでもなく、その正直さのゆえに、事実を語り得る者が事実を告げているという印象をもたせてくれることになります。

ちなみに、マルコの福音書とペテロの証言との結びつきに疑義を挟む主張の根拠として挙げられるのには次のようなものがありますが、いずれも根拠薄弱と言わざるを得ません。たとえば、描写される主イエスの旅程が尋常に見えないことから（七・三一）、著者はパレスティナに土地勘がないと主張します。しかし、地図上の最短距離を旅程としない旅路など、いくらでもあること。むしろ、この場合、主イエスは意味あってあえてユダヤ人のガリラヤを避けて大きく迂回した可能性がありますし、本書でも後述するように、そう読むほうがマルコの福音書の描こうとする事柄に接近することになります。また、ラテン語系の言葉が頻発することから（デナリ、百人隊長、レギオン、総督官邸など）、著者はラテン語圏の人物と推察する論者もいます。しかし、ペテロは後半生をローマで過ごしており、マルコもペテロの傍らで働きをなしていた報告もあり（Ｉペテロ五・一三）、ゆえにマルコがラテン用語に通じていても不思議ではありませんし、登場するラテン用語が主イエスの出来事の現場に流入していても何ら不思議ではありません。さらに、アラム語のセリフ（エパタ、コルバン、タリタ・クムなど）を掲げておいて、訳をつけるという手法は、アラム語に馴染みがないからだという議論にいたっては、むしろ、事柄は明らかに逆を指示していると言わざるを得ません。アラム語を知る者であるからこそ、表現したい臨場感・表現できる言語力。しかし、読者には翻訳が必要なので、訳をつけるという作業。なので、ここを論拠にペテロ証言・マルコ著作を否定することはできません。

そうなると、やはり古代教会の証言を覆すだけの材料はどこにもなく、むしろ時期的に近い証言として敬意を表し、それを信用するのが順当であり、建徳的であると言えるでしょう。マルコの福音書は使徒ペテロの証言に則り、ペテロの従者マルコが記述した福音書として受けとめておくということです。時期としてペテロの存命中であったか、殉教後であったかは、古代教会の証言では諸説あるようですが、少なくとも福音書完成の時期としては、使徒世代の召天を福音書執筆の一つの動機とするならば、殉教後と考えるほうが筋と思われます。そして、叙述内容の特徴から推察される社会状況を鑑みると（下巻の序説で詳述）、やはり、そのあたりと考えておくのが妥当ということになります。

さて、マルコの福音書がペテロの従者マルコによるものであるとすれば、さらに古代教会の証言が触れていない別の側面にも言及しなければならないでしょう。すなわち、マルコとパウロの絡みです。使徒の働きの報告によれば、そもそもマルコがペテロと接点をもったのは、原始教会の拠点、すなわち、エルサレムで使徒たちが会合をもっていた場所がマルコの実家であったことに由来します（一二・一二）。そうだとすると、そこはまさしくペンテコステの現場であり、さらには最後の晩餐の会場でもあった可能性があります。なので、マルコ自身も主イエスを直接に知ってはいて、さらに原始教会誕生の現場にいたということになりそうです。

そのマルコがパウロと出会ったのは、飢饉《ききん》で苦しむエルサレム教会を援助するためにアンティオキア教会がパウロとバルナバを遣わした折で、そこでパウロのチームにマルコが合流したというのがいきさつです（同一一・二七〜三〇、一二・二五、一三・五）。ところが、直接異邦人伝道の最中にマルコは離脱（同一三・一三）。これが原因で次の伝道旅行にマルコを同行させることにパウロが断固反対し、マルコはバルナバに連れられて別行動を取ることになります。パウロとしては、直接異邦人伝道につまずいて異議を唱えた者を連れて行くわけにはいかないということだったのでしょう（同一五・三六～四〇）。そして、マルコはバルナバのいとこでもあったので（コロサイ四・一〇）、こういう結果に落ち着いたのでしょう。

その後、マルコは聖書記述の表舞台からしばし姿を消しますが、驚くべきことに再び登場するのはパウロ書簡の中で、しかも、同労者として高い評価を受けています（ピレモン二四、コロサイ四・一〇）。しかも、最後の文書には、「私の務めのために役に立つ」（Ⅱテモテ四・一一）と記されています。いったい何があったのでしょうか。考えられることは、一度は直接異邦人伝道につまずいたマルコでしたが、やがて、その意義を深く理解し悔い改めて、パウロと和解したということです。そして、このマルコが書き記した福音書がマルコの福音書なのだということになるわけです。

そう考えてマルコの福音書を読むと、なるほど、主イエスの行動と発言は「まず子どもたちを満腹にさせなければ」（七・二七）との言葉どおりにユダヤ人に向けられていますが、その旅程は何かと国境付近を行ったり来たりで、弟子たちを異邦人の地に連れ出しては異邦人にも恵みの招きを語る姿を見せて、しかも、ユダヤ人よりも異邦人のほうが素直に応答する状況を体感させるという旅路。すなわち、「わたしについて来なさい」（一・一七、二・一五）と召し出されて従って行く弟子の道は、恵みの招きが国境を越え、また様々な社会的障壁を越えていく道のりについて行くことで、ここを明確に示すマルコの福音書は、確かに、直接異邦人伝道への動きを指し示すストーリーだと言えるでしょう。かつてその意義が分からず直接異邦人伝道から身を引いたマルコが悔い改めたからこそ記すことができたストーリーだと言えるでしょう。そこを踏まえるならば、主イエス捕縛の際に裸で逃げ出した謎の青年の挿話は（一四・五一～五二）、直接異邦人伝道に向かうパウロにつまずいて離脱した自分の姿と重ね合わせる意味で登場させているということになりそうですし、実際、本人にしか書けそうにない情報ですから、この青年はマルコ自身であり、自分の弱さの告白と主の憐れみの証しとして本人が記録したものと言えそうです。この正直さは、真に悔い改めた者の姿。やはり、パウロとの和解は本物だと証ししているように思われます。パウロが「私の務めのために役に立つ」（Ⅱテモテ四・一一）と述べたのは、ここに裏打ちされているということでしょう。そして、W・スウォトリが指摘するように、マルコを連れて「書物、特に羊皮紙の物を持って来てください」（同一三節）とパウロがリクエストしている「書物」とは、マルコの福音書の草稿である可能性があるということです。

　このようにしてマルコの福音書をとらえていくと、この福音書を読むということは、また、語るということは、初代教会の宣教の鼓動に耳を傾けることなのだと言えます。神が切り拓く救いの歴史の新たな幕開け、神の国・恵みの支配に人々を招いて命をかける主イエスの公生涯、弟子として召されて歩んだ証言者の口述、文章により主イエスの具体像を伝える福音書文学への道程、社会的障壁を越えて伝わる恵みの招きの力、失敗の多い者たちを立ち直らせて、なおも宣教に用いる神の恩寵の深さ。福音書に登場する人物たちと、叙述内容を語り伝えて書き記した人々と、それを読み解き教えられる私たちとが、主イエスの招きをめぐって交錯します。「わたしについて来なさい」(一・一七、二・一五)と主イエスは招いておられます。私たちもついて行きましょう。さあ、旅の始まりです。

「神の子、イエス・キリストの福音のはじめ」(一・一)。

目次

1　神の子、イエス・キリストの福音

〈マルコ一・一〉

「神の子、イエス・キリストの福音のはじめ」（一・一）。

マルコの福音書の冒頭の一句です。何の変哲もなく、さらりと読み飛ばしてしまいそうですが、そこには実に深い意味が込められています。マルコはこれから書き綴る事柄を「福音」と称しています。良い知らせなのだ、ということです。知らせなので、それには特定の出所があります。時折、聖書のメッセージについて、イエス・キリストに特定して神からの救いを語るので横暴さを感じる人がいるようですが、それは横暴でも何でもなくて、知らせとはそういうものだということです。むしろ、特定の出所（すなわち、歴史の現場・現実の社会）を持つことにより、神からの救いが雲をつかむようなものでなく、同じく生きる現場が特定されている私たちに響くものになるのです。もちろん、中身は良い知らせ。伝える側は良いと確信して伝えます。良いと受けとめられることを期待します。しかし、本当に良いと受けとめるかどうかは、読み手・聞き手次第です。そして、その結

果は、読み手・聞き手本人が引き受けなければなりません。ここにチャレンジがあります。マルコはこの福音を「神の子、イエス・キリストの福音」と称しています。イエスの出来事が良い知らせであり、イエスを「キリスト」、また「神の子」と受けとめることがその鍵だということです。それは、多くの人が考えるような「四大聖人」の一人という理解を超えています。「キリスト」とはイエスの名字ではなく称号で、特別な使命のために「香油を注がれて(キリスト)」神から任職された方を意味します。そして、「神の子」とは、三位一体云々の前に、マルコが描く現場では「統治する方」、すなわち「王」を意味します。神に任職され、神の恵みの統治をもたらす方です。良い知らせとは、そういう方としてイエスが来られたということです。そして、そのようにイエスを受けとめることができるかどうかが、読み手・聞き手へのチャレンジとなるわけです。

この福音は神からの良い知らせですから、私たちは間違いなく受け取りたく思いますが、どのようにしたら文字どおり良い知らせとして受けとめることができるのでしょうか。

イエスについて行く

マルコの福音書の中で最初に出てくるイエスご自身のセリフは、「わたしについて来なさい」(一・一七)です。その前に「時が満ち、神の国が近づいた。悔い改めて福音を信じなさい」(一五節)という言葉が出てきますが、これはイエスのメッセージを要約して最初に示したもので、特定の場面でのセリフというよりも広い視野でとらえた表現です。すなわち、イエスの発言と行動のすべてを物語る要約であって、宣教の初めに一言述べただけの言葉とは違います。それゆえ、セリフとしては「わたしについて来なさい」が最初と言うべきでしょう。

さて、ここでイエスが直接に声をかけているのはガリラヤ湖の漁師たちです。もちろん、目前にイエスご自身がいるのですから、彼らにとって「イエスについて行く」とは、文字どおり目の前の方の後を追って行くことです。しかしこの招きは、福音書を通して、読者である私たちにも同様に語りかけてきます。肉眼で見ているわけではないのに、「ついて行く」とはどういうことでしょう。そこでモノを言ってくるのが、先の緒言的要約です。すなわち、「時が満ち、神の国が近づいた。悔い改めて福音を信じなさい」です。神の国とは、神の恵みによる統治です。恵みで生かされている事実、これに気づけば感謝と安心が生活を支配します。周囲の人々と分かち合う歩みが生まれます。こうした恵みによる統治がすぐそこに来ている、とイエスは告げるのです。ご自身と共に来ている、と。だから、「ついて来なさい」と、つまり、恵みの招きに応答して歩むように、ということなのです。もちろん、そのためには恵みの事実を否定してきた自分を悔い改めて、そんな自分をなおも招いてくださるイエスに信頼して歩み出すことが求められます。「悔い改めて福音を信じなさい」ということです。

ところが、イエスについて行くとは、恵みに生きる幸いな道（まさに福音）なのですが、ナメてかかれる気楽な道ではありません。「だれでもわたしに従って来たければ、自分を捨て、自分の十字架を負って、わたしに従って来なさい」（八・三四）とイエスはお語りになります。周囲が恵みを理解しない現実。様々なプレッシャー、誘惑、妨害。しかし、ついて行くはずの自分自身は弱く、愚かで、罪深いのです。それでもついて行くとなれば、それだけ支払う犠牲が伴います。痛み・苦しみなしとは言わず、むしろ、そこをも乗り越える、突破する、だからこそ福音というわけです。「自分のいのちを救おうと思う者はそれを失い、わたしと福音のためにいのちを失う者は、それを救うのです」（同三五節）。そして、ご自身のこの言葉を裏づけるべく、イエスは恵みの招きのためにいのちを捨てられます。せっかくの招きさえ殺意をもって拒む人々をも最後まで招き通すゆえにです。それがイエスの十字架です。そして、その死を打ち破っての復活のゆえに、恵みの招きの勝利が明確になります。このように、イエスは恵みに生きる道を切り拓いて、そこへと招き、応答する人々の歩みを文字どおり恵みで治める統治者となってくださるのです。私たちも恵みの招きに応答して、イエスに従って行きたく思います。

十字架の正面に立つ

イエスについて行くというとき、言うまでもなく大切なことは、イエスがだれなのかが分かっているということです。そこがまるで分かっていないとなると、イエスについて行っているつもりで、別の何かについて行ってしまうことになりかねません。迷子あるある、とでも言うべきでしょうか。

その点、マルコの福音書はとても親切な（？）書で、読者にイエスがだれなのかを最初から教えてくれています。「神の子、イエス・キリスト」と。冒頭でいきなり解答をくれるのは、推理小説なら失格でしょうが、福音を示すものとしては、読者が迷わされずにすむので大変にありがたい感じがします。案の定、イエスがだれかということについて、あらかじめ解答が与えられていない現場の人々、登場人物たちはほとんど分からないというのが実情でした。イエスが「神の子」だと分かっていたのは悪霊だけ（三・一一、五・七）とは皮肉な話です（分かっていても悪さをやめないのが、悪霊の悪霊たるところ）。中でもマルコの福音書が強調するのは、弟子たちさえ分かっていなかったという点です。「まだ分からないのですか。悟らないのですか。心を頑なにしているのですか。目があっても見ないのですか。耳があっても聞かないのですか。あなたがたは、覚えていないのですか」（八・一七～一八）とまで言われる始末です。特にイエスの働きの前半、衝撃的な力あるわざが相次いで行われるのを間近で見ながら、それでも分からないという事実には一つのことを教えられます。つまり、奇跡や不思議の何かマジカルな部分だけをどれだけ追求しても、イエスがだれであるか本当のところは分からないということです。「あっ」と驚かせるド派手な出来事でもなければ救いではないなどという考えは、かなりの履き違えと言わなければならないでしょう。

そんな中でただ一人、イエスがだれであるかについて、正解を口にした人物が登場します。「この方は本当に神の子であった」と述べたローマ軍の百人隊長です。彼はイエスの十字架の正面に立っていました（一五・三九）。マルコの福音書が冒頭で読者に教えてくれていた正解が言えたのは、十字架の正面に立った人物であったということです。ド派手な出来事・マジカルなわざとは真逆の姿、惨めで無残な死を引き受ける姿。けれども、その正面に立ち、恵みに招いていのちを賭けた方、招きを拒む人々のすべての罪を背負って最後まで招いた方に向き合い、自分の姿を重ね合わせるとき、イエスがだれであるかが分かるということです。恵みで統べ治める真の王はへりくだった方、どん底にまで降《くだ》ってくださる方、拒む者たちの罪をすべて背負ってくださる方。この方の前で、私たちは自分の罪深さを思い知らされ、同時に、その罪深い自分が恵みの道に招かれていることを告げ知らされます。

この方が「わたしについて来なさい」と言われます。ですから、主イエスの十字架と向き合い、恵みの道に向き直って、歩み始めましょう。

「神の子、イエス・キリストの福音のはじめ。」「はじめ」（アルケー）には、時系列上の順序というよりも、根源という意味があります。福音の根源はイエスの十字架の正面にあり、と心得ましょう。良い知らせを受けて歩み出す私たちの歩みは、私たちがイエスの十字架の正面に立つことから根源的に始まるのです。

2　主の道、弟子の道

〈マルコ一・一～四〉


「神の子、イエス・キリストの福音のはじめ。

預言者イザヤの書にこのように書かれている。

『見よ。わたしは、わたしの使いを
あなたの前に遣わす。

彼はあなたの道を備える。

荒野で叫ぶ者の声がする。

「主の道を用意せよ。

主の通られる道をまっすぐにせよ。」』

そのとおりに、バプテスマのヨハネが荒野に現れ、罪の赦しに導く悔い改めのバプテスマを宣べ伝えた。」


キリスト者の信仰告白の核心は、「イエスが主」ということです。そして、そう告白する以上、告白する当人は主であるイエスに従うはずです。「わたしについて来なさい」と語りかけるイエス。この方を主と呼ぶのであれば、この方が切り拓く道を自分も通っていくことになります。主の道は自分の道でもある、ということです。主の道を後からついて行く弟子となるということです。主が物事をいかに考え、いかに発言し、いかに行動し、何を喜び、何を悲しみ、何を示すのか――を学んで、倣って、身につけていくということです。キリスト者になるとは、そういうことです。救われたいけれども従いたくないというのは、麺抜きでラーメンを注文するようなものです。

ところが、弟子の道は実際そう安易なものではなく、かなり険しい道のりだったりします。招かれた神の恵みに生きる幸いな道であることは間違いないのですが、やはりそれは「自分を捨て、自分の十字架を負って、わたしに従って来なさい」（八・三四）という道です。ナメてかかれるものではありません。しかし、ついて行くなかで味わうのは、神の憐れみの深さです。これがあるから、ついて行けます。ついて行って、行き着く先もこれです。苦労は徒労に終わりません。ついて行って良かった、神の憐れみを深く味わった、と言わせてくれるのです。

それゆえ、マルコの福音書はイエスについて行くことを「福音」と呼び、その道がどんな道かを示していきます。冒頭からいきなり旧約聖書からの引用で「道」が出てくるのも、そのためです。「主の道を用意せよ。主の通られる道をまっすぐにせよ」（三節）。この引用はイエスの紹介者であるバプテスマのヨハネの役割について述べたものですが、その出典を見ると、やはり主の道は苦労だらけのムダ骨折りの道ではなく、ついて行く者に神の憐れみ深さを確かに味わわせる道なのだ、と告げています。

私たちはキリスト者として主イエスに従い、神の憐れみを深く味わいたく思います。では、その神の憐れみは、はたしていかなるものなのでしょうか。

頑なな民にも近づきたもう真実

「預言者イザヤの書にこのように書かれている」（二節）。イエスの紹介者・バプテスマのヨハネを語る旧約の聖句がイザヤ書の言葉として記されていますが、実際には前半がマラキ書三章一節、後半がイザヤ書四〇章三節です。マラキ書も含んでいますが、イザヤ書に代表させて語っているという形です。著作権などという概念が全くない古代の文書なので、これは変なことでも失礼なことでもなく、むしろ、後ほど見るように、ここにも一つのメッセージ性があると考えるべきでしょう。

さて、そこでまずマラキ書です。マラキは旧約最後の預言者。時代としては、ユダの民がバビロン捕囚から解放されて、一部エルサレムに帰還し、幾多の困難を越えて礼拝の場・神殿を再建、その後しばらく経ったころのことです。恵みの神を礼拝する生き方に徹することができなかったゆえに礼拝の場を失った捕囚の出来事を通して悔い改めて、やはり礼拝中心・恵みに歩むことで社会を築き直そうと立ち上がったはずなのに、そこは人間の愚かさです。喉元過ぎれば何とやらで、捕囚解放・神殿再建で味わったはずの神の憐みを疑い始めるという恩知らずな姿。マラキはそういう人々を相手に神のメッセージを告げます。「わたしはあなたがたを愛している」（マラキ一・二）と。しかし、この神の語りかけに対して、「どのように？」と疑う民の姿。こうした懐疑的な態度はマラキ書で七か所見られます。ああ言えば、こう言うという感じで理屈をこね、味わったはずの神の憐みにケチをつける頑なな姿です。「あなたがたのことばは、わたしに対して度を越している」（同三・一三）とまで言われてしまいます。

ここまで失礼極まりない態度ですから、普通ならば、見捨てられてしまうところです。しかしマラキ書のメッセージは、この頑なな民をなおも神は憐れんでくださるというものでした。すなわち、彼らが悔い改めて、神の恵みに向き合い、神の民としてふさわしく歩めるように、真実を尽くして臨んでくださるということです（同三・一六～一七）。「わたしの名を恐れる者には、義の太陽が昇る」（同四・二）と言われるとおりです。さらに、そのために道備えをする先駆者が遣わされるという約束が告げられます。「見よ、わたしはわたしの使いを遣わす。彼は、わたしの前に道を備える」（同三・一）。これが実はバプテスマのヨハネなのだ、とマルコは記すのです。主イエスに先駆けて登場し、主イエスのために道備えをするのだ、ということです。

考えてみれば、主イエスの当時の人々も私たちも例外なく、「どうして？」、「どのように？」、「何が？」と、マラキ書の人々と同様に神の憐れみを疑ってケチをつけてしまう愚かさがあります。自分の意に沿わない状況があると、素直になることができず、疑いの目を神に向けてしまいがちなところがあります。しかし、神はなおも憐れみ深く、人々が悔い改めて、恵みに向き合うように臨んでくださり、ついに主イエスが来て、恵みの招きをこの上なく明確にして、そこにいのちをかけて真実を現してくださる、とマルコは語るのです。

「わたしについて来なさい」とイエスが語るとき、その背後に真実を貫く神の憐れみがあることを覚えましょう。捨てられて仕方のない者たちに、そのように声をかけてくださる方。その声に応答して、悔い改めて歩み始める道は、この憐れみを味わっていく道となるのです。

罪人たちを贖う慰め

「預言者イザヤの書にこのように書かれている」（一・二）。イエスの紹介者・バプテスマのヨハネを語るのに、マルコはマラキ書を含む形で、しかしイザヤ書に代表させて旧約の聖句を記します。これは、マラキ書の述べる「主の道」での神の真実が、イザヤ書の述べる神の慰めのメッセージに包まれている、という理解を示すと考えるとよいでしょう。

「主の道を用意せよ」と荒野で叫ぶ者の声（イザヤ四〇・三）。これに先立つのが、「慰めよ、慰めよ、わたしの民を」（同一節）とのメッセージです。この慰め（ナホーム）とは、悲しんで悔い改めたうえでの慰めという複合概念です。イザヤ書の遠大な視野は、歴史を貫く神の真実に触れた人々が受け取るこの大きな慰めをとらえているのです。

イザヤその人が活動したのは、マラキからさかのぼること二世紀半余りです。ユダがアッシリア帝国のプレッシャーで風前の灯というところ、神の不思議な守りを体験したのに、望まれたような信仰の回復が社会に見られず、結局、バビロンに打ち負かされることになると告げられます。イザヤは四〇章以降、そうした近未来の人々を想定して、それでも神は見捨てないで、悔い改めに導き、悔い改めた人々をご自身のものとして買い戻し（贖い）、豊かな慰めを注ぐと約束される、と告げるのです。「恐れるな。わたしがあなたを贖ったからだ」（同四三・一）と。

さらに、この贖いの代価として「神のしもべ」がいのちを献げるという（同五三・一〇、一二）、遠く主イエスの出来事を指し示すメッセージも述べられます。「彼は私たちの背きのために刺され、私たちの咎のために砕かれたのだ」（同五節）と。そこまでしてご自身の民を買い戻す神の憐れみ。それに触れた人々が味わう神の慰め。その先鞭をつける出来事となるのがバプテスマのヨハネの登場で、彼が主イエスに先駆けて、道備えをするということなのです。

主イエスが「わたしについて来なさい」と語るとき、恵みの招きに背く罪人たちのためにそこまで犠牲を払っても惜しくないという神の絶大な憐れみが響きます。招きに応えてついて行くなら、この憐れみに触れて、大きな慰めをいただくことになります。私たちが悔い改めをもって恵みの招きに応え、主イエスに従う道を歩む動機と力は、ここにあるのです。

3　神の国の民・新たなる旅立ち

〈マルコ一・一～一一〉


「神の子、イエス・キリストの福音のはじめ。

預言者イザヤの書にこのように書かれている。

『見よ。わたしは、わたしの使いを
あなたの前に遣わす。

彼はあなたの道を備える。

荒野で叫ぶ者の声がする。

「主の道を用意せよ。

主の通られる道をまっすぐにせよ。」』

そのとおりに、バプテスマのヨハネが荒野に現れ、罪の赦しに導く悔い改めのバプテスマを宣べ伝えた。ユダヤ地方の全域とエルサレムの住民はみな、ヨハネのもとにやって来て、自分の罪を告白し、ヨルダン川で彼からバプテスマを受けていた。ヨハネはらくだの毛の衣を着て、腰に革の帯を締め、いなごと野蜜を食べていた。ヨハネはこう宣べ伝えた。『私よりも力のある方が私の後に来られます。私には、かがんでその方の履き物のひもを解く資格もありません。私はあなたがたに水でバプテスマを授けましたが、この方は聖霊によってバプテスマをお授けになります。』

そのころ、イエスはガリラヤのナザレからやって来て、ヨルダン川でヨハネからバプテスマを受けられた。イエスは、水の中から上がるとすぐに、天が裂けて御霊が鳩のようにご自分に降《くだ》って来るのをご覧になった。すると天から声がした。『あなたはわたしの愛する子。わたしはあなたを喜ぶ。』」

「神の子」とは、統治する方、つまり王のことです。そして、この方が「神の国が近づいた」（一五節）と宣言して、「わたしについて来なさい」（一七節）と語りかけるのだ、とマルコは告げます。それゆえに、この宣言に聴き従ってついて行く人々は、この王に統べ治めていただく神の国の民と言えます。王がいて、民もいるということです。そして、「ついて来なさい」と言われて、立ち上がってついて行くということは、いわば出発・旅立ちということです。神の国の民の旅立ちです。だとすれば、「時が満ち」（一五節）とは旅立ちの合図、そして、この旅は「悔い改めて」（同節）というように、改めての出発、つまり新たなる旅立ちということになるでしょう。

旅行はお好きですか。観光、帰省、出張、傷心、放浪……。旅にもいろいろありますが、大切なことは目的があらかじめ明確であることです。それで、行き先、日程、予算が定まってきます。目的なき旅にも「目的を持たない」という目的があります。ならば、イエスについて行く旅はどうでしょう。もちろん、そこにもあらかじめ立てられた目的があり、旅立つ人々はそれを明確に把握することが必要です。イエスについて行くことが目的。確かにそうですが、それが何を意味するのかがあらかじめ示されなければなりません。その役割を担って登場するのが、イエスの紹介者・バプテスマのヨハネです。

こういう観点でバプテスマのヨハネに注目することは、私たちがイエスを主として従う公の告白として受けたバプテスマの意味合いに一つの示唆を与えてくれます。私たちが受けたバプテスマは、主イエスの名によるものです。ある面、それはヨハネの活動とは区別されますが、イエスもヨハネのバプテスマを受け、そこで聖霊の注ぎがあり、やがて聖霊によるバプテスマを人々に授ける方になると紹介されます（七～一〇節）。つまり、ヨハネの活動が示した内容を、イエスがいのちで満たし、実際のこととする、と言えばよいでしょうか。イエスの紹介者としてヨハネは、イエスについて行く旅が何を意味するのかについて、バプテスマの活動を通してあらかじめ指し示したということです。ゆえに、それは、主イエスの名でバプテスマを受けて、実際に主イエスに従う道に歩み始めた私たちにとって、その旅路で味わうべき意味合いが何であるかを知らせてくれるのです。

荒野で教えられる神の恵み

「バプテスマのヨハネが荒野に現れ、罪の赦しに導く悔い改めのバプテスマを宣べ伝えた」（四節）。ヨハネの活動の場は荒野でした。なのに、当時の社会に対するヨハネのインパクトはかなりのもので、「ユダヤ地方の全域とエルサレムの住民はみな」ヨハネのもとを訪れたというのです（五節）。つまり、ヨハネは人々を荒野に呼び出したということになります。まさに、「荒野で叫ぶ者の声」（三節）です。そして、そこで主イエスを「聖霊によってバプテスマを授ける方」として紹介するのです（八節）。

荒野は、生きるのに厳しい環境です。しかし旧約聖書において、荒野は、神との出会いが与えられる場所です。「主は荒野の地で、荒涼とした荒れ地で彼を見つけ、これを抱き、世話をし、ご自分の瞳のように守られた」（申命三二・一〇）は典型的な聖句です。興味深いことですが、この聖句が直接指し示す出エジプトと荒野の旅路のエピソードは、モーセをなぞるかのごときヨハネの活動と重なり合います。水を通って（バプテスマ）荒野で神と出会うというパターンは、紅海を渡って荒野を経て約束の地へという旅路を思わせます。厳しい荒野の旅路、けれども、神は日ごとにマナを降らせて各自に十分な食物を与え、危険から守り、約束の地へと導きます。その経験は、恵みとは何であるかを明確に指し示します。また、ヨハネの食物がいなごと野蜜（カルシウムとタンパク質と糖分……）というのも、出エジプトを思わせます（マルコ一・六）。飛び跳ねるものは食べてもよいという規定（レビ一一・二二）は、恵みを知らぬ世間・地につく宝（エジプト的なもの）から離れるという生き方へと連れ出す出エジプトのメッセージです。そして目指す約束の地は、「乳と蜜の流れる地」（豊かな牧草地と花畑・樹液溢れる木々のイメージ）と呼ばれる地です。

以上を総合すると、奴隷の地・エジプトから連れ出してくださった憐れみ深い神の養いと守り、それが荒野でも変わらず貫かれるという事実、それが神の恵みであり、それを分かち合う民となるための旅路が荒野の旅ということで、ヨハネが人々を荒野へ呼び出したのも、ここを踏み直す意味を持つということになります。ヨハネが施す悔い改めのバプテスマは、神の恵みに心を向け直すことです。そして、これにいのちを与え、実際のこととする方としてイエスが紹介されるわけです。

したがって、イエスについて行く旅は、まさに神の民の新たなる旅立ちです。荒野でこそ深く教えられる神の恵みに心向ける旅です。ヨハネのバプテスマは、それをあらかじめ指し示しているのです。それゆえ、実際にイエスの招きに応えて歩み出した私たちは、荒野でも養い守りたもう神の恵みを味わう旅路にあるということなのです。不足を超える神の豊かさ、困難を超える神の助け、それを分かち合う交わりの幸い。あなたは、これらを味わって歩んでいるでしょうか。

方向転換からの再出発

モーセのほかにもう一人、バプテスマのヨハネが意識していたであろう人物がいます。ヨハネのファッションといえば、らくだの毛皮のガウンに革のベルト（六節、暖かそう）。これは預言者エリヤの出で立ちでもあります（Ⅱ列王一・八）。おそらく、ヨハネはエリヤの活動を念頭に置いていたのでしょう。ちなみに、ヨハネにエリヤ的役割があったことは、後ほどイエスも語っておられるところです（マルコ九・一二～一三）。イエスの紹介者・バプテスマのヨハネは、預言者エリヤにも準《なずら》えられているのです。ならば、その意味は何なのでしょうか。

預言者エリヤといえば、紀元前九世紀半ば、イスラエル北王国の王アハブ・王妃イゼベルの治世に神の言葉を告げた預言者です。

当時の社会、イスラエル（「神は闘う」、「神と闘う」――神の守り・祝福をめぐって神と取り組み、神の守り・祝福でもって制せられ、治められる姿）とは名ばかりで、バアル中心の宗教混交が幅を利かせ、出エジプトの神の恵みは忘れられ、恵みに生きる人々はひどく抑圧されて、恵み無視のわがままと欲深さが横行していました。私欲を満たすために裁判のウラ工作・冤罪でっち上げで死刑執行するなど（Ⅰ列王二一章）、王が先頭を切ってイスラエルの理想を踏みにじる有様でした。

そうした社会に神は預言者エリヤを遣わし、人々に方向転換（悔い改め）を迫り、そこからの再出発を促します。エリヤが告知した厳しい干ばつは、人々を荒野へ連れ戻す神のメッセージでした。豊穣神といわれるバアルの無能さ加減が暴露されるのもさることながら、かつて荒野の旅路で見いだした神の恵みを思い起こせということです（I列王一七〜一八章）。バプテスマのヨハネもこの路線を受け継いでいることが分かります。挑戦的なメッセージ、しかも孤軍奮闘的な預言者像もエリヤと重なります。こうした活動を通して人々に「主こそ神」（エリヤ、の意）と言わせたエリヤと、「神の国は近づいた」と宣言するイエスを人々に指し示したヨハネ。ここも意味合いが重なっています。

まとめてみると、神の恵みから離れて堕落した社会に方向転換を迫り、そこからの再出発を促す挑戦的なメッセンジャーとして、まさにエリヤのごとくにヨハネは活動したということです。ヨハネが施す悔い改めのバプテスマはまさにこれであり、ここにいのちを与えて現実となす方としてイエスが紹介されるということです。

したがって、イエスについて行く旅、すなわち、神の民の新たなる旅立ちは、こうした恵みへの方向転換が前提となります。もちろん、方向転換を迫ってくださることも、再出発させてくださることも、神の絶大な憐れみ以外の何ものでもありません。ヨハネのバプテスマは、このことをあらかじめ指し示しているのです。それゆえ、恵みの道に歩み出すべく、招いてくださる主イエスの名でバプテスマを受けた私たちは、恵み無視の世界から方向転換していることが旅路の前提となっていることを覚えなければなりません。方向転換、できているでしょうか。

4　逆説の福音

〈マルコ一・四～一一〉

「バプテスマのヨハネが荒野に現れ、罪の赦しに導く悔い改めのバプテスマを宣べ伝えた。ユダヤ地方の全域とエルサレムの住民はみな、ヨハネのもとにやって来て、自分の罪を告白し、ヨルダン川で彼からバプテスマを受けていた。ヨハネはらくだの毛の衣を着て、腰に革の帯を締め、いなごと野蜜を食べていた。ヨハネはこう宣べ伝えた。『私よりも力のある方が私の後に来られます。私には、かがんでその方の履き物のひもを解く資格もありません。私はあなたがたに水でバプテスマを授けましたが、この方は聖霊によってバプテスマをお授けになります。』

そのころ、イエスはガリラヤのナザレからやって来て、ヨルダン川でヨハネからバプテスマを受けられた。イエスは、水の中から上がるとすぐに、天が裂けて御霊が鳩のようにご自分に降《くだ》って来るのをご覧になった。すると天から声がした。『あなたはわたしの愛する子。わたしはあなたを喜ぶ。』」

ちりめん問屋のご隠居が実は先の副将軍だったという話が好きだという人が多いようですが、みんなに混じってバプテスマを受けた方が実は「神の子」であったという事実についてはいかがでしょうか。マルコは後者を福音（良い知らせ）と呼び、イエスについて語ります。なるほど、『水戸黄門』のドラマ設定も逆説的で、それゆえの魅力もあろうかと思いますが、福音書の逆説は、私たち人間存在と人間社会全体に及ぶ逆説を包み込む超越した力強さと、癒し生かす優しさを兼ね備え、そこにすべての人々が招かれているという意味で、まさしく良い知らせと言うべきものです。神の恵みに立ち返り、そこに生きるようにと神ご自身が、恵みに背く罪人たちに語りかけてくださる出来事。そのためにいかなる犠牲を払っても惜しくないというお心。それによって罪人たちが赦され、変えられ、恵みに生きる新たな可能性が打ち開かれるというメッセージ。イエスの出来事は、壮大な逆説ストーリーです。しかも、大いなる慰めに満ち溢れています。

イエスがバプテスマを受ける!?　マルコが描く大いなる慰め溢れる壮大な逆説ストーリーの幕開けは、具体的にはここから始まります。ヨハネが授けていたバプテスマは、悔い改めのバプテスマです。ということは、普通に考えれば、そこに集まってバプテスマを受けている人々は、罪を悔い改める必要がある人たちです。それゆえ、イエスもまたその一人なのか、と思われてしまいそうです。少なくともヨハネが紹介するまでは、きっとだれもがそう思っていた、あるいは、だれもほとんど気にも留めていなかったと考えられます。

しかし、ヨハネはこの出来事の逆説に気づいており、イエスを自分よりはるかにまさって力ある方であると紹介し、「聖霊によってバプテスマを授ける方」と語ります（七〜九節）。つまり、イエスこそヨハネが行っていることの意味をいのちで満たし、現実のこととする方ということで、それは悔い改める必要のある罪人ができる相談ではありません。それなのに、その方がヨハネのところにバプテスマを受けに来るという逆説、これはいったいどんなものなのでしょうか。

まず一つ、単純に言えることとは、イエスが悔い改める人々と同じ立場にあえて立ってくださったということです。そのうえで、恵みに招き、共に歩んでくださるということです。同じ立場にあえて立った方の言葉だからこそ、「わたしについて来なさい」との語りかけが慰めと真実味をもって身に染みてきます。高飛車な態度の「ついて来いや！」ではありません。しかも、イエスがバプテスマを受けた直後、聖霊が降《くだ》り、そして天からの声が響きます（九〜一一節）。いずれも、この出来事が神ご自身のお心であることを示します。神がそのように私たちを招いていてくださるのだ、ということです。

そういうお招きならば、ぜひとも、ついて行きたいものです。ただし、お招きくださる方は、逆説をものともしない方です。もちろん、それは慰めに満ちた逆説ですが、逆説の片方だけ見ていては、残念ですが、間違った理解をしてしまいます。せっかくイエスが逆説をもって提示してくださる福音です。見紛うことなく、それに応答したく思います。

しもべイエスの招き

マルコの福音書は、冒頭、イエスを「神の子」(統べ治める方)と読者に紹介しますが、そのイエスが最初に登場するのはバプテスマの場面、すなわち、罪を悔い改める人々と立場を共有する、という逆説です。けれども、文章の筆運び自体は、相当さらりとした印象です。本当は腰を抜かすほどの出来事なのに、こともなげに淡々としています。バプテスマを授けるヨハネ自身、恐縮しているはずなのに、他の福音書と違って、そこは触れられていません。つまり、それほど自然に、あるいは板についた感じでイエスはへりくだっておられる、と言うべきでしょうか。言い換えれば、統べ治める王であるのに、悔い改める人々と共にあるのが当然というへりくだり、尽くして仕えるしもべの姿で登場したということです。

そしてこのことは、バプテスマを受けたときに響いた天来の声によって証しされます。「あなたはわたしの愛する子。わたしはあなたを喜ぶ」(一一節)。この天来の声は旧約聖書の二つの聖句を背景としており、その後半部、「わたしはあなたを喜ぶ」がしもべの姿を指し示す旧約テキストです。「見よ。わたしが支えるわたしのしもべ、わたしの心が喜ぶ、わたしの選んだ者」(イザヤ四二・一)がそれに当たります。イザヤ書の「しもべの歌」と言われる部分の冒頭です。礼拝の民として主なる神に導かれてきた伝統にありながら、そこから逸脱したユダの人々をなおもあきらめないで、悔い改めに導き、神の恵みに歩ませるために、「主のしもべ」と呼ばれる代表者が遣わされることを告げた箇所です。この「主のしもべ」は、弱い者・貧しい者の友となり、人々の目を恵みに開かせて交わりに招き、赦しと和解・公義と平和を創出する、といわれます（同一〜四節、六一・一〜三）。様々な困難を通りながらも、この神のお心に対して従順に歩み（同四九・四、五〇・四〜一〇）、背く人々の罪をも背負い、ついにご自身のいのちをも献げる方（同五二・一三〜五三・一二）。まとめると、イエスご自身に焦点が絞られてきます。イエス受洗の際に響いた天来の声が「しもべの歌」の一句であったのは、偶然ではありません。その直前に聖霊が降った事実も、「しもべの歌」で裏づけられます（同六一・一）。すなわち、イエスはまさしく「しもべの歌」の示す姿をもって現れ、その働きを成し遂げるのです。

それならば、このイエスが「わたしについて来なさい」と語りかけるとき、しもべイエスの語りかけであるゆえに、ついて行く者たちも同じくしもべとして神のお心に従順であること、互いにへりくだって仕え合うこと、恵みに生きることを分かち合っていくこと、いのちの限りこれに歩むことが求められているのです。私たちは喜んでこれに歩み、自らを尽くすしもべであることができるでしょうか。しもべイエスを主と告白するとは、そういうことなのです。

王なるイエスの招き

「聖霊によってバプテスマを授ける方」と紹介されるイエスは、悔い改める人々と立場を共有して、バプテスマを受ける、という逆説的な形で登場します。天来の声が告げるとおり、謙虚なしもべの姿です。ところが、この天来の声、前半部はイエスについて別の側面を告げています。普通のイメージでいえば、しもべとは逆の、王としてのあり方、統べ治める方の姿です。しもべでありながら、王でもあるという逆説です。しもべとしての王、あるいは、王であるしもべなのだ、と。

さて、しもべイエスの姿を告げる天来の声の後半部がそうであったように、イエスが王であることを告げる天来の声の前半部、「あなたはわたしの愛する子」(一一節)も、やはり旧約聖書に典拠があります。「あなたはわたしの子。わたしが今日 あなたを生んだ」(詩篇二・七)がそれです。これは直接には王の即位を歌ったものです。「わたしが わたしの王を立てたのだ」(同六節)と述べるとおりです。神ご自身が、ご自身の統治を行わせるために立てた忠実な王です。どんなに反抗する勢力であろうとも、力強く勝利を収める姿がそこにあります。そして、最後にはすべての権力がカブトを脱がざるを得なくなるという壮大な宣言がなされます。これが詩篇二篇の内容です。しかも、神が立てたこの王、やはり即位にあたり「油を注がれた者」(メシア)と述べられます(同二節)。

まさしく、そのごとくに、イエスがバプテスマを受けるとき、天から聖霊がイエスの上に降り、そして、王の即位の歌を典拠とする天来の声が響きます。イエスは、詩篇二篇が告げる王としての姿を持つということです。マルコが冒頭で「神の子、イエス・キリスト」と紹介したとおりです。確かに、この後マルコが描くように、イエスは仕えるしもべの姿で活動する反面、揺るぎない権威をもって進んで行かれます。反対勢力はそれを止めることはできません。悪霊さえもカブトを脱ぎます。イエスによる恵みの招きは、何によっても止められることはありません。その極めつけは、死の力を打ち破ったイエスの復活です。十字架の死という無残な最期を覆した出来事です。恵みに招いていのちを捨てた方のよみがえりは、恵みの招きの勝利を意味します。力強く統べ治める王の姿です。それゆえ、イエス受洗の際に響いた天来の声の一句が王の即位の歌であったことも偶然ではありません。

したがって、このイエスが「わたしについて来なさい」と語りかけるとき、それは恵みで治める王からの語りかけでもあるゆえに、ついて行く者たちに恵みに生きる勝利を約束する言葉として語られているということなのです。しもべである王の言葉。王であるしもべの言葉。恵みに生きてしもべとして仕えるということは、「しもべ」だからといって、卑屈になるようなことではありません。イエスが約束してくださる勝利を確信して、待ち望むことです。私たちが招かれた道はこういう道だと自覚したいものです。

5　福音デビュー

〈マルコ一・一二～一五〉

「それからすぐに、御霊はイエスを荒野に追いやられた。イエスは四十日間荒野にいて、サタンの試みを受けられた。イエスは野の獣とともにおられ、御使いたちが仕えていた。

ヨハネが捕らえられた後、イエスはガリラヤに行き、神の福音を宣べ伝えて言われた。『時が満ち、神の国が近づいた。悔い改めて福音を信じなさい。』」

「ヨハネが捕らえられた後、イエスはガリラヤに行き、神の福音を宣べ伝えて言われた」（一四節）。何事もどのように初登場するかは、物事が進む方向に対して大きな意味を持つものです。イエスが公に働きを始められるときは、どうだったでしょうか。それは、最初から「福音」（良い知らせ）の宣教であった、とマルコは告げます。バプテスマのヨハネの働き（「罪の赦しに導く悔い改め」の宣教、四節）の継承・発展と実現化を自覚しつつ、まずは出身地からのスタートです。第一声として、その時だけの発言ではなく、この後のすべての言動を貫くメッセージの要約が述べられているのは、イエスが宣べ伝える福音が全くブレないことを示します。いわく、「時が満ち、神の国が近づいた。悔い改めて福音を信じなさい」（一五節）。このように、ご自分の働きとともに神の国の決定的接近を語り、「わたしについて来なさい」（一七節）と呼びかける点で、イエスの福音はヨハネのメッセージを完全に超えています。こうしてデビューを果たしたイエスの福音。良い知らせと言いますが、私たちに何を語りかけてくるのでしょうか。

マルコはイエスの福音を、「道」をモチーフにして描き出していきます。バプテスマのヨハネはイエスのための道備えをする役割として（二～三節）、そして、紹介されたイエスは「わたしについて来なさい」と語りかける方として描きます。イエスについて行く道、これが福音であるということです。道を進むにあたって大切なことは、進んで行く道を信頼するということです。そうでないと、迷ったり、足取りが怪しくなったりします。それで事故を起こしたり、目的地に着けなかったりしたら、元も子もありません。進んで行く道が信頼できることです。福音デビューにおいて、イエスが強調するのはこれです。「時が満ち、神の国が近づいた。悔い改めて福音を信じなさい」（一五節）。そして、デビューを越えて、働きのすべてを貫くメッセージがこれです（交響曲で最初に出てくるテーマ・フレーズが繰り返し変奏されて、壮大な曲に仕上がるみたいに）。イエスについて行くことは神ご自身の招きです。だから信頼できる、否、信頼すべき招きであるということです。そして、この道を信頼するのであれば、招きに従って進み始めることこそ、取るべき行動です。そのように進んで行きたいものです。

信頼すべき神の導き

「時が満ち」とは、興味深い表現です。普段、なじみのない言い方のようですが、そんなことはありません。私たちは普通に「満期」という言葉を使います。一定期間、淡々と過ぎているようで、実は約束の時期に向かっており、期限が来たら約束が果たされる、そして、過ぎた時間の意味が現れるということです。卒業、定年、出産……。時が満ちるということです。

さて、イエスが「時が満ち」と言われるとき、もちろん、それは神の出来事のことです。神の約束が果たされる時に向かって歴史は動いており、いよいよその時が来たという宣言です。その約束の内容は「神の国が近づいた」ということです。神が恵みで治めておられる事実がきちんと受けとめられる領域が、心を開けばすぐそこに来ているということです。つまり、イエスの存在と働きとともに来ているということです。神の国の決定的接近と言えば良いでしょうか。実は、「近づいた」と訳される言葉はかなり強い表現で、すでに来たのだと言わんばかりの勢いを感じさせる言い方です。ただ、そこまで言ってしまうと、神の国が完成したかのような誤解を与えてしまうので、マイルドな表現で受けとめるのが妥当であるということなのでしょう。しかし、いずれにせよ、接近の仕方は半端なく、心を開けばイエスとともにすぐかたわらにあるということです。これが、長きにわたって歴史の中で約束されてきた神の約束の成就、イエスの活動の開始とともに宣言される事柄なのです。

すなわち、神が恵みでお治めになることは、歴史上、最初から変わりない事実ですが、それが全く人間には受けとめられておらず、恵み無視の態度・わがままで傲慢で欲張りな生き方が蔓延する社会となり、罪の力に支配される状況になってしまっていました。ところが、神は人間を見捨てないで、なおも恵みに立ち返るように呼びかけてくださったというのが旧約の歴史です。恵みへの招きに比較的良い反応を見せた一群の人々の歴史を通して、ご自身の恵み深さを世界に知らせる神の姿です。同時に、比較的良い反応であったものの、罪に堕ちた人間、そう簡単には立ち返ることのできない姿です。それが旧約聖書のイスラエルの民の姿です。

しかし、神はそういう歴史の中に救い主を遣わし、ご自身の恵みに生きる道を真に切り拓き、そこに生きる人々を起こすと約束してくださいます。そして今や、その約束がイエスを通して成就する、ということなのです。それゆえマルコは一章の前半部だけでも、モーセ、エリヤ、詩篇、イザヤ、マラキを登場させて、すでにイエスの福音がデビューする準備段階から、恵みの支配の訪れという旧約聖書の約束がいよいよ果たされることを告げるわけです。そして、イエスの公の活動の開始とともに、ファンファーレが響き渡るように、神の約束の成就がイエスによって宣言されるのです。

長きにわたる歴史を貫いて果たされる神の約束。しかも、その約束は、罪に堕ちて恵みに背く人間をなおも見捨てない神の憐れみで溢れています。この憐れみは、約束された方・イエスがバプテスマを受けて、悔い改める人々と立場を共有する姿に現れていますし、また、バプテスマを受けた後に、荒野でしばし過ごした事実にも現れています。ここでは後者に注目してみますが、興味深いことです。聖霊が降《くだ》った後、すぐにデビューかと思いきや、聖霊はイエスを荒野へ導きます。荒野の旅路の踏み直しです。これまた旧約成就のテーマです。しかも、「追いやる」という表現（一二節）です。王として華々しいデビューを飾るというのではなく、もちろん王ではあるけれども、まず荒野へ赴き、サタンの試みを受けるというのです（一三節）。試みの中にある人々との状況共有です。どんな中にもイエスは共におられ、試練について理解してくださるというメッセージです。憐れみです。

しかも、マルコは他の福音書と異なり、荒野での試みの詳細を記しません。試みの結果、勝利したのは間違いありませんが、何にどう勝利したのかは記さないで、むしろ何か、ある意味、荒野での試みがなおも続いているかのような形でイエスが公の活動を開始するという描き方は、この方が試みの中にある人々のところを本当に訪れてくださるのだということを強調しているかのようです。まさしく憐れみです。

すると、イエスの福音デビューにおいて示されている神ご自身の姿は、歴史を貫いて約束を果たしてくださる方。しかも、その約束は大いなる憐れみで溢れていることになります。文字どおり信頼すべきお方、信頼すべき招きです。招きに従ってイエスについて行く道があなたの前に拓けていないでしょうか。

信頼を引き出す神のみわざ

「悔い改めて福音を信じなさい」（一五節）。「時が満ち、神の国が近づいた」に続いてイエスが語る言葉がこれです。歴史を貫いて神の約束は成就の時を迎え、恵みの支配は心を開けば、すぐそばにあります。これを受けて、強く勧められるのが悔い改めです。福音を信じるという、お招きくださった方との信頼関係を結ぶ前提です。

信頼関係は互いに向き合ってこそ、本物です。逆に、どちらかがソッポを向いていたら、信頼も何もあったものではありません。もし私たちが神の恵みに背いて罪の中で平気な顔をしていたとするなら、神との信頼関係は全く損なわれていることになります。神の側では、憐れみをもって私たちのほうを向いていてくださり、私たちがご自身のほうを向けるように願っていてくださるのですが、私たちのほうがそれに応えて向き直ることをしないならば、関係は損なわれたままです。ここに悔い改めが強調される理由があります。

まず、神の恵みに向き直ることです。恵み無視のわがまま・傲慢がいかに深刻な罪であるかを知り、自分がそれに捕らわれていたことを素直に認め、それでも恵みに招いてくださる神の憐れみにすがり、招かれた恵みに向き直ることです。それでようやく、神との信頼関係に入って行けるのです。

それだけに、悔い改めを迫るメッセージは真剣そのものです。イエスの紹介者・ヨハネの生涯からしてすでに、悔い改めのメッセージにいのちをかける気迫でみなぎっていました。「ヨハネが捕らえられた後」（一四節）と記されています。詳しい事情は後ほど六章で述べられることになりますが、領主へロデにまで大胆に悔い改めを迫るヨハネの真剣さ、その結果、殉教にまで至るほどのものです。それゆえ、そのヨハネに「私よりも力のある方」と紹介されて登場するイエスは、さらにまさる迫りでもって悔い改めを語り、恵みに生きるように人々を招いたということです。

この招きにいのちをかけるイエスの姿。福音のデビュー宣言は、その開始を告げるものです。そして、その結果は、「ヨハネが捕らえられた（＝引き渡された）」ように、イエスもまた、招きを拒む人々によって捕らえられ、引き渡されて、最終的に十字架でいのちを捨てるということです。しかし、それは、そこまでしても人々に悔い改めを迫り、恵みに招く真剣なお心、これにいのちを献げる深い愛の姿そのものです。これに触れられて、背く者たちも悔い改めて向き直ることができ、信頼の思いが引き出されて、信頼をもってイエスの招きに従う者たちに変えられるのです。

ここまでしてお招きをいただいていることをご存じだったでしょうか。ここまでしてくださる方を信頼しないで、だれを信頼して歩むのでしょうか。罪人たちから悔い改めを引き出すため、いのちをかける招きです。その方が「わたしについて来なさい」と言われます。信頼をもって、この道を歩んで行きましょう。

6　主からの召命

〈マルコ一・一六～二〇〉

「イエスはガリラヤ湖のほとりを通り、シモンとシモンの兄弟アンデレが、湖で網を打っているのをご覧になった。彼らは漁師であった。イエスは彼らに言われた。『わたしについて来なさい。人間をとる漁師にしてあげよう。』すると、彼らはすぐに網を捨てて、イエスに従った。また少し先に行き、ゼベダイの子ヤコブと、その兄弟ヨハネをご覧になった。彼らは舟の中で網を繕っていた。イエスはすぐに彼らをお呼びになった。すると彼らは、父ゼベダイを雇い人たちとともに舟に残して、イエスの後について行った。」

「わたしについて来なさい」(一七節)。イエスの招きが初めて具体的な特定の場面で記録されているのは、ガリラヤ湖で漁をしていた数名の漁師たちに向けての言葉です。もちろん、彼らに対してだけということではなく、福音書を通してすべての読者に、それゆえにすべての人々に向けての言葉です。それゆえ、私たちに向けて、そう、あなたに向けての言葉なのです。これは招きの言葉ですが、どこかの店からダイレクト・メールで届けられる御優待券のような、応答してもしなくても、どちらでもよいような招待ではありません。「時が満ち、神の国が近づいた。悔い改めて福音を信じなさい」（一五節）の響きそのままに、神ご自身の約束の成就に基づく真剣な迫りです。応答を先延ばしにしても、いつかは応答しなければなりません。そして、その結果の責任は自らにあります。ということは、マイルドに言えば招きですが、迫りの真剣さをしっかり汲むなら、召命ということになるでしょう。少なくとも、応答する者にとっては、召命の言葉として響くはずです。

「召命」という言葉は、一般的にはあまり使われないかもしれません。けれども、「召喚」という言葉なら、小学生でもカード・ゲームでキャラクターを呼び出すときに使っています。官公庁から呼び出される場合の言葉です。つまり、無視はできないということです。聖書の場合、呼び出すのは主なる方です。そして、召し出されて命じられる、使命をいただくというわけだから、召命ということになります。教会の用語としては、牧師になることに特化して理解する傾向がありますが、そこに限定するには及びません。むしろ、イエスの招きに応えて「悔い改めて福音を信じる」すべての人は、「わたしについて来なさい」とのイエスの言葉を自分への召命の言葉として受け取るはずです。信仰生活とは、そういうことなのですから。

なるほど、召命というと随分と重々しいイメージですが、これは別角度から言うと、まさしく福音です。使命を与えていただけるということです。明確な目的があるということです。あなたは自分の命・人生に明確な目的を自覚していますか。定年を迎えて消滅してしまうのは、命の目的とは言えません。家族が死んだら消滅してしまうのも、人生の目的とは言えないでしょう。けれども、目的がないと、私たちは糸の切れた凧のようになってしまいます。そこへいくと、イエスの言葉、「わたしについて来なさい」は、生涯を通しての召命です。否、死の力さえも超えていきます。そういう人生の目的、受け取りたいものです。

さらに、使命をいただけるということは、あてにされていることを意味します。役目を果たすことができるという信用です。これは嬉しいことです。けれども、考えてみると、そんな信用をいただけるような私たちではないはずです。神の恵みの事実にたてをつき、背いて平気な顔をしていた者たちです。それでも悔い改めて、恵みに向き直るなら、信用をいただけるという幸い、まさしく福音です。「わたしについて来なさい」と語りかけるイエスを主と呼んで、この召命の言葉を受け取り、従う幸いに歩んで行きましょう。

召し出す方がイエスであることの幸い

「ついておいで」と知らない人に誘われても、ついて行ってはなりません。「ついて来なさい」と言っているのがだれなのか、これは決してはずせないチェック・ポイントです。

私たちは、「わたしについて来なさい」と語りかける方がイエスであるから、喜んでついて行くことができます。従う幸いを味わうことができるのです。

さて、場面はイエスの公の働きの初め、ガリラヤ湖で漁師たちに声をかけたところです。「わたしについて来なさい」（一七節）。すると、四人が応答して、ついて行くことになります。最初の弟子たち、弟子の群れの核になる人たちです。イエスの働きの眼目は、神の恵みに生きる人々の群れを起こすことです。そう考えると、この最初の声かけは、かなり大切なはずです。この先の働きのキーマンたち、側近中の側近と考えると、おのずと気合いが入りそうなところです。

ところが、声をかけられ、また応答したのは、どんな立派な方々かと思いきや、漁師たちです。つまり、ごく普通の人です。多少まともになったら教会に行きますと言う人がいますが、イエスの召命はのっけからそういう言い訳に肩透かしを食らわせます。漁師たちは文字どおり「普通の」人たちです。パンと魚が普通の食事ですから、魚を漁して生計を立てる人々もごく普通の人たちです。ちなみに、ついて行った四人のうち、ゼベダイの子たち（ヤコブとヨハネ）は自前の船を持っていたようですし、雇い人もいたということなので（一九〜二〇節）、漁師の中でもそれなりの経済力のあった人たちだったかもしれません。「有限会社ゼベダイ水産」といったところでしょうか。とはいえ、庶民であることには間違いありません。この辺りからうかがえるのは、イエスについて行くのに個人の能力や経済力や社会的地位などはほとんど関係がないということです（「ほとんど」という意味については後ほどお話しします）。少なくとも、声をかけてもらうために必要な資格などないのです。

イエスは道を「通り」（一六節。ここではガリラヤ湖畔道路）、そこで出会う人々、だれにでも声をかけてくださるということです。しかも、しっかりとその人を見て、呼んでくださいます。「ご覧になった」（一六、一九節）。大して見もしないで、とにかく頭数さえ揃えば良いみたいな雑な声かけではなく、深い関心を寄せて声をかけてくださるということです。そのようにして、あなたにも声をかけてくださいます。

ここで、イエスから声をかけられた四人の漁師たちの反応を見てみましょう。四人ともサッと従っています（一八、二〇節）。あまりにも従順なので、この人たちはスゴいと思えそうなところです。今までイエスを見ず知らずで、これでしたら、本当にそういうことになりそうです。ところが、マルコはそれまでの経緯云々ではなく、応答して従う場面を切り取ってクローズ・アップして描いていると見るとどうでしょうか。他の福音書の報告では、この四人はバプテスマのヨハネの運動に参加しており、ヨハネを通してイエスを知っていたようです。それで、もちろん、事柄の経緯上は、そのことに助けられたうえでの行動ということになりますが、マルコが大切なこととして描くのは、「時が満ち、神の国が近づいた。悔い改めて福音を信じなさい」（一五節）というイエスのメッセージに心を開いて求めていたかどうかというところなのです。四人の従順は、このメッセージへの応答です。これを語り、これに招く方に出会ったということです。同様に、私たちがイエスに出会い、応答したとき、間違いなくだれかを介してイエスの招きを聞いたはずですが、やはり大切なことは、それでも直接にイエスが出会ってくださったということなのです。召命とはそういうことです。

直接の招きには、一瞬ドキッとさせるものがありますが、そこは福音のメッセージです。それを超えて、聴く者を励まして、応答へと促します。歴史を貫いて果たされる神の約束とその真実（「時が満ち」）。心開けば恵みの支配が傍にあるという事実（「神の国が近づいた」）。そこに生きるようにと、取り柄のないこんな自分に目を留めて、直接に召し出してくださる深い慈しみ。「わたしについて来なさい」と言われるイエスがこういう方だからこそ、私たちはこの召命に応答することができます。そして、従い行く幸いを味わい知ることができるのです。

召し出される道が福音の道である幸い

「時が満ち、神の国が近づいた。悔い改めて福音を信じなさい」（一五節）とイエスは語り、「わたしについて来なさい」（一七節）と招かれます。それゆえ、招かれる道は福音の道と言えるでしょう。恵みの支配はすぐそばにあり、そこに生きるのに心を向け直せばよいということです。四人の漁師は、このメッセージに召し出されて、ついて行きます。さて、ついて行くとどうなるか、イエスの語るところによれば、「人間をとる漁師」（一七節）になるということです。「人間をとる」？　これは誘拐犯のことではありません。人を人として取り戻す、と言えば良いでしょうか。福音の招き、恵みの支配に人々を招くことです。そこに人々を連れて来ることです。恵み深い神に生かされている事実に心を向け直せば、人生には感謝と安心が溢れ、分かち合いができるようになります。わがままで傲慢な歩みから解放されて、人が人として取り戻されます。そこへ連れて来る「漁師」ということです。

興味深いのは、イエスについて行く道は福音を味わう道ですが、ついて行く自分たちだけが独占的に味わうことでは決してなく、そこに人々を連れて来る、それを人々と分かち合う、それでこそ本当に福音を味わったことになるということです。これを使命として与えられ、この使命に生きてこその福音ということです。ただ、そこでも大切なことは、やはり召されているのは純粋に「ついて行く」ということです。つまり、ついて行くことは命じられていますが、人間をとる漁師になることは命じられているわけではありません。命令に従ってついて行けば、人間をとる漁師にイエスがしてくださるという約束なのです。ついて行くという命令に従い、人間をとる漁師になるという約束を信じる、これが大切です。逆をやってはなりません。業務命令で人間をとる漁師の作業を行い、良い業績をあげれば、ついて行っていると信じられるというのは、どこかの会社の営業のようですが、それは福音ではありません。イエスについて行けば、イエスがしてくださる。これが福音です。

このように、イエスの召命は福音ですから、そこで私たちの実力が問われるわけではないのはそのとおりですが、同時にそこで私たちの個性が無視されるのではなく、生かされるのだということも知っておくべきことでしょう。

「人間をとる漁師」とは、面白い表現です。これは、彼ら四人が漁師だから、イエスはこのように述べられたということです。漁師でない人にいきなりこう言っても、「はぁ?」というリアクションになるところでしょう。漁師としての経験、自覚、感性といったものに訴えて、イエスは彼らを福音の道に、またその使命に招かれました。漁師である彼らには、恵みに人々を連れて来るというイメージが一瞬でピンと来たことでしょう。召命において、私たちの個性も生かされることを覚えたいものです。もちろん、生かしてくださるのはイエスご自身です。イエスについて行けば、恵みの分かち合いにあなたの個性が生かされます。それゆえ、たとえば、人間を建て上げる建築士、恵みで育てる教師、恵みを運ぶドライバー……と、いろいろなヴァリエーションを考えて、そこに生きてください。

ただし、個性が生かされるからといって、そのままで良いというわけではありません。ついて行くのです。これまでとは違う歩みが始まるということです。持って行けないものを引きずっていては、ついて行けるものも、ついて行けなくなってしまいます。そういうものは手放して、ついて行くということです。四人の漁師は、「網を捨てて」(一八節)、あるいは、「父ゼベダイを雇い人たちとともに舟に残して」(二〇節)イエスに従います。同じことです。これからの暮らしはどうなる、自分の将来はどうなる、心配のタネは尽きませんが、それにまさるのが福音のメッセージです。恵みの支配はすぐそばにあります。招くイエスがそこへと先立ってくださいます。ですから、いろいろなものを手放しても、私たちはついて行くことができます。そこで、召し出してくださった方の真実、福音の豊かさを知ることになるのです。

7　主に従う道の分岐点

〈マルコ一・二一〜三四〉

「それから、一行はカペナウムに入った。イエスはさっそく、安息日に会堂に入って教えられた。人々はその教えに驚いた。イエスが、律法学者たちのようにではなく、権威ある者として教えられたからである。ちょうどそのとき、汚れた霊につかれた人がその会堂にいて、こう叫んだ。『ナザレの人イエスよ、私たちと何の関係があるのですか。私たちを滅ぼしに来たのですか。私はあなたがどなたなのか知っています。神の聖者です。』イエスは彼を叱って、『黙れ。この人から出て行け』と言われた。すると、汚れた霊はその人を引きつけさせ、大声をあげて、その人から出て行った。人々はみな驚いて、互いに論じ合った。『これは何だ。権威ある新しい教えだ。この方が汚れた霊にお命じになると、彼らは従うのだ。』こうして、イエスの評判はすぐに、ガリラヤ周辺の全域、いたるところに広まった。

一行は会堂を出るとすぐに、シモンとアンデレの家に入った。ヤコブとヨハネも一緒であった。シモンの姑が熱を出して横になっていたので、人々はさっそく、彼女のことをイエスに知らせた。イエスはそばに近寄り、手を取って起こされた。すると熱がひいた。彼女は人々をもてなした。

夕方になり日が沈むと、人々は病人や悪霊につかれた人をみな、イエスのもとに連れて来た。こうして町中の人が戸口に集まって来た。イエスは、様々な病気にかかっている多くの人を癒やされた。また、多くの悪霊を追い出し、悪霊どもがものを言うのをお許しにならなかった。彼らがイエスのことを知っていたからである。」


ドライバーの皆さん、高速道路の分岐点でついうっかりして目的地方面の車線に乗り損ねてしまったことはありませんか。せっかく順調に走っていたのに、そこで間違えて、かなり時間をロスしたとか。分岐点というのは微妙です。文字どおり、そこは点なので、どちらへ行くにしても、その場所・その時点では道を間違っているとは言えません。問題は、その次の瞬間にどちらにハンドルを切るかということです。同じ地点を通りながら、わずかの動きで大きな差ができていく様子、それが分岐点です。

考えてみると、私たちの人生にも相当数の分岐点があるのではないでしょうか。進学、就職、結婚といった大きなものから、だれと親しくするか、何に時間を割くかといった日常のことまで。場合によっては、今日のお昼のメニューも侮れない分岐点になるかもしれません（たぶん、カロリー計算をしている人にとっては）。その時点では大差のないような選択・決断に見えても、実はそれが後で大きく効いてくることがあるのです。

恵み深い神への信仰を持って生きる私たちは、こうした分岐点において、やはり信仰を働かせて、神の恵みへの応答としてどんな選択が望ましいかを考えます。そのとき、実際に何が基準となるのでしょうか。「わたしについて来なさい」（一七節）とイエスは語りかけられます。「神の国が近づいた」（一五節）と、恵みの支配がご自身とともにあることを宣言する方です。ここに信頼を寄せるのが、クリスチャンの信仰です。それで、まず、この語りかけに聴くことが、分岐点での方向選択を定めていきます。それは、もちろん、イエスについて行くのはどちらなのかという問いかけになるわけですが、難しいのは、これが精神論に終始するものではなく、具体的な選択としてどうなのかというところです。そして、それを測るモノサシ的なものが見えにくいということです。

けれども、立ち止まっているわけにもいきません。こうしたことは進みつつ身につけていくものであるということも事実でしょう。けれども、マルコはイエスの活動の始まりを描きつつ、このことに関する大切なヒントを記してくれています。

言葉尻の知識を超えて

聞きかじりで分かった顔をして前に進むと、まずいことになりがちなのは周知のとおりです。それは、分岐点ではなおさらのことです。私たちがついて行くべき主なる方はイエスですが、「イエスが主」と口で言えても言葉尻だけの話ならば、本当の意味でついて行っているとは言えません。本当にイエスについて行くには、まず言葉尻の知識を超えることです。

イエスの公の働きの開始、マルコはカペナウムの町での場面から描き始めます。安息日に会堂でイエスが説教しておられると、事件が起きます。汚れた霊につかれた人が叫びます。「ナザレの人イエスよ。私たちと何の関係があるのですか。私たちを滅ぼしに来たのですか。私はあなたがどなたなのか知っています。神の聖者です」(二四節)。汚れた霊というと、多くの人はすぐにホラー映画やオカルト的なものを連想しがちですが、福音書が描くのはもっと総合的なものであると考えておくべきでしょう。人間を神の恵みから引き離し、あらゆる構造(自然、社会、身体、心理など)に働きかけて健やかな生活を奪っていく存在である、と差し当たり理解しておいてください。そうした状況下にある人が、イエスの説教中に叫んだということです。

彼はイエスを「神の聖者」と呼んでいます。言葉の上では間違いのない理解です。マルコが福音書の冒頭で読者にだけ教えてくれた正解(＝神の子)に通じています。彼は、イエスが「私たちを滅ぼしに来た」と述べていますが、イエスはまさしく悪の力に打ち勝って、恵みで治める王です。最初に正解が言えたのが悪霊というのは皮肉な話です。しかし正解が言えても、従わないのが悪霊の悪霊たる所以です。言葉尻の理解はあてになりません。それで、イエスは一喝します。「黙れ。この人から出て行け」（二五節）と。口先だけの理解で言いふらされたら、かえって迷惑です。イエスに一喝されて、悪霊は出て行き、その人は癒されます（二六節）。

そして、この光景を見ていたカペナウムの人々は驚きます。そして、このイエスは何者であるか、論じ合います（二七節）。けれども、イエスについては行きません。事前に会堂で語られたイエスの説教を驚嘆しつつ聞いていたのに、そしてそれは間違いなく「時が満ち、神の国が近づいた。悔い改めて福音を信じなさい」という内容であったはずなのに、癒しのみわざにさらに驚かされても、イエスについて行くことはしません。論じ合っているということは、言葉尻の理解にすら達していないということでしょう。いずれにしても、イエスの福音の肝心なところをはずしてしまっている姿です。

ところが、ガリラヤ湖畔でイエスに出会った四人の漁師たちは、イエスについて行きます。弟子たる者の姿です。ここに分岐点があります。カペナウムの会堂での出来事を、もちろん彼らも見ていました。間違いなく驚いたことでしょう。けれども彼らは論じ合うのではなく、ついて行くのです。たいへん面白い描写なのですが、この後、「一行は会堂を出るとすぐに、シモンとアンデレの家に入った」（二九節）と述べられます。彼らにとっては自宅です。それなのに、主導権はイエスにあり、彼らが自宅に帰ったのではなく、イエスについて行った先が自宅であったということです。この時点で彼らにイエスに関する正確な理解があったかといえば、必ずしもそうではなかったでしょう。実は勘違いをしていたということが後で判明します。けれども、とにかくついて行きます。イエスがどなたか知っていくこと、また恵みの支配に生きていくことは、口先だけの理解によらないことはもちろん、論じ合って得られる納得によるものでもありません。実際に、イエスについて行くことによるのです。この分岐点を間違えないようにしたいものです。

　そして実際について行けば、恵みの支配が何であるか、さらに一つ知らせていただけます。ここで弟子たちが見せられるのは、イエスに召し出された際に残してきた家族の病の癒しです。何という慰めでしょうか。シモンとアンデレにすれば、後ろ髪を引かれたかもしれないところ、イエスのほうが出向いてくださって、ついて行ったら、この癒しです。イエスが下さる慰めと人格的なふれあいを、日常生活の場で味わうことになるのです。これは、ついて行くからいただけるご褒美ではありません。イエスについて行くことそれ自体がこういうことである、ということです。慰め溢れる交わりに招かれているということが、つまり福音なのです。ここに至るには、言葉尻の知識を超えてイエスについて行くという、この分岐点を間違えないことです。

主の権威を受け入れる行動へ

イエスについて行くとは、イエスを従うべき方として受け入れて歩むことです。言い換えれば、「イエスが主」と告白して、主であるイエスの権威を受け入れて歩むことです。とりわけ、これは分岐点で強く意識されるべきことでしょう。すなわち、分岐点で行くべき方向にハンドルを切らせるのが、「行くべき方向」という方向づけです。これは、ある種の権威に従うことと言えるでしょう。そのように、主イエスの権威を受け入れる行動こそ、恵みに生きる分岐点で間違わないためのコツなのです。

カペナウムの会堂での出来事で、どうしても目立つのは、悪霊につかれた人の癒しです。けれども、権威ということからいえば、そういう不思議なことがあったから、権威が現されたとか認められたとかいうのは間違いです。イエスの権威は、説教中にすでに現され、かつ人々もそれを感じていました（二二節）。これは大切なことです。とかく不思議なことがあれば「神ってる」などと言いたがる風潮の昨今ですが、主の権威はマジカルな現象云々ではなく、みことばの内容にあるということです。神の言葉の権威です。恵みの支配が宣言されるとき、それが真実であることのゆえに明確に示される権威です。その力強さに人々も驚きますが、それ以上に悪霊が敏感に反応して、騒ぎ出します。癒しの奇跡はその後です。みことばの権威が先立っているということです。

それでは、このように現されたイエスの権威に、どう応答すべきでしょうか。悪霊は恐れ入って騒ぎ出し、挙句の果てに追い出されます。人々は驚きますが、論じ合っているだけで、従うことをしません。あるいは、この一件を噂の種にして拡散することはしますが、イエスの招きにすぐに応じるわけではありません（二八節）。驚いたわりには、様子見的な微妙なリアクションです。これは、その日がどんな日であったかを考えると、意味合いが見えてきます。それは安息日です（二一節）。律法の規定で全く働けないと解釈された伝統がありました。それゆえ、本当はイエスのもとを訪れたいと願った人々も、安息日の終わりを待たずしては出かけられないと考えていました。行動が一テンポ遅れたのは、そのためです。「夕方になり日が沈むと、……イエスのもとに連れて来た」（三二節）。ユダヤでは、日が沈むと、新しい日になります。安息日の翌日になって、やっと行動を起こしたということです。もちろん、イエスは憐れみ深く人々を癒しますが、この一テンポの遅れは、人々がイエスの招きよりも律法解釈の伝統を重く見ている、権威と感じているということの現れです。このように天秤にかけている間は、本当の意味で権威を受け入れ、それに従っているとは言えません。

これに対して、シモンとアンデレの実家で起きたことは、全く対照的です。同じ安息日に、弟子たちと家族はその家に病人がいることを「さっそく」イエスに知らせ、イエスはその人を癒し、その人はイエス一行をもてなすという出来事です（三〇～三一節）。イエスの訪れが伝統的な安息日の生活パターンを変えてしまったということです。そして、そこに大きな慰めと喜びの分かち合いが生まれたということです。これは権威の交代です。イエスを主として、その権威を受け入れたということです。勇気の要ることですが、これは、理性的な検証と納得に基づいて決めたということではないでしょう。むしろ単純素朴に、恵みに招いてくださるイエスに信頼してすがったということです。けれども、そこがカペナウムの人々との違い、いわば分岐点でした。

私たちは、イエスの招きに権威を見いだしているでしょうか。かつての生活パターンや世間体、自分的なものの見方などが自分のうちで幅を利かせ、恵みに生きることに躊躇《ちゅうちょ》しているなら、イエスの権威に従っていることにはなりません。それでは分岐点で間違えてしまうことになるでしょう。今一度、自らを吟味する必要はないでしょうか。

8　イエスの道は慰めを目指す

〈マルコ一・三五〜四五〉

「さて、イエスは朝早く、まだ暗いうちに起きて寂しいところに出かけて行き、そこで祈っておられた。すると、シモンとその仲間たちがイエスの後を追って来て、彼を見つけ、『皆があなたを捜しています』と言った。イエスは彼らに言われた。『さあ、近くにある別の町や村へ行こう。わたしはそこでも福音を伝えよう。そのために、わたしは出て来たのだから。』こうしてイエスは、ガリラヤ全域にわたって、彼らの会堂で宣べ伝え、悪霊を追い出しておられた。

さて、ツァラアトに冒された人がイエスのもとに来て、ひざまずいて懇願した。『お心一つで、私をきよくすることがおできになります。』イエスは深くあわれみ、手を伸ばして彼にさわり、『わたしの心だ。きよくなれ』と言われた。すると、すぐにツァラアトが消えて、その人はきよくなった。イエスは彼を厳しく戒めて、すぐに立ち去らせた。そのとき彼にこう言われた。『だれにも何も話さないように気をつけなさい。ただ行って、自分を祭司に見せなさい。そして、人々への証しのために、モーセが命じた物をもって、あなたのきよめのささげ物をしなさい。』ところが、彼は出て行ってふれ回り、この出来事を言い広め始めた。そのため、イエスはもはや表立って町に入ることができず、町の外の寂しいところにおられた。しかし、人々はいたるところからイエスのもとにやって来た。」

何かに取り組むときには、目指すべきものがはっきりとしていなくてはなりません。そうでないと、目の前のことをこなすばかりで、結局、何をしているのか分からなくなったり、あるいは次第に疲れてイヤになってしまったり、というお決まりのパターンに陥ります。逆に、目指すものが明確であれば、目の前のこともきちんと位置づけできるので、そのときどきをしっかりと歩んで行けます。

「わたしについて来なさい」（一七節）との語りかけに応えて、イエスについて行く道、もちろん、ついて行く相手はイエスご自身なので、そこで目指すべきものが何かなど、言うまでもないことです。確かに、地上を歩むイエスの姿を眼前に見ることのできた人々にとってはそれで十分のところです。けれどもそういう状況にない後世の私たちにとっては、もう一声、具体的なことが欲しくなります。イエスについて行く道、それは何を目指すのかということです。私たちの信仰生活や教会形成において、やはりそこが健全さの決め手となるべきものでしょう。

イエスのメッセージとは、すなわち恵みの支配の訪れであり、これに心を向け直すこと（悔い改め）と、招きの事実に信頼して歩み出すこと（信仰）です。それで、招かれたとおり、恵みの支配に生きることがイエスについて行く道の目指すところなのですが、ここにさらなる広がりがあります。和解と平和、いのちの充実、自由の喜び……、様々な側面を挙げることができるでしょう。しかし、その中でもマルコが注目しているのは、慰めの共有です。そもそも、福音書の冒頭で引用されているイザヤ書の言葉が慰めのメッセージです。「主の道を用意せよ」（三節、イザヤ四〇・三）との荒野で叫ぶ声は、「慰めよ、慰めよ、わたしの民を」（イザヤ四〇・一）を受けての言葉です。この呼び声が先駆けとなってイエスが登場し、まずバプテスマを受けます。悔い改める必要のない方が悔い改める人々と立場を共有するという慰めです。そして、開始される公の働きにおいて、やはりイエスの道は慰めの共有を目指しているという典型的な出来事の一つが記録されています。ツァラアトに冒された人が癒されるという出来事です。

イエスについて行くとは、神の恵みに心を向け直して、慰めの共有を目指すことである、とマルコは示します。私たちの歩みは、ここが明確になっているでしょうか。目の前の事柄が、神の恵みにおいて慰めを共に味わうことに向けられているでしょうか。

アクティヴなみわざのその先に

マルコの福音書は、とても忙しい福音書です。大半の読者は、いきなり事が始まり、一気に動いていくという印象を持つでしょう。それもそのはず、イエスの誕生エピソードや系図などが記されておらず、紹介もそこそこにイエスの公の働きが開始されるのですから。そして、立て続けに様々な出来事が展開します。それらについての解説やイエスの説教が相当のボリュームで記録されているというわけでもありません。とにかく、出来事に次ぐ出来事。しかも、それらはたいへん衝撃的なインパクトを社会に与えていきます。特に一章の描写は、デビュー戦だけあって、センセーショナルな感じは半端がないという印象です。

「こうして、イエスの評判はすぐに、ガリラヤ周辺の全域、いたるところに広まった」(二八節)。とりわけ、このアクティヴさは、マルコが多用する副詞「エウテュス（すぐに、さっそく）」が一章だけで十一回も使われていることで、より際立っています。なるほど、忙しいという印象を持つはずです。そして振り返れば、この一大旋風の始まりは、イエスのバプテスマの直後、聖霊が降るという場面からです。ここにも、マルコ特有の表現と世界観が登場します。「天が裂けて御霊が鳩のように」（一〇節）降って来た、と。他の福音書では「天が開け」と記すところ、マルコは「天が裂けて」と表現します。用いられる動詞「スキゾー」は、まさしくビリビリと引き裂くイメージです。神ご自身が天を引き裂いて聖霊を降し、イエスによってみわざを一気に開始される様子です。本当にセンセーショナルです。

ところが、こうしたドラマティックな展開にもかかわらず、当のイエスご自身はいたってクールで落ち着いており、むしろ、センセーショナルな空気感から距離を置き、サッと身を引いては静まるという具合です。「さて、イエスは朝早く、まだ暗いうちに起きて寂しいところに出かけて行き、そこで祈っておられた」（三五節）。人々がご自分を捜していると聞くや、別の場所へ移動されます（三六〜三九節）。イエスのことを知っている悪霊どもに勝手にものを言わせないというのも、こうした態度の一つでしょう（三四節）。イエスの意図と異なる形であれやこれや言い立てられると困ったことになる、ということです。それだけに、このセンセーショナルな空気感は、良くも悪くも怪しかったということでしょう。イエスご自身に人々が注目して集まってくるのは良いことだとしても、人々の動きをイエスの意図と違う方向に持っていこうとする力も大きく、そこが問題だったということです。それに巻き込まれてはいけません。身を引いて距離を置く必要があったわけです。

それならば、このセンセーショナルな空気感の問題点とは、具体的に何だったのでしょうか。これについては、ガリラヤの地域性から考えると見えてくるものがあります。当時パレスティナ全域は、地中海沿岸全般がそうであるように、ローマ帝国の覇権のもとに支配されていました。そんな中でユダヤ社会は、これまでの数百年間、大国の興亡の狭間で相当の苦難を通って、もういい加減に解放されたいとの飢え渇きが高揚してきていました。

神の超自然的な介入によって革命的なことが起きることが激烈に期待されるという風潮にあり、そうした革命のリーダーをメシアと称してその登場を待望する空気感の中にありました。しかし、そうした民族感情を逆なでするように、ローマ帝国はユダヤに総督府を設置して直轄地となし、圧力をかけてきます。それでも、辛うじて形だけでも自治権が残されていた地域がありました。それが、ヘロデ・アンティパスの領土、ガリラヤであったのです。こういう状況なので、ガリラヤでは革命を夢見る勢力が様々な形で活動し、運動のリーダー「メシア」への期待感は否が応でも高揚していきます。その最中に、「神の国が近づいた」とのメッセージを携えてイエスが登場したので、人々がそちらかと勘違いして盛り上がるのは十分に考えられることです。

こうした勘違いが盛り上がってしまっては、イエスの働きとしてはマイナスです。それで、イエスはアクティヴに活動しながらも、人々の勘違いとは常に別方向に進んで行かれます。力ずくの革命運動をリードするために拠点を築くのではなく、恵みに生きる人々を各地に形づくるために、特に、恵みに気づかないで苦しんでいる人々を癒すために旅をお始めになるのです。まさしく、慰めの共有です。「さあ、近くにある別の町や村へ行こう。わたしはそこでも福音を伝えよう。そのために、わたしは出て来たのだから」(三八節)。

活動的であることは大切であるにしても、それがどこへ向けられているのかということが改めて問われます。目指すべきところを見失っていては、大変なことになります。イエスが活動的でありながらも、常に静まって祈り、目指すべき慰めの共有をはっきりと受けとめて行動する様子には、非常に教えられます。そして、この方について行く私たちとしては、当然のこと、同じく慰めの共有を目指して進まなければなりません。

真の慰めに向けて

さて、恵みに招くイエスの道、その活発な姿は社会に一大旋風を巻き起こしますが、目指しているのは、神の恵みにおける慰めの共有です。一章の最後の記事がそこを明確に示しています。「天が裂けて」聖霊が降って、「すぐに」次々とみわざが展開するその先には、ツァラアトに冒された人の姿があります。そして、「すぐに」癒しのみわざがなされます（四二〜四三節）。神の憐れみが超特急でこの人のところへ届けられた、と言えるでしょう。まさしく慰めです。

このイエスのもたらす慰めは、ツァラアトがどんな病で、これに冒された人がどんな生活をしていたかを知ることで、さらに深く味わわれます。そこで、まず承知しなければならないことは、これは古代の出来事なので、現代の病理学で何に相当するかという議論にはムリがあるということです。当時の知識の範囲で、理解を超えた類似の症状を示すものを雑に一絡げにして名づけていたと考えておくのが無難でしょう。ただ、逆にいえば、当時の知識を超えているなら、当時の人々に恐れられ、気味悪がられたのも当然の話でしょう。しかも、ある種の伝染性が考えられていたゆえに、隔離やむなしというのも理解はできる措置です。ところが、衛生上の隔離が社会的な差別に繋がってしまうのが人間の罪深さです。隔離された人は、社会から隔絶され、差別を受けます。治癒が確認されるまでは、一般社会に戻ることが許されません。早く治療したいのは当然ですが、差別されますから、思うように治療ができません。差別されますから、就ける仕事もありません。経済的に追いつめられます。そして、この苦しみは家族にも及びます。治癒の見込みがなければ、一般社会にはもう戻れないので、自分たちだけの貧しい難民キャンプを人里離れた場所にひっそりとこしらえて暮らす以外にありません。そして、そこは呪われた場所とみなされます。

こうした状況にあった人がイエスのもとを訪れます。「ひざまずいて」懇願する様子には、それまでの労苦の酷さ、何とかしてほしいという一心、そして、イエスのほかに頼るものなしという、すがる思いが透けて見えます。「お心一つで」癒されるという告白は、敬虔な態度であると同時に、遠慮の思いから出てきたと推察できます。すなわち、「思っていただけるだけで十分です」と。ツァラアトに冒されて隔離されてきたので、触れていただくなど滅相もない、心だけで十分です、ということです。経験してきた幾多の痛み、その末に絞り出された告白です。これにイエスは深遠な慰めをもってお答えになります。「イエスは深くあわれみ、手を伸ばして彼にさわり、『わたしの心だ。きよくなれ』と言われた」（四一節）。当時の社会を思えば、あり得ないリアクションです。けれどもイエスは、「心だけで十分です」と言う彼に対して「わたしの心はこれだ」と述べて、触れてくださいました。ツァラアトに冒された人に触れること、これがイエスの心だということです。差別と屈辱と孤独と絶望の生活を強いられてきた彼は、どれだけの慰めを感じたことでしょうか（この心理描写は、マルコが動詞の形を工夫し、決定的瞬間を切り取る形を連続で使用してイエスの様子を連写するように描き〔あわれみ、手を伸ばし、さわり、言われた〕、映画のコマ送りのようにして記しているところに示されています）。この行為は、ご自分も病に冒されるかもしれないというリスクを伴うものです。けれども、それを自ら引き受けるという行為、そして、これがご自分の心なのであるという言葉。相手の痛みを自ら引き受け、一緒にいようという心。これは、最終的には私たちの罪をも引き受けていのちを捨てる十字架の出来事にまで至ります。注目すべきは、きよくなったら共にいるというのではなく、共にいるからきよくなるということです。これこそ救い主の慰めです。どんな病も、痛みも、罪もイエスの前に持ち出してひざまずくとき、この慰めをいただけるのです。

結果として、ツァラアトに冒された人は癒されます。イエスの癒しは患部の治癒にとどまらず、社会生活にまで及びます。「自分を祭司に見せなさい」（四四節）。癒されたという客観的な証しは、彼が社会復帰できることを意味します。ここまで視野を開いてこそ、癒しも本物、真の慰めと言うべきものです。人目を忍んで生きてきた彼がこの出来事を言い広めてはばからなくなった様子は、癒しのみわざの力強さを示します（四五節）。ただし、イエスの本意としては、世間で勘違いが横行しているので、だれにも言わないようにということだったのですが。ここでも、慰めの共有こそが目指すべきことであって、センセーショナルな盛り上がりが大切なのではないというイエスの姿勢がはっきりしています。

私たちがついて行く主なる方、イエスの道は、真の慰めの共有を目指します。私たち自身が慰められることと、その慰めを人々に分かち合うこと、これを目指しているということを常に念頭に置いて、信仰生活・教会形成が進められるように祈りましょう。

9　イエスの慰めは治癒を超えて

〈マルコ二・一〜一二〉

「数日たって、イエスが再びカペナウムに来られると、家におられることが知れ渡った。それで多くの人が集まったため、戸口のところまで隙間もないほどになった。イエスは、この人たちにみことばを話しておられた。すると、人々が一人の中風の人を、みもとに連れて来た。彼は四人の人に担がれていた。彼らは群衆のためにイエスに近づくことができなかったので、イエスがおられるあたりの屋根をはがし、穴を開けて、中風の人が寝ている寝床をつり降ろした。イエスは彼らの信仰を見て、中風の人に『子よ、あなたの罪は赦された』と言われた。ところが、律法学者が何人かそこに座っていて、心の中であれこれと考えた。『この人は、なぜこのようなことを言うのか。神を冒瀆している。神おひとりのほかに、だれが罪を赦すことができるだろうか。』彼らが心のうちでこのようにあれこれと考えているのを、イエスはすぐにご自分の霊で見抜いて言われた。『なぜ、あなたがたは心の中でそんなことを考えているのか。中風の人に「あなたの罪は赦された」と言うのと、「起きて、寝床をたたんで歩け」と言うのと、どちらが易しいか。しかし、人の子が地上で罪を赦す権威を持っていることを、あなたがたが知るために――。』そう言って、中風の人に言われた。『あなたに言う。起きなさい。寝床を担いで、家に帰りなさい。』すると彼は立ち上がり、すぐに寝床を担ぎ、皆の前を出て行った。それで皆は驚き、『こんなことは、いまだかつて見たことがない』と言って神をあがめた。」

私たちは生きている以上、病気になります。嬉しいことではありませんが。病気になれば、早く治りたいと思うのが人情です。「治る」という言葉で通常私たちがイメージしているのは、患部の治癒（熱が下がる、腫れが引く、数値が正常になるなど）でしょう。そして、そのために病院に行くなど、治療を受けるのが普通でしょう。しかし、根源的な話、いのちの健やかさは創造主なる神から与えられるものです。それゆえ私たちは治療を受けつつ、神に癒しを祈ります。祈ったとおり、患部に治癒が与えられれば幸いです。ところが、願ったとおりでないこともあります。その場合、神は祈りを聴いてくださらなかったのでしょうか。そこで、考え直さなければならないことは、神が癒してくださるというのは、単純に患部の治癒の話だけなのかということです。すると思い当たるのは、患部の治癒とは別に、失望から希望への転換、悪習慣からの解放、劣等感からの自由、人々との関係改善、社会復帰など、癒しとは実はトータルな出来事であるということです。神は必ず祈りに応えて、トータルな意味での癒しに向けてみわざを行ってくださいます。その意味で、何よりも大切なのは、私たちに健やかさを下さる神の恵みに心を開いていることです。これをマルコ流に言えば、「悔い改めて福音を信じなさい」（一・一五）ということでしょう。イエスと共にすぐそばに訪れた神の国・恵みの支配に心を向け直して（悔い改め）、そこへと招いてくださるイエスに信頼して歩み出す（福音を信じる）ということです。

確かに、イエスの公の活動は一見センセーショナルな形で始まりますが（一・二八、四五）、イエスのまなざしは常に各人の全人格に向けられ、社会全体のあり方にまで及びます（安息日でも病を癒し、ツァラアトに冒された人に触れるなど）。つまり、癒しということでいえば、患部のドラマティックな治癒にばかり人々の関心が行きがちなところが、むしろ、神の恵みによる癒しはトータルなもので、そのために恵みの神と豊かな関係に歩むこと、そこに導くイエスについて行くことが大切なのだということです。それによって、私たちは、患部の治癒を超えるトータルな癒しの慰めをいただくことができるのです。

罪の赦し

病気と罪を短絡的に結びつけて、まるで因果関係のように言ってしまうことほどに残酷なことは、そんなにないでしょう。患部の症状に注目している場合、特にそうです。けれども、健やかさを与えてくださる創造主なる神との関係は、病気の現場であっても、否、病気の現場ならなおのこと、真摯に求められなければならないでしょう。原因の追及ではなく、癒しという解決の求めどころの話です。カペナウムのある家においてなされた中風の人の癒しは、このことを鮮やかに提示しています。

例によって、イエスのもとに人々が殺到する様子から場面が始まります。「多くの人が集まったため、戸口のところまで隙間もないほど」という有様です（二節）。安息日にカペナウムの会堂で悪霊を追い出したデビュー戦から数日後、人々のフィーバーぶりはさらにヒート・アップしています。けれども、イエスの目的は熱狂的な空気を盛り上げることではなく、人々が神の恵みに心を開き、分かち合って歩むことです。それで、ここでも変わりなく「みことばを話しておられた」わけです（二節）。いくら驚くべき奇跡に遭遇しても、あるいはドラマティックな治癒を体験しても、恵みに生きることが分からなければ、どうしようもありません。神を見上げて感謝と平安の中で互いに支え合う交わりを生み出すことができないならば、絶好球を空振りしてしまっているのと同じです。それではいけないので、イエスは恵みに生きることを人々に語って聞かせるのです。

さて、そこに連れて来られたのは中風を患う人でした。中風は、脳内血管のトラブルで身体にマヒが起きる症状です。四人に担がれてイエスがいる家にまで運ばれて来たのに、人が溢れて入れない状況でした。発作の最中で緊急を要する容体だったのか、四人の取った行動は驚くべきものでした。いきなり屋根に上り、イエスのいるであろう場所に見当をつけて、そこの屋根をはぎ取って、患者を寝床ごとつり下げて、イエスのもとに降ろすという大胆な作戦です。そして、彼らの行動も驚くべきものでしたが、それを見てイエスがさらに驚くべき一言を放たれます。「子よ、あなたの罪は赦された」と（五節）。居合わせた人々は呆気にとられたことでしょう。「何じゃ、そりゃ？　罪って、どういうこと？」この人はそんなに悪人なのか、勝手に屋根をはぎ取ったことが罪なのか、それとも、一般的な意味ですべての人は罪人だからということか……。けれども、ここで言いたいことは、そういうことではありません。むしろ、神と人、人と人との間に障壁を作り出してしまう事態そのものを指して罪と呼び、彼らの行動が証しする「信仰を見て」（五節）、そうした障壁が除かれていることを宣言されたのです。

今でこそ、こうしたマヒは脳内血管のトラブルだと分かりますが、話は古代のことです。突然の発作に見舞われた日には、何かに取り憑かれたかぐらいにしか思ってもらえません。自分たちの手に負えないので、人々はこうした事態から距離を置き、責任逃れを始めます。本人のせいか、親のせいか、と。当人はもちろん、仕事ができなくなりますし、社会保障もありません。貧しくなって破綻するのは目に見えています。厳しい差別が待っています。律法の規定も守れなくなるので、熱心な人々から白い目で見られます。神にさえ捨てられたのかと、絶望や恨み、怒りや憎悪の虜になりそうな内心と化してしまいます。こうした障壁の数々は、まさしく罪と呼ぶべきものでしょう。

すなわち、周りの人々も神の恵みが見えなくなっていくのです。おのおの自分中心にしか物事を見なくなり、感謝や平安は互いの中から失われていき、恵みを分かち合うのと逆方向の事態が次々に発生していきます。恵み深い神の意図に背く人々の姿、つまり罪ということです。

ところが、そんな状況になっても不思議ではないはずの彼を四人の友人が介抱して、とにかくイエスのもとに連れて来たというわけです。なかば強引とも言うべき手法ですが、何が何でもイエスのもとに連れて行くという強い意志を感じます。この方が招く神の恵みは、この事態をきっと何とかしてくれるに違いない、と。この信仰の姿に、イエスは障壁の数々が除かれていることを見て取ります。もちろん、神の恵みは、こうして連れて来られた人を受け入れます。「子よ」という呼びかけは、彼が受け入れられていることを示します。だから、罪の赦しの宣言がなされたのです。障壁は除かれているということです。

何という慰めでしょうか。患部の治癒云々《うんぬん》の前に、健やかさを与える創造主との間柄が整えられて、確かめられます。社会的な障壁も越えられて、豊かな交わりが宣言されます。このように、イエスの慰めは治癒を超えていきます。まさしく福音なのです。

恵みの権威への信頼

イエスが招く神の恵み、その癒しのみわざはトータルなものです。それゆえ、一回こっきりの患部の治癒に終わることなく、その先、どう生きるかについてまで明確な方向性を示していきます。招かれた神の恵みに生きていけばよいという信頼、それが人生を方向づける権威となるという歩みを引き出すのです。

さて、イエスのもとに連れて来られた中風の人に罪の赦しが宣言されると、その様子に驚き以上に疑いを抱く人々がいました。その場にいた律法学者たちです。彼らに言わせれば、罪の赦しは神にのみ属する権威で、それを目の前のイエスが行うことは冒瀆以外の何ものでもないということなのです。彼らは心の中でブツクサ言っていたのですが、イエスはそれを見抜いて言われます。「中風の人に『あなたの罪は赦された』と言うのと、『起きて、寝床をたたんで歩け』と言うのと、どちらが易しいか。しかし、人の子が地上で罪を赦す権威を持っていることを、あなたがたが知るために――」(九〜一〇節)。癒しを患部の治癒で終わらせないイエスの意図がはっきりしています。寝床をたたんで歩けるようになれば、それで良いというわけではありません。そして、事柄は罪の赦しの権威の問題にまで視野を広げて語られています。神と人、人と人との障壁が除かれたのは、この時限りではなく、この先の方向性を導く権威になるのだということです。この罪の赦しの権威ある宣言に導かれて、この先を歩んでいくということです。招かれたとおり、信じて歩み出すならば、そうなるということなのです。

イエスのメッセージは、「時が満ち、神の国が近づいた。悔い改めて福音を信じなさい」（一・一五）ということです。旧約聖書の成就という神の言葉の権威がトピックとなります。そして、「神の国」という以上、国として治める権威が課題となります。そのうえで、イエスはこの場面でご自分を「人の子」と呼び、「その（人の子の）主権は永遠の主権で、過ぎ去ることがなく、その国は滅びることがない」（ダニエル七・一四）との預言に暗に言及しています。その権威に身をゆだねて方向づけられることを指して、「悔い改めと信仰」と称していると言えばよいでしょう。そして、そこに歩み始めるように、とイエスは人々を招かれるのです。

権威というと、現代人にとっては何か権威主義的に圧力をかけられるイメージがあり、あまり人気がない言葉でしょうが、権威がないと方向とまとまりを失うことになります。それで、大切なのは権威の質ということになります。そこへいくと、神の国は恵みの支配ですから、その権威は威圧的とは逆方向です。恵みの豊かさが事を治めるということです。つまり、それこそが神の権威の形であり、それを持っておられるのはイエスご自身なのだということを、イエスはここで示されたわけです。イエスの招きはそれであると分からずに、冒瀆と断ずるくだんの律法学者のような人々もいますが、恵みの招きはそのように拒む人々の激しい暴力さえ包み込んで、いのちを捨ててでも彼らをも招くという十字架の出来事にまで至ります。神の国の権威の姿です。罪を赦す権威ということです。

この時点で、律法学者たちは全く理解ができませんでしたが、イエスはひるむことなく、居合わせた人々を招かれます。そこに最もよく反応したのは、中風の人その人です。イエスの言葉に応答して起き上がり、床をたたんで歩き始めます（一一～一二節）。まさしく、権威が現れ、受けとめられ、証しされた瞬間です。恵みの権威への信頼が引き出されたということです。障壁は除かれた、この先も恵みの神を信頼して歩めばよいという、患部の治癒を超えた慰めが表されたということです。

私たちは癒しをトータルにとらえて、イエスが招く恵みの支配に豊かな慰めを見いだして、歩みたいものです。

10 「締め出された者」から「召し出された者」へ

〈マルコ二・一三〜一七〉

「イエスはまた湖のほとりへ出て行かれた。すると群衆がみな、みもとにやって来たので、彼らに教えられた。イエスは道を通りながら、アルパヨの子レビが収税所に座っているのを見て、『わたしについて来なさい』と言われた。すると、彼は立ち上がってイエスに従った。

それからイエスは、レビの家で食卓に着かれた。取税人たちや罪人たちも大勢、イエスや弟子たちとともに食卓に着いていた。大勢の人々がいて、イエスに従っていたのである。パリサイ派の律法学者たちは、イエスが罪人や取税人たちと一緒に食事をしているのを見て、弟子たちに言った。『なぜ、あの人は取税人や罪人たちと一緒に食事をするのですか。』　これを聞いて、イエスは彼らにこう言われた。『医者を必要とするのは、丈夫な人ではなく病人です。わたしが来たのは、正しい人を招くためではなく、罪人を招くためです。』」

「しめだされる」と「めしだされる」、平仮名で書くと紛らわしい限りですが、意味は全く逆です。締め出されて嬉しい人はいませんが、それに対して、召し出されるということは緊張感もありますが、やはり必要を認めてもらって役目が与えられることですから、幸いなことです。締め出されて捨て去られる悲しさ・悔しさとは真逆です。

イエス・キリストの知らせは、福音と言われます（一・一）。そこには、慰めの調べが響き渡ります（一・三。イザヤ四〇・一参照）。イエスの公の働きの始まりが、バプテスマを受けること、つまり、悔い改める人々と立場を共有することであったとおりです（一・四〜一一）。ツァラアトに冒された人に触れて癒しのみわざを行われたことも、慰めの深さをよく物語っています（一・四〇〜四五）。イエスは、社会から締め出された者に、また締め出しという罪深い事実に心痛めてへりくだる者に近づき、神の恵みを語られます。まさしく慰めの調べ、福音です。

けれども同時に、このようにご自身のほうから近づいてくださるイエスは、恵みの招きに応えてご自身について来ることをお求めになります。「わたしについて来なさい」（一・一七）と。つまり、締め出しの現場にとどまるのではなく、新しい歩みへと召し出されるのです。イエスに従い、恵みに生きて、互いに分かち合う交わりを建て上げる歩み。必要とされないのではなく、なすべきことが与えられる喜び。その様子がさらに福音の証しとなって、周りの人々を招くのに用いられる幸い。福音の慰めは、ここに至るのです。

様々なことで締め出されて悲しみ・悔しさの中にいる人はおられないでしょうか。締め出しの事実に心痛めているのに、どうしたらよいか分からずにいる人はおられませんか。イエスは慰めをもって、あなたに近づいてくださいます。そして、語りかけてくださいます。「わたしについて来なさい」と。ぜひともこの招きに応えて、新しい歩みに踏み出してください。ここでは、そこで味わう慰めがどんなものか、もう一つのケースから学びます。

伴ってくださる主のいつくしみ

「イエスは道を通りながら、アルパヨの子レビが収税所に座っているのを見て、『わたしについて来なさい』と言われた。すると、彼は立ち上がってイエスに従った」（一四節）。さらりとした描写の中に、イエスの測りがたいいつくしみの深さが示されています。「道を通りながら」とわざわざ記しています。収税所には道を通らなければ行けないはずではないか、とツッコミを入れたくなるでしょうか。おそらくここは、通行税を払うブースと考えられるでしょう。いずれにせよ、収税ブース付近を通過して行くわずか数十秒の出来事ですが、人格の奥底に届くイエスのいつくしみが溢れています。そうでなければ、「ついて来なさい」といきなり言われて、即座に立ち上がって従うなどということはあり得ないことです。

それにしても、この早い展開、具体的にはいったい何が起きたのでしょうか。イエスのことはすでにガリラヤ全土に伝わっています。この日もガリラヤ湖畔で人々がイエスのもとに集まり、イエスが恵みに招くメッセージを語り（一三節）、その続きでどこかへ移動する道中、「道を通りながら」取税人レビに出会うということです。恵みに招く道中、イエスについて行く道、そこにレビも招かれて、結果として、ついて行くようになったということです。イエスが収税所に近づいて来るとき、おそらくレビもすでにイエスについて噂に聞いており、その様子から噂のイエスという方かもしれないという認識は持ったのでしょう。「時の人」の接近に胸が高鳴ったでしょうか。そして、その方と目が合ったかと思うや、想像を超える一言をいただきます。「わたしについて来なさい」と。これは、確かに仕事中にいただく言葉としてもマサカの一言で、納税者からこんな言葉を聞くなど、取税人は思ってもみなかったでしょう。しかし事情はそれだけでなく、レビとしては街中で仕事以外のことで他人から声をかけてもらうなどということも、かなり久しぶりのことだったでしょう。仕事の用事だとしても、人々は自分を避けたがり、まともに話をしてくれない孤独感。それなのに、イエスが自分を見つめて、語りかけてくださったという慰め。

このレビの孤独感には、彼の仕事と当時の社会事情が関連しています。取税人とその仕事について、福音書においては現代社会のイメージで考えてはいけません。帝政ローマの支配圏、ガリラヤは形だけの自治権を認めてもらってはいても、ローマ帝国は多額の納税を要求します。税のメリットは納税者の生活に返ってきません。ローマの市内整備・戦争費用などに消えていきます。加えて、領主ヘロデもローマの真似ごとをしたがるので、税金はさらに膨れ上がります。したがって、税金を集める仕事は嫌われます。嫌な仕事ならしなければよいのではないか、と言えるのは現代人の感覚です。経済的に行き詰まって、生活が立ち行かない状況、背に腹は代えられぬところにまでいくと、仕事を選んでいられません。そこへローマの軍人が剣をちらつかせてリクルートに現れます。儲かると聞いて心が動き、一度そこに足を踏み入れたら最後、なかなか辞められないシステムが待っています。ローマ側としても、税金集めに励んでもらわないと困るので、定額以上に納めさせたらその分をボーナスとみなすという制度で煽ります。すると、余計に地元民から嫌われるという寸法です。貧困から抜け出すためには仕方がないではないかという叫び。困っていたときに助けてくれなかった地元社会への恨み。けれども、やたらと嫌われて、無視され続けるつらさ。まさしく社会から締め出された人々の一人です。収税ブースに座っていたレビは、こんな状況にあったと言ってよいでしょう。

久々に人から声をかけてもらった。レビはそう感じたでしょう。しかも、「わたしについて来なさい」と。これからはわたしが一緒だ、一緒に行こうじゃないか、と響いたでしょう。イエスのいつくしみに孤独が癒されていきます。締め出された者が召し出されるエキサイティングな瞬間です。レビは喜んで立ち上がり、イエスに従います。

レビの喜びがいかに深いものであったかは、その後の彼の行動がよく物語っています。イエス一行を自宅に招き、そして同業者も自宅に招き、盛大なパーティーを開きます（一五節）。同業者をイエスに会わせたということは、自分と同じ境遇で苦しんでいる人々に、イエスから自分がいただいた慰めを分かち合いたいということです。この慰めの確かさを十分に証しする行動です。

ところが、他人の喜びに水を差したがる連中はどこの世界にもいるもので、この光景を見ていたパリサイ派の律法学者たちがイチャモンをつけてきます。「なぜ、あの人は取税人や罪人たちと一緒に食事をするのですか」（一六節）と。大きなお世話という感じですが、ローマ帝国の手先になって稼いでいるやつらは許せん、ということです。召し出されて喜んでいる人を、再び締め出そうという魂胆です。しかし、この攻撃に対してイエスがお応えになります。「医者を必要とするのは、丈夫な人ではなく病人です。わたしが来たのは、正しい人を招くためではなく、罪人を招くためです」（一七節）と。締め出された人にどこまでも寄り添い、共に歩むべく召し出すお方の姿がここにあります。病人が自分に必要な医師に出会ったような慰めです。しかし、この言葉は、同時に律法学者たちへの挑戦的な招きにもなっています。彼らとて、招かれざる者たちではなく、勝手に人を締め出しておいて善人ぶる罪人です。それで、やはり招かれているわけです。いずれにしても、招いてくださったイエスのいつくしみが溢れているのです。

締め出しという罪深い社会の現実。しかし、イエスは豊かないつくしみをもって、そこから私たちを召し出して、恵み分かち合う歩みに伴ってくださいます。

懐深い主の守り

「わたしについて来なさい」（一四節）とイエスは語りかけられます。イエスについて行く道は慰めの道ですが、様々な闘いも待ち受けています。そんなとき、黙って見ているだけならば福音とは言えなさそうですが、イエスは召し出した以上、従う人々を懐深く守ってくださいます。

イエスが取税人レビに声をかけたとき、弟子たちをはじめ、ガリラヤ湖畔でその日イエスの説教を聞いた人々も何人か同行していたはずです。彼らは、収税所に接近するイエスの姿を追いながら、どんな気持ちでいたでしょう。たぶん、当時の普通の感覚からいって、近づきたくない、さっさと通り過ぎたい、そんな気分だったでしょう。足取りの重い彼らを尻目に、イエスはどんどん収税所に近づき、立ち止まり、レビに声をかけられます。「あーあ、話しかけちゃった。通行税だけ払ったらすぐに立ち去ればいいのに」とでも思ったでしょう。しかも、何を言うかと思えば、「わたしについて来なさい」と。取税人が仲間になるのか、われわれと同じ言葉で召し出されているとは、どういうことか。いろいろな気持ちが交錯する出来事です。しかし、このチャレンジを弟子たちは文句言わずに受けとめます。さすが弟子になっただけはあります。おそらく彼らは、「わたしについて来なさい」というイエスの言葉を、レビに対して語られた他人事のようにしてではなく、自分に対して改めて語られたととらえたことでしょう。それが証拠に、弟子たちは、レビの招待を受けるイエスについて行き、非難覚悟で取税人の食卓に着くのです（一五節）。こんな具合に、他人に語られたみことばが自分に刺さることがあります。そこで素直になれるかどうかが、弟子たる姿を鍛えていきます。

ところが、案の定、取税人の食卓に着いた弟子たちを非難する人々が現れます。くだんの律法学者たちです。ユダヤ社会で律法学者に難癖つけられたら、社会生活の先が思いやられます。弟子たちは内心ビビッたことでしょう。しかも、律法学者たちの本当の非難の矛先はイエスであるはずなのに、まず弟子たちを捕まえて、弟子たちにイチャモンをつけます（一六節）。回りくどくて、嫌みな感じがします。文句があるなら、堂々と本人に言えばよいのに、という話です。律法学者たちの、外堀から埋めていく作戦でしょうか。

しかし、ここで窮地に立たされた弟子たちをイエスはかばってくださいます。「医者を必要とするのは、丈夫な人ではなく病人です。わたしが来たのは、正しい人を招くためではなく、罪人を招くためです」（一七節）。これはレビを解放する言葉であり、律法学者たちを挑戦的に招く言葉でもありますが、弟子たちにとってはディフェンスの言葉です。この言葉によって、弟子たちは、病人に必要とされる医師の側に立たせてもらっているのです。もちろん、弟子たちも、招かれるべき罪人です。だから、イエスのもとに来たわけです。けれども、招くイエスに従って行くということは、招く側に立たせていただけるということでもあります。彼らは立派にその役割を果たしている、ということです。役割といっても大したことはないと言われてしまうかもしれません。ここで彼らがしていることは、一緒にごはんを食べただけということになりそうです。私たちができることも、きっとそんな程度でしょう。しかし、それが大切な役割であるとイエスは言ってくださるのです。締め出されていた者が召し出される現場に同席して、一緒に喜ぶ役割です。それが大事なのだ、と。慰めですね。律法学者たちに責められてタジタジになりそうだった弟子たちを、このように守ってくださるイエスの姿。従う者たちへの懐深い守りです。

イエスについて行くとき、恵みに生きていくとき、私たちはこうした懐深い守りで守っていただけるのです。恵みへと召し出してくださる方は、召し出した者たちを、責任をもって守り、再び締め出されることのないようにしてくださいます。それだけでなく、召し出してくださったイエスのみわざの豊かな慰めを証しし、また、分かち合う役割に生きることができるようにも励ましてくださるのです。

11　喜びに生きる新しい道

〈マルコ二・一八〜二二〉

「さて、ヨハネの弟子たちとパリサイ人たちは、断食をしていた。そこで、人々はイエスのもとに来て言った。『ヨハネの弟子たちやパリサイ人の弟子たちは断食をしているのに、なぜあなたの弟子たちは断食をしないのですか。』イエスは彼らに言われた。『花婿に付き添う友人たちは、花婿が一緒にいる間、断食できるでしょうか。花婿が一緒にいる間は、断食できないのです。しかし、彼らから花婿が取り去られる日が来ます。その日には断食をします。だれも、真新しい布切れで古い衣に継ぎを当てたりはしません。そんなことをすれば、継ぎ切れが衣を、新しいものが古いものを引き裂き、破れはもっとひどくなります。またたれも、新しいぶどう酒を古い皮袋に入れたりはしません。そんなことをすれば、ぶどう酒は皮袋を裂き、ぶどう酒も皮袋もだめになります。新しいぶどう酒は新しい皮袋に入れるものです。』」

息子が小学校に初めて登校した日、「小学校、どうだった？」と尋ねますと、目を丸くして「広かった」との感想。幼稚園の園庭とは比べものにならない校庭の広さに圧倒された様子でした。新しい道に進み始めると、これまでの常識がひっくり返るぐらいの変革が生活の中にもたらされます。

キリスト者になるということは、このような数ある変革の中でもケタはずれにラディカルな出来事と言えるでしょう。これまでとは異なる全く新しい歩みが始まります。恵み深い神を無視して歩んできた人が、恵み深い神を仰いで歩むようになります。孤独だった人が、共にいます神に励まされて生きるようになります。不平不満でいっぱいだった人が、神の恵みを感謝するようになります。希望を失っていた人が、神に希望を見いだします。「わたしについて来なさい」（一・一七、二・一四）と語りかけるイエスの招きに従って行くということは、こうしたラディカルな変革が自分自身の歩みにもたらされることを意味します。そして、それは福音（良い知らせ）と言われるように、間違いなく喜ばしい変革です。

マルコの福音書は、ここまでの展開ですでに、イエスの働きによってこうした喜ばしい変革がもたらされた人々の様子を描いてきました。ツァラアトに冒された人が癒されて、社会復帰を果たします（一・四〇〜四五）。中風の発作に見舞われた人が、偏見を打ち砕く交わりに受け入れられます（二・一〜一二）。貧困脱出のために就いた仕事が原因で疎外されていた人に慰めと希望が与えられて、イエスについて行くようになります（二・一三〜

一七）。まさしく喜ばしい変革です。「わたしについて来なさい」と招くイエスに応えて歩み出した弟子たちは、こうしたみわざを間近に見て、イエスについて行くということは、喜ばしい変革を共に分かち合い、それに生きる新しい道なのだということを教えられていくのです。

この道の新しさは、上っ面のモデル・チェンジ程度のものではありません。「悔い改めて（メタノエオー＝方向転換をする）福音を信じなさい」（一・一五）と語られるように、生き方の方向を神の恵みの喜ばしい訪れに向け直す半端のない新しさです。私たちは、この喜びの道の新しさをどの程度はっきりと受けとめているでしょうか。主イエスの招きに従って、喜びに生きる新しい道に本当に歩み始めているでしょうか。

嘆きに終止符を打つ喜びの訪れ

「神の国が近づいた」（一・一五）。イエスの招きは、神の国、すなわち恵みの支配の決定的な訪れを告げ知らせます。神の恵みが生活を支配すると分かれば、嘆きは喜びによって乗り越えられ、その終わりを迎えることになります。まさしく喜びに生きる新しい道です。それなのに、なおも嘆きに縛られて生きているのならば、それは場違いなことをやらかしていることになります。

イエスの働きが進む現場で、こうした場違いを場違いとも思わず、当然のように考えている人々がいました。イエスが恵みの支配に人々を招き、喜びの訪れを告げ知らせ、応答する人々とともに喜び祝う姿にケチをつけて、彼らは尋ねます。「ヨハネの弟子たちやパリサイ人たちの弟子たちは断食をしているのに、なぜあなたの弟子たちは断食をしないのですか」（一八節）。

ここで言う断食とは、結果にコミットするダイエットや健康法のことではありません。食を断って祈るということですが、宗教的敬虔と一括りにするのにも無理があるでしょう。というのは、紀元一世紀ユダヤ・パレスティナにおいて、断食して祈るという行為には一つの特殊な政治的課題が絡んでくる傾向があったからです。すなわち、民族社会の解放ということです。過去、数世紀にわたる古代帝国による支配（バビロン、ペルシア、マケドニア、シリアなど）、しかも、常に帝国の国境付近という厳しい環境です。そして、この当時はローマ帝国の圧政がありました。いい加減、解放されたいとの飢え渇きがありました。それが嘆きとなり、それを表現するのに断食という形が用いられるというわけです。この苦境に神の直接介入を求め、ローマの圧政を覆す革命のヒーローを待望する嘆きの祈りです。そして、この嘆きが激烈なものになってくると、排他的な民族主義が発生し、他国人を排除したり、とりわけローマ社会に貢献して金を稼ぐ取税人を疎外したりして、そもそもの断食の意義から相当にズレた状況に陥ることになります。

この感覚でもって取税人と喜び祝うイエスを見るならば、意地悪い質問の一つでもぶつけてみたくなるということでしょう。ここで、任意のはずの断食を強制的にして熱心に実践しようとするパリサイ人が引き合いに出されるのは不思議なことではありませんが、イエスを人々に紹介したヨハネの名前が出てくるのは随分と皮肉な話です。これは、おそらく質問の出汁《だし》として使われたものと思われます。ここまでして嘆きを当然のこととし、恵みの招きの喜びを異常と考える感覚がありました。これが、断食をめぐるここでの議論の背景です。（ちなみに、マタイの福音書では、ヨハネの弟子たちからの質問として報告されています。それによって、ヨハネの運動をメシア待望の一つとして理解する観点から、旧約成就・メシア到来としての主イエスという意味合いを際立たせていると言えるでしょう。もちろん、悪意でなくとも、ヨハネの弟子たちから同様の質問があっても不思議ではありません。テレビなどで見る記者会見で幾つも似たような質問が投げかけられるのに似ています。）

これに対してイエスはお答えになります。花婿の友人たちは花婿が一緒にいる間は断食できないのだ、と（一九節）。確かに、結婚披露宴の席で招待客があえて断食をしているとすれば、それは場違いも甚だしく、こんなところで何をハンストしているのかと、横恋慕に失敗して最後の悪あがきでもしているのかと、誤解されるのがオチでしょう。イエスの働きによって恵みの招きがはっきりと打ち出されているのに喜べない、嘆きを当然としており、喜ぶ人々に冷水をぶっかけることしか言えないというのは、まさにこういう姿だということです。イエスはここで何も断食そのものを否定しておられるのではありません（マタイの福音書やルカの福音書の報告では、荒野で過ごした四十日間、イエスは断食をしておられたようです）。そうではなくて、イエスによって恵みの招きが始まっている、まさにこの場にふさわしいのは、祝いの席で素直に喜ぶように恵みの招きを素直に喜ぶことである、と主張しておられるのです。そして、これで嘆きに終止符が打たれるということです。神の恵みで嘆きの断食が喜びの祝宴になるというのは預言者ゼカリヤも告知していたことですが（ゼカリヤ八・一九）、イエスの招きを受け入れた人々にそれが実現成就するということなのです。嘆きに終止符を打ち、喜びに生きる新しい道の始まりです。イエスの招きに素直に応え、そこを歩みゆく者でありたく思います。

嘆きの前提を打ち砕く喜びの訪れ

くだんの断食論争で、花婿の友人は花婿の前では断食できないとイエスに言われ、論争を仕掛けた人たちはどれぐらい納得できたでしょうか。場違いを指摘されて、挑発されたような気分にはなっても、それで納得して、すぐに嘆きに生きることを改めたかといえば、そうもいかない根深さがきっとあったはずです。もう嘆かなくてもよいと心底言えるためには、嘆きの前提が打ち砕かれなければなりません。そして、この場合、嘆きの内容について当時の社会状況が大きくモノを言っていますが、そこに前提としてあるのは、不平等、轧轢、不平不満、欲望、搾取、恨み、憎しみ、復讐といった罪深い人間の諸相です。これらが打ち砕かれてこそ、嘆きは終わると言えるものです。イエスはここで具体的に明言してはいませんが、やがてご自身がこれらを背負い、ご自分の身をもってこれらを打ち砕くということを示唆しておられます。

「しかし、彼らから花婿が取り去られる日が来ます。その日には断食をします」（二〇節）。イエスがご自身の受難を示唆しておられます。せっかくの恵みの招きが無駄に終わったかに見える嘆かわしい状況です。けれども、これは恵みの招きを拒む人間の罪深い諸相、嘆きの前提をイエスがいのちがけで背負うことを意味します。そして、拒んでいる人々をなおも招くことを意味します。つまり、恵みの招きは嘆きの前提を超えていくということです。したがって、受難のゆえに嘆きはありますが、それは今までの嘆きが盛り返すということではなく、嘆きが打ち破られるための犠牲であるということです。

それで、イエスは言葉を続けて、継ぎ当て布のたとえ（二一節）と、ぶどう酒の皮袋のたとえ（二二節）を連続して語られるのです。新しい布がボロ布を引き裂く力。ぶどう液が発酵して古い皮袋を張り裂く勢い。かつての嘆きの世界が、喜びの新しい世界に駆逐されるということです。イエスの受難は嘆きで終わる嘆きをもたらすのではなく、嘆きを打ち破る喜びに至ることが示されます。これがイエスの復活まで指し示すということは、後になって判明します。

　したがって、「新しいぶどう酒は新しい皮袋に」（二二節）とは、改革至上主義のスローガンでも、トレンド追っかけの煽り文句でもなく、恵みに生きる喜びの新しい道、それがもたらされる力を語るものです。どんなに見かけ上のスタイルが新しくても、恵みに生きる喜びが見失われているようでは、こんな力強さを味わうことはできません。むしろ、この力強さは、「時が満ち、神の国が近づいた」との宣言によって幕が開いた新しい世界で味わわれるものです。この宣言に先立ってイエスがバプテスマを受けたとき、布や皮袋が裂かれるごとく「天が裂けて」聖霊が降った様子を思い出させます（一・一〇）。天を引き裂いてでも聖霊を注いで恵みに招く神は、また、ご自身の受難を通して私たちを恵みに招くイエスは、嘆きの前提を打ち破り、喜びの新しい道を開いてくださいます。この喜びの道の新しさがいかに決定的でラディカルなものであるか、私たちはさらに深く味わい、自覚して歩んで行きたいものです。決して、かつての嘆きの支配に舞い戻ってしまうことのないように。

12　安息に至る道

〈マルコ二・二三〜二八〉

「ある安息日に、イエスが麦畑を通っておられたときのことである。弟子たちは、道を進みながら穂を摘み始めた。すると、パリサイ人たちがイエスに言った。『ご覧なさい。なぜ彼らは、安息日にしてはならないことをするのですか。』イエスは言われた。『ダビデと供の者たちが食べ物がなくて空腹になったとき、ダビデが何をしたか、読んだことがないのですか。大祭司エブヤタルのころ、どのようにして、ダビデが神の家に入り、祭司以外の人が食べてはならない臨在のパンを食べて、一緒にいた人たちにも与えたか、読んだことがないのですか。』そして言われた。『安息日は人のために設けられたのです。人が安息日のために造られたのではありません。ですから、人の子は安息日にも主です。』」

休日はお好きですか。人手不足で仕事に追われる状況が目立つ昨今、働き方改革とかも叫ばれていますが、やはり休日は大切です。日常の活動を休止して、いわゆる充電をする日です。一息つくことで、日常の活動においても活気を取り戻すことができます。聖書における「安息日」も、社会的効用としては基本的に同じことです。ただし、聖書の場合、仕事をはじめ、日常の活動を休止することそれ自体が目的の中心ではありません。それは心身を休める、気分転換を図るというようなことを超えて、生活に恵みを常に注ぎ、安息（安らぎ）を下さる主なる神を礼拝し、そのために週に一日をささげることです。毎日は主なる神からの恵みの贈り物であると告白することです。そして、神の前にさらなる安息を見いだすことです。そう考えると、主日礼拝は守るものというよりもささげるもの（妨げる諸事情に対しては「守る」という側面は否めませんが）、安息は勝ち取るものというよりも見いだすもの・受け取るものということです。

「わたしについて来なさい」（一・一七、二・一四）と招くイエスに応えて、神の恵みに心を開いて生きる道。この道をたどって行くと、どこに行き着くことになるでしょう。行きは良い良いでも、とんでもないところに連れて行かれてはたまりません。しかし、そこは「神の国が近づいた」（一・一五）と言うだけあって、恵みの支配の訪れが安息へと私たちを連れて行ってくれます。恵み深い神の前に心安らぎ、憩いを得るということです。イエスについて行くとは、ここにたどり着く道を歩むことです。

大変に興味深いのですが、マルコの福音書はこのことを強調するために、イエスの働きの序盤戦を安息日エピソードで挟み込む構成を採っています（この「挟み込み」はマルコ独特の手法で、ここぞというときに繰り出す得意技「挟み込み」一本です！）。すなわち、「わたしについて来なさい」とイエスに語りかけられた漁師たちが従い始め、いよいよデビュー戦という出来事、それが安息日にカペナウムの会堂で起きた癒しのみわざでした。そして、序盤のセンセーショナルな働き（数えようですが〝六つの〟エピソード、つまり、シモンの姑の癒し、静まるイエス、ツァラアトに冒された人の癒し、中風の人の癒し、取税人レビの召命、断食論争）を挟んで、二つの安息日エピソードが記されます。そして、次の段階（十二弟子選抜に始まる）へと移るという構成です。安息日から安息日へという展開です。

つまり、イエスが招くのは、神の恵みを覚えて安息をいただく道なのだということです。私たちもそこに招かれています。ですから、イエスについて行きたいと思いますが、その中でいただけるこの安息とは、どんな形で与えられるものなのでしょうか。

安息で統べ治める方

イエスについて行くことで与えられる安息。それはもちろん、ついて行けば分かることですが、そこまでキッパリと言えるということは、イエスと安息が分かちがたく結びついており、イエスは安息そのもののお方、そして、この方が招く「神の国」とはご自身が安息によって統べ治めるところであるということです。安息で統べ治める方が下さる安息、これは本物の安息です。

さて、イエスについて行く道は様々な場所を通りますが、今回は麦畑の中の農道です。そこで弟子たちが「道を進みながら」麦の穂を摘み始めます（二三節）。そして、それをパリサイ人たちが見咎めて、弟子たちを非難します。それはそうでしょう、他人の畑から作物を盗《と》るなどドロボーではないか、と一瞬思いますが、パリサイ人がケチをつけているのは、そこではありません。「ご覧なさい。なぜ彼らは、安息日にしてはならないことをするのですか」（二四節）。問題は、麦の穂を摘んだことではなくて、安息日にそれを行ったということなのです。ドロボーだったら、曜日に関係なく、現行犯で一発アウトというところです（大麦畑で捕まえて……と）。けれども、そういう話ではありません。古代ユダヤにおいては、道行く旅人が通りがかりの麦畑から自分の食べる分を手で摘むことは許されていました。かえって、旅人が飢えて倒れてしまうことがないように、ある程度、こういう形で食料を提供するのが地主の美徳とされていました。鎌で刈り取って、それを他人に売ったりしたらドロボーですが、自分の分を手で摘むぐらいならＯＫだったわけです（今はこれをやってはなりませんが）。

それで、パリサイ人の非難の標的はそこではなく、安息日にこれを行ったという点でした。彼らは安息日の本質的意義を労働休止と受けとめて、いかなる労働もしないというポリシーのもと、その規定・解釈・実行に余念がありませんでした。彼らがそこまで熱心だったのは、安息日をはじめ、旧約における神の戒めを厳密に守ることで、この社会への神の直接介入を促し、それによってローマ帝国の圧政から解放されようという考えからでした。事は積年の恨みと社会生活の不自由さが絡むので、他人にまで厳しく遵守を要求するようになります。この場合、麦の穂を摘むのは刈り入れという労働に相当し、よって安息日規定に違反することであり、厳しく咎められなければならない、ということになるわけです。

しかし、ちょっと待ってください、そう言って他人にケチをつけているパリサイ人も、イエス一行を尾行・張り込みをするという「労働」をしているのではないでしょうか。たまたま見かけたにしては、話がうますぎます。中風の人の癒し以来、イエスに対するパリサイ人たちのマークが厳しくなっているのは事実ですから（六〜七、一六、一八節）、やはり尾行・張り込みの線が濃厚です。安息日規定の違反者が安息日規定違反を取り締まっているという構図です。ツッコミどころですね。そして、それ以上に彼らの自己矛盾は、せっかくの安息日なのに、他人の揚げ足を取るために意固地になっている自由のない心にありました。およそ、安息とは逆方向です。私たちにとっても、これは他人事ではなく、身につまされることではないでしょうか。不平不満に縛られて、神の恵みを受け取り損ねて、他人についてとやかく文句を言って、安らぎを失うパターンです。

このようなパリサイ人の姿勢に対して、イエスは一喝されます。「安息日は人のために設けられたのです。人が安息日のために造られたのではありません」（二七節）。まさしく本末転倒だということです。人生の意義は、安息日規定を規定として守ることにあるのではありません。どんなに規定を厳密に守っても、自分のうちに、また他人との間に安らぎを失っては意味がありません。そうではなくて、安息日の意義は、人が安らぎに生きるために、安らぎを下さる神への礼拝のために一日をささげるということです。そして、ささげるわけだから、その日には基本、普段の労働を休むことになります。もちろん、きちんと休めば、明日への活力も湧いてきます。これまた神からの恵みというわけです。

イエスは、旧約の律法を盾に自分たちの正当性を主張したがるパリサイ人に対して、同じく旧約のエピソードを用いて、律法の目指すところを説き明かされます。すなわち、ダビデが逃避行の途中、空腹を覚え、食物を求めて身を寄せたのが祭司のところでした。けれども、そこにあったのは礼拝のために用いられたパンだけでした。そして、それは本来、祭司の食物になるはずのものです。しかし、祭司は心優しく、それをダビデ一行に与えたというエピソードです（二五～二六節）。すなわち、神の前で恵みを分かち合う善意ある交わりです。そこに見いだされる安息。律法が目指すのはここだということです。逆に言えば、ここを見失ったら、律法も安息日も意義を失うということです。

このように述べて、イエスは最後に「人の子は安息日にも主です」（二八節）と、その場を締めます。つまり、イエスご自身こそ、安息日の律法規定を超えて、その本来の意義を回復し、そこに招く方であるということです。神が与える安らぎに招く方、主と呼ばれる方ですから、安息をもって統べ治められる方といえばよいでしょう。イエスに従い、神の恵みに生きるとき、この安らぎを私たちは味わうのです。

安息の完成への待望

「人の子は安息日にも主です」とは、実際、相当にラディカルな発言です。イエスの目の前にいるのは、安息日規定を含む律法こそ最高の権威ある神の言葉で、自分たちこそ律法のふさわしい解釈者であると信じて疑わない人たちです。彼らを前にして、安息日の規定・解釈を超える方として、そして、その本当の意義をもたらす方としてご自身を示されたわけですから。しかも、「主」という呼び方を用いて、旧約の歴史を導いた主なる神を彷彿とさせ、さらに「人の子」という呼び方を用いて、預言者ダニエルが語った終末のメシアを思わせるわけですから。聞いている彼らは唖然を超えて、愕然としたことでしょう。そして、後にこれがきわめて強い怒り・憤りに変化することになるわけです。

ともかく、このイエスのラディカルな発言はそこまでのインパクトがあるだけに、さらに巨大なテーマがそこに姿を現してくることになります。すなわち、救いの歴史と、その中での安息日の位置づけです。

安息日規定の原テキストといえば、モーセの十戒（出エジプト二〇・八～一一）、そして、そもそもの出来事は天地創造の場面です（創世二・一～三）。神の創造のみわざのクライマックス、第六日に人間が創造された後、第七日に神は創造のみわざを終えて、すべてを祝福し、安息をお与えになりました。これで完成ということです。つまり、世界は事物ができて完成というわけではなく、そこに神の安息が与えられて完成ということです。そして、人間の活動は神が下さる安息の中で始まっていくのです。十戒は第七日に安息が与えられたことを記録として覚える意味で七日目を安息日としますが、意義としては人間の活動は安息で始まるということ、そして、安息の中で日常が営まれるということです。それゆえ、この意義を見失ってはいけないのですが、残念ながら、神の恵みに生きることから背いた人間は安息を失い、安息日規定の意義も受けとめられない状況になってしまいました。金銭を儲けて覇権を握るために、休みなく働き、また他人を働かせて、人や環境への優しさと感謝を失っていく社会の流れです。（古代から現代まで、ずっとそうなのです。そういうなかで今、傷んでいる方もいることでしょう。）それを止めるための安息日規定すら、皮肉なことに安らぎを分かち合うのに役立てられていない状況です。それで、神はそういう人間をご自身の恵みに連れ戻すため、そして神の安息を日常に回復するために、救い主を送ると約束されました。預言者ダニエルはその方を「人の子」と表現し、イエスはご自身がそれだと言われたということです。

「人の子は安息日にも主です」（二八節）。イエスが招く恵みの道は、なるほど弟子たちが見聞きするとおりに、人々に神の安らぎを提供していきますが、こうしたラディカルな発言が怒りを買い、それに端を発する流れがやがてイエスを拒む動きに発展して、イエスは受難の道を歩まれることになります。しかし、イエスは拒む人々さえもいのちがけで招いて、十字架でいのちを献げられます。恵みに生きて、真の安息を得よ、との招き。これで死んで終われば安息でも何でもありませんが、イエスはこの死を打ち破って復活されます。それゆえ、イエスが招く安息は真実で、いのちに溢れており、死にも打ち勝つことが証しされることになります。ダニエルが告知した「人の子」に与えられる統治権でもって治められる「その国は滅びることがない」（ダニエル七・一四）ということが、イエスにおいて成就するということです。そして、ここに創造のみわざを完成させる神の安息が全き形で回復して、安息の中で人が生きる世界が完成することが指し示されるのです。

それゆえ、一週間の一日を礼拝の日として神にささげることは、真の安息の出所である神への信仰を常に告白し、また、やがて真の安息が支配する世界を神が完成してくださることを待望することなのです。そして、イエスが招く恵みに生きるということは、まさしくこの希望に生きることなのです。イエスは私たちをこれに招いて、いのちを捨て、かつ復活してくださいました。神が与えてくださる安息から始まるというサイクル。私たちの礼拝の日は、これを覚えるための日なのです。

13　安息のチャレンジ

〈マルコ三・一～一二〉

「イエスは再び会堂に入られた。そこに片手の萎えた人がいた。人々は、イエスがこの人を安息日に治すかどうか、じっと見ていた。イエスを訴えるためであった。イエスは、片手の萎えたその人に言われた。『真ん中に立ちなさい。』それから彼らに言われた。『安息日に律法にかなっているのは、善を行うことですか、それとも悪を行うことですか。いのちを救うことですか、それとも殺すことですか。』彼らは黙っていた。イエスは怒って彼らを見回し、その心の頑なさを嘆き悲しみながら、その人に『手を伸ばしなさい』と言われた。彼が手を伸ばすと、手は元どおりになった。パリサイ人たちは出て行ってすぐに、ヘロデ党の者たちと一緒に、どうやってイエスを殺そうかと相談し始めた。

それから、イエスは弟子たちとともに湖の方に退かれた。すると、ガリラヤから出て来た非常に大勢の人々がついて来た。また、ユダヤから、エルサレムから、イドマヤから、ヨルダンの川向こうや、ツロ、シドンのあたりからも、非常に大勢の人々が、イエスが行っておられることを聞いて、みもとにやって来た。イエスは、群衆が押し寄せて来ないように、ご自分のために小舟を用意しておくよう、弟子たちに言われた。イエスが多くの人を癒やされたので、病気に悩む人たちがみな、イエスにさわろうとして、みもとに押し寄せて来たのである。汚れた霊どもは、イエスを見るたびに御前にひれ伏して『あなたは神の子です』と叫んだ。イエスはご自分のことを知らせないよう、彼らを厳しく戒められた。」

テレビのバラエティー番組で、「一生懸命に休む」ということにタレントたちが挑戦するという企画がありました。休日を過ごすのに緻密に休む計画を立てて、ストイックに実行してみるという企画です。働き方改革は、休み方改革でもあるということでしょうか。けれどもこれで、はたして本当にどこまで休めたのか、よく分からないところです。実際、この企画は彼らにとって「仕事」なのですから。

安息のチャレンジなどと言うと、何かこんなイメージを持たれてしまうかもしれませんが、もちろん、そんなことではありません。安息とは、読んで字のごとく、ホッと一息、安らぎを得ることです。確かに、休日の目的は、一つそういうところにあると思いますが、そうした日を制度として設ける以上に、安息を得るには基本的な事柄がある、と聖書は述べます。それは、恵み深い神を見上げることです。神の恵みで生かされていることを認めて、それにふさわしく感謝することです。与えられている恵みの数々を見いだして喜び、周囲の人々と分かち合うことです。これによって、私たちはどんなときにも、自分の心身だけでなく、社会や環境においても安らぎを得ていくことができるということです。ところが、これには様々な妨げがありますし、ニセの安息もありますから、どうしてもチャレンジングなテーマになるわけです。

「わたしについて来なさい」（一・一七、二・一四）とイエスは語りかけて、恵みに生きるように人々を招きます。そして、これで真の安息を得ることができると語ります。ところが、恵みに生きることを忘れた人たちは、安息を得るために設けられた制度上の安息日さえ、ニセの安息で上塗りしてしまう始末でした。それゆえ、イエスの招きはそんな風潮に対してチャレンジングな響きを持つことになります。摩擦、葛藤、対決……。安息だからといって、世間に迎合して全く波風立てない妥協の産物とは違います。ホンモノはニセモノを否定します。ニセモノはホンモノに歯向かいます。真の安息とニセの安息の間にある対立構造も同じです。私たちはやはり、イエスが招く真の安息に生きる者でありたいと思います。たとえそれで摩擦や葛藤に直面しても、真の安息を選び取っていきたいものです。

安息なき世界をあぶり出す

ニセモノが成立するのは、それがホンモノに「似せて」造られているからです。紛らわしいからこそ、ニセモノというわけです。したがって、騙されないためには、紛らわしい部分をあぶり出さなければなりません。そのように、イエスは真の安息に招く方として、ニセの安息の紛らわしい部分をあぶり出して、私たちが間違いなく真の安息を選び取ることができるように導いてくださいます。

「人の子は安息日にも主です」（二・二八）。イエスのラディカルな発言はパリサイ人たちを激怒させました。安息日規定の解釈と実践という自分たちのこだわりの専門分野に生意気にも若造が割って入り、しかも、預言者ダニエルの告知する「人の子」や、崇めるべき方を指す「主」という言い方を用いて、自分たちの考えを否定する言動をしてはばからない姿、そのように見えたことでしょう。しかも、このイエスが人々を惹きつけているという状況です。プライドを踏みにじられた彼らは、イエスの社会的影響力をそぎ落とすために、公の場でイエスをやりこめる機会をうかがっていました。そして、とある安息日の会堂で、その機会が訪れます。

「イエスは再び会堂に入られた。そこに片手の萎えた人がいた。人々は、イエスがこの人を安息日に治すかどうか、じっと見ていた。イエスを訴えるためであった」（一～二節）。会堂に集まるのは何のためでしょうか。神を礼拝するためです。恵み深い神を礼拝して、安息を得るためです。会議のためでもパーティーのためでもありません（確かに、教会でこうしたことも行いますが）。まして、他人を訴えてやりこめるためではありません。しかし、ここにあったのは、礼拝という体裁を取りながら、まるで違う目的が渦巻くという状況でした。この辺からして、すでにニセモノ感が漂っています。

安息日には労働をしてはならないという社会の了解事項をイエスはどこまで厳密に守るか、公の場で裁定を下してやろうというパリサイ人の魂胆がありました。否、判断というよりも、現行犯狙いのおとり捜査的なワナと言ってよいでしょう。麦畑での一件で得た証拠（二・二三～二四）を手がかりに、今度は逃げ隠れできない公の席、しかも、ユダヤ社会において権威ある場、会堂において引導を渡してやろう、ということです。

そういうわけですから、その場にいた片手の萎えた人は、パリサイ人にしてみれば、いわゆるワナの餌として利用されているだけの人物で、おそらくそこに座らされていたというのが正確なところでしょう。餌として目立つところにいなければならないという事情です。この人自身としては、そんな人目につく場所にいたくないというのが本音でしょう。萎えた手に痛む心、好奇の視線にさらされて拍車がかかる劣等感、差別や貧困も味わってきたことでしょう。そして、ここでワナの餌をやらされる惨めさ。礼拝の場とは言いますが、この人の人格は完全に無視されています。それゆえ安らぎは消え失せています。これが安息日なのでしょうか。

パリサイ人たちの言い分は、きっとこういうことでしょう。つまり、片手が萎えた状態は生命の緊急事態ではないので、安息日である今日ここで癒さなくとも、明日、早速癒してもらえばよいことだ。それこそ日没まで待てばよいではないか、それよりも規定を厳密に守り、社会に自治を勝ち取るための神の助けを待望すべきではないか、ということです。けれども、その根底にあるのは、ローマ支配への恨み、イエスへの苦々しい思い、傷つけられたプライド、そして思いを晴らすためには弱者をさらしものにしても構わないという憐れみのなさがあります。それでも自分たちは正しいと主張して一歩も引かない欺瞞があります。これはやはり、あぶり出されなければなりません。

そこで、イエスは思い切った発言をされます。パリサイ人の思惑を見て取ったうえで、手の萎えた人に言います。「真ん中に立ちなさい」(三節)。いやいや、目立ちたくないはずなのに、と一瞬思いますが、すでに目立つところに座らされているので、それならば、そういうただ中でちゃんと解放して、この人の人格を守るべきではないかという発言です。そのうえでイエスはパリサイ人にお尋ねになります。「安息日に律法にかなっているのは、善を行うことですか、それとも悪を行うことですか。いのちを救うことですか、それとも殺すことですか」(四節)。正解はいずれも前者であることは明らかです。なすべきことは、善を行うこと、いのちを救うことです。しかしこの問いかけは、安息日に働くべきであるかどうかを問題とするパリサイ人にとっては意表を突く問いかけでした。もちろん正解はすぐに分かることですが、素直に答えることができず、ただ沈黙というリアクションでした。正解を答えたら、イエスの正当性に軍配を挙げることになりかねないからです。彼らとしては、癒しを行う緊急性はないという言い分なのですが、この場面、緊急事態になっているのは、この人がさらしものになっているということです。だから、この場で癒されて、解放される必要があったわけです。この人から安息を奪っていたのはパリサイ人で、そこがあぶり出されて、この人に安息が取り戻されなければならない、ということです。

イエスは素直になれないパリサイ人たちの頑なさを嘆きつつ、片手の萎えた人を癒されます。手は元どおりになり、問題なく動かせるようになりました。人格が大切に扱われ、さらしものにされた状態から解放されて、安息が戻ってきます。これこそ安息日です。

このみわざによって、イエスはパリサイ人たちの欺瞞・ニセの安息をあぶり出しますが、それは彼らを排除するためではなく、彼らが自分たちの間違いに気づいて悔い改めるためでした。彼らの「心の頑なさを嘆き悲しみながら」（五節）とは、まさしくその心です。ニセの安息から真の安息へ。私たちも何かあぶり出され、示されるのであれば、素直に応じて悔い改めたく思います。

安息の道へいのちがけで招く

ホンモノによって否定されたニセモノに与えられる選択肢は二つです。ニセモノであることを認めてホンモノに改めるか、なおもホンモノに歯向かい続けるか、いずれにするかでニセモノのニセ具合が見極められるというものです。

イエスは安息日に会堂で真の安息を示して、またパリサイ人たちのニセの安息をあぶり出して、悔い改めを迫られます。これによっていったいどんな反応が返ってくるか、もちろんイエスとしてはすべて承知の上での言動です。素直に悔い改めないなら、余計に心を頑なにするであろうぐらいのことは、読みの中にあったことでしょう。それでもイエスは、拒む人々さえも招く方です。拒むのなら見捨ててやるというのではなく、それでもやはり招きたい、気づいてほしい、そして真の安息を受け取ってほしいという心。これは愛です。

けれども、案の定というか、残念ながらというか、パリサイ人たちは余計に頑なになります。「パリサイ人たちは出て行ってすぐに、ヘロデ党の者たちと一緒に、どうやってイエスを殺そうかと相談し始めた」(六節)。パリサイ人とヘロデ党が結託するというのは、本当はあり得ないはずの組み合わせです。パリサイ人は反ローマ、ヘロデ党は親ローマですから。けれども、共通の敵を見つけると簡単にくっついてしまうのは罪深い世の常です。パリサイ人にとってイエスは掟破り、ヘロデ党にとってイエスは領土荒らし。利害が一致して、イエス殺害の計画を練り始めます。安息日などお構いなしに、会堂から出て行ってしまいます。掟破りはどっちだという話です。普通の判断さえできなくなっています。ここまで心頑なにするとは、恵みの招きを拒む人間の持つ怒りの力は恐ろしいものです。

こうなることを予想したうえで、なおも真の安息に招いたとすれば、イエスの心はすでに彼らのためにいのちを捨ててでも招く覚悟の中にあったということです。つまり、イエスはすでに十字架に至る道を歩んでおられたということです。とにかく悔い改めて恵みに立ち返ってほしい、真の安息を得てほしい、その一心です。そのためならば、いのちを捨ててても惜しくないという愛です。拒む者たちの罪いっさいを背負ってまでも、彼らをも招く愛です。ゆえに、それはだれをも招く愛であり、それが今や、私たちにも向けられているのです。真の安息へといのちがけで招かれているのです。

そして、もし招きに応えて歩み始めるならば、そこでは真の安息が分かち合われていきます。会堂を出てガリラヤ湖のほうへ向かうイエスに、大勢の人々がついて行きます。ガリラヤを越えてユダヤ全土から人々が「イエスが行っておられることを聞いて」イエスのもとにやって来ます（七～八節）。招きを拒んだ人々を残して、イエスはそこから出発して行かれます。これは逃亡ではなく出発（アナコーレオー）です。取り残されることによって彼らが悔い改めることを期待しての招きの一つと言ってよいでしょう。なぜ、ついて来ないのだ、という迫りです。

このようにして、イエスは私たちを真の安息に招いてくださいます。あぶり出されたニセの安息にこだわるのではなく、むしろそこを悔い改めて、いのちがけで招かれる真の安息を選び取っていきましょう。神が下さる安らぎを見失うのではなく、それを恵みのうちに見いだして分かち合って歩んでいきましょう。私たちのささげる礼拝が真の安息で満ちたものでありますように。

14　弟子の道と御国の民

〈マルコ三・七～一九〉

「それから、イエスは弟子たちとともに湖の方に退かれた。すると、ガリラヤから出て来た非常に大勢の人々がついて来た。また、ユダヤから、エルサレムから、イドマヤから、ヨルダンの川向こうや、ツロ、シドンのあたりからも、非常に大勢の人々が、イエスが行っておられることを聞いて、みもとにやって来た。イエスは、群衆が押し寄せて来ないように、ご自分のために小舟を用意しておくよう、弟子たちに言われた。イエスが多くの人を癒やされたので、病気に悩む人たちがみな、イエスにさわろうとして、みもとに押し寄せて来たのである。汚れた霊どもは、イエスを見るたびに御前にひれ伏して『あなたは神の子です』と叫んだ。イエスはご自分のことを知らせないよう、彼らを厳しく戒められた。

さて、イエスが山に登り、ご自分が望む者たちを呼び寄せられると、彼らはみもとに来た。イエスは十二人を任命し、彼らを使徒と呼ばれた。それは、彼らをご自分のそばに置くため、また彼らを遣わして宣教をさせ、彼らに悪霊を追い出す権威を持たせるためであった。こうしてイエスは十二人を任命された。シモンにはペテロという名をつけ、ゼベダイの子ヤコブと、ヤコブの兄弟ヨハネ、この二人にはボアネルゲ、すなわち、雷の子という名をつけられた。さらに、アンデレ、ピリポ、バルトロマイ、マタイ、トマス、アルパヨの子ヤコブ、タダイ、熱心党のシモン、イスカリオテのユダを任命された。このユダがイエスを裏切ったのである。」

キリスト者は神の恵みを知らされた人々、そして恵みに生きる招きに応じた人々です。自分の存在もいのちも恵み、他者も然り、生きるのに必要な環境も物事も関係もすべて、主なる神からの恵みの賜物です。この事実を受けとめるならば、人生いろいろあっても、感謝できる事柄に心が開かれます。不安を超えて、平安が溢れます。周りの人々に心を向けて、分かち合う交わりができるようになります。そこに新たな社会・世界が拓けます。すなわち恵みが支配するということです。イエスはこのことを「神の国」と称して、こうした歩みがご自身とともにあることを宣言し、心を向け直してついて来るように招かれます。「時が満ち、神の国が近づいた。悔い改めて福音を信じなさい」(一・一五)。つまり、この招きに応じるということは、恵みが支配する神の国の民となるということです。

さて、恵みとは、神から溢れ出る圧倒的な善意に基づくもので、私たちの出来不出来に関係なく提供されるものです。それゆえ、与えられるといっても、報酬ではありません。

まさしく恵みであって、受け取る側が神からの恵みとして受け取るならば、恵み深い神との豊かな関係に生きることができます。けれども、そこを無視するならば、恵み本来の意義は見失われます。神からの善意として、感謝して受け取ることが大切です。

しかし、善意だからといって、受け取る側がひたすら受身で何もしないというわけにはいきません。D・ボンヘッファーが名著『服従』の中でこうした誤解を「安価な恵み」と称して批判していますが、まさしくそのように、恵みは私たちが恵み深い神のみこころに従って生きることへの招きなので、そこに応じてこそ、本来の目的にかなって受け取られたということになるわけです。「わたしについて来なさい」(一・一七、二・一四)と弟子の道に招くイエスの真意はここにあります。恵みに生きる御国の民となるとは、イエスの弟子となって従う道を歩むということです。

イエスが十二使徒を選抜する出来事は、こうしたイエスの意図をよく示しています。「イエスは十二人を任命し、彼らを使徒と呼ばれた」(一四節)。ガリラヤでの鮮烈なデビュー戦を経て、イエスはご自身の恵みの招きに応じ始めた人々を改めて一群れとして召し出されます。それは、恵みに生きる喜ばしい使命感を新たに呼び覚ます出来事、イエスに従う道を改めて自覚させる出来事です。同様に恵みの道に招かれた私たちは、イエスの弟子として従うことについて喜ばしい使命感を感じているでしょうか。

恵みに生きる御国の民を形づくる

「わたしについて来なさい」とイエスは各人に語りかけますが、それは各自で従っていればよいという話ではなく、まとまりを持つ一つの民を形づくることに召し出されるということです。まさしく、神の国の国民となるということです。恵みに生きることで一つの民としてまとまる人々、そして、ここに喜ばしい使命感を見いだす人々になるということです。

ガリラヤでのイエスの働きは多くの人々を惹きつけましたが、押し寄せて来た人々は必ずしもイエスに従うつもりでイエスのもとに来たわけではありませんでした。動機はさておき、とにかくわんさか集まった人々、つまり、群衆です。混乱が起きないように、イエスが小舟から岸辺の群衆に語りかけるという一計を案じなければならないほどの過熱ぶりです（九～一〇節）。しかし、彼らは招かれた恵みの道に歩むというよりも、病の癒しが先決でみもとに来た人々でした。もちろんイエスは憐れみ深く彼らを癒されますが、その先の大切な事柄に見向きもしないようでは困ります。このままでは神の国の民というわけにはいきません。

そこでイエスは、ご自身の目的がアイドルに群がる烏合の衆のような社会現象を盛り上げることではなく、神の恵みに生きるという明確な世界観と生き方を共有する一群れの人々、すなわち、神の国の民を形づくることであるとはっきり示すために、具体的な行動を起こされます。それが十二使徒の選抜・任命です。

なぜ十二人なのでしょうか。そこでピンと来るのは旧約聖書です。イスラエル十二部族を連想させます。しかも、その場所は山です。「イエスが山に登り」(一三節)、十二人を任命したというくだりです。場所はどこでも良さそうですが、何で山なのでしょうか。考えてみれば、このエピソードは、シナイの山でイスラエル十二部族が主なる神と契約を結んだ出来事を踏み直しているようです。その契約とは、古《いにしえ》の日、エジプトで奴隷であった集団が神の憐れみで救出されて、約束の地へ荒野の中を旅していく途中、単なる解放奴隷集団ではなくて、憐れみ深い主なる神のみこころに従う一群れの民になるために結ばれたものです。そして、そのときに与えられた戒めが十戒で、それを授かったのが山であったということです(出エジプト二四・四)。イエスはこれを意識して踏み直し、みもとに来る人々がただの群衆ではなくて、ご自身が招く恵みに生きるという明確な目的を共有する一つの民となることを望んでおられたということです。しかも、その民は旧約聖書のイスラエルと理念的に連結することをも示すのです。出エジプトを導いた憐れみ豊かな神ご自身がこの出来事の中に自らを現されたと見るべきでしょう。

しかしながら、十二使徒の選抜は彼らだけの出来事だったのでしょうか。彼らだけが特別で、他の人々には関係のない出来事だったのでしょうか。あるいは、レギュラーからはずされた補欠選手が試合に出してもらうために一層の努力を要するように、他の人々が使徒に選抜されるには一層の努力が求められるというような話なのでしょうか。そうだとしたら、福音とは言えないでしょう。特権階級ができてしまったり、実力主義がまかり通ったりということでは、恵みの支配ではありません。確かに「使徒」（アポストロス＝使者）という言葉は、特別な使命というニュアンスを持ちます。けれども、十二部族で旧約聖書におけるイスラエルの民全体を指し示すように、十二という数字で神の民全体が指し示されるとすれば、十二使徒はその代表者として全体を指し示し、したがって彼らの選抜は代表者によって代表される人々の選抜でもあるということです。もちろん、それはイエスの招きに応えて恵みに歩む弟子となるという応答における選抜で、すべて弟子となる者たちを含んでいるということです。いわゆる内弟子としてイエスと旅をするのは十二人、しかし、内弟子だけが弟子なのではなく、大多数の在宅の弟子たちがいて、彼らが地元でイエスに従って恵みに歩み、神の国の民全体が構成されていくというわけです。

さらに大きな枠組みで見るならば、イエスを主として恵みに歩む私たちもまた、この神の国の民を構成する者たちとして召されたのだということです。自分の事情以外の目的がなく群がる群衆型でなく、また、独り善がりの服従で頑張る孤軍奮闘型でもなく、恵みに生きるお互い、一つの民を形成する明確な使命感に生きていきましょう。

神の恵みの証人たちとなる

イエスについて行くということは、神の恵みに生きる一つの民となるということです。そして、この民の姿は、恵みを知らないこの世にあっては、はっきりと異彩を放つ存在であり、恵みとは何であるかをくっきりと指し示す証言となります。私たちはこうした民を形づくるのに力不足を感じますが、それでもなお、このために召し出されたこと自体が大きな恵みであり、そこからして証言者たちでありたく思います。そして、そこに喜ばしい使命感を覚えていきたいと思います。

さて、十二使徒の選抜・任命で、その顔触れはどうでしょうか。まず言えることは、全く普通の人たちということです（一六〜一九節）。特徴がないのが特徴というか、取り立てて金持ちではないし、学問があるというわけではないし、目を惹く能力があるわけでもないし、秀でた人格者というわけでもありません。全員ガリラヤの人たちなので、ユダヤ社会の権威の中枢・都エルサレムの人々からすれば、十二人で神の国の代表とか言っても、「何だ、これは?」とあきれられても仕方のない顔ぶれです。ただ、ガリラヤは三大陸を結ぶ街道が通っており、国際的な感覚はある程度は培われていたかもしれません。それでも、やはり彼らは実に普通のガリラヤ小市民です。イエスともあろう方が、「ご自分が望む者たち」（一三節）として人選した割には、この顔ぶれはどんなものか、と思ってしまいそうな人たちです。けれども、ここに一つのメッセージがあります。神の国の民となるのに、何かこの世的に評価される力が資格として要求されるのではないということです。代表者たちからしてそうなのですから、間違いありません。何か持っていなくても、何かできなくても、ただ恵みの招きに応えてイエスについて行くこと、それだけです。まさに福音です。

そして、むしろこの場面で目立つのは、任命された人たちというよりも、任命したイエスのユニークな観察眼とユーモア溢れるセンスです。選抜された人たちの中に、普通ならあり得ない組み合わせが入ってきているのです。取税人マタイと熱心党員シモン（三・一八）。紀元一世紀のユダヤ・パレスティナの社会事情からすれば、この二人はお互いに殺意すら抱いても仕方のない組み合わせのはずです。一方はローマ帝国財政の手先、他方はローマ帝国への対抗勢力の急先鋒です。もし彼らが悔い改めることなく、自分の出身にこだわり抜いたとしたら、十二使徒はグループとして成立することはなかったでしょう。それなのに、この二人をあえて「ご自分が望む者たち」として選んだところに、イエスの観察眼と意図の深さが感じられます。恵みに生きる力強さは、社会の常識的なイメージを超えて、分かち合う交わりを創出するのだということです。

それから、もう一つ面白いのは、イエスが何人かにニックネームをつけていることです（一六～一七節）。最初に弟子となったシモンがトップに来るのはわかりますが、彼をペテロと名づけます。ペテロとは砂利という意味です。トップが砂利と呼ばれる集団とはどういうこと？　けれども、それだけに本当にだれでも歓迎という意味が見えてきます。さらに、ゼベダイの子たちをボアネルゲ（雷の子）と呼びます。実の兄弟そろって「雷の子」と来た日には、どれだけ気性の激しい家族であったことでしょうか。それでも、恵みを分かち合う交わりに加えられ、またそれにふさわしく造り変えられるという福音の懐深さが見えてきます。そしてさらに驚くべき事実は、イエスがニックネームをつけた三人は、後に原始教会において要人として活躍する人になるということです。ペテロは最初の説教者、ヤコブは使徒では最初の殉教者、ヨハネは正典最後の執筆者です。

イエスの観察眼の鋭さ、恐るべしです。けれども、それ以上にこの場面では、イエスの溢れるユーモアとそこにある楽しげな交わりが手に取るように分かります。ニックネームは親しさと信頼関係の証しです。何か芸名でもつけるかのような楽しげな軽口が聞こえてくるようです。このあたりも、福音が何であるかを示している一場面と言えるでしょう。

しかしながら、この楽しげな雰囲気とは裏腹に、神の国の民を指し示す十二使徒の交わりを襲う出来事が予見されています。「このユダがイエスを裏切ったのである」（一九節）。もちろん、これもイエスの中では織り込みずみで、神の国の民が形づくられるのに避けて通れない出来事、否むしろ、ここを通らなければ本当の意味で神の恵みが何であるかが現されないという出来事と言うべきでしょう。ユダはイエスを売り渡し、他の弟子たちはイエスを捨てて逃げ去り、ペテロはイエスを三度否みます。代表者たちがこれならば、イエスの活動は結局失敗だったのかという極限の場面です。しかしイエスは彼らをお責めになりません。こうなることは承知の上で、それでも彼らを選抜し、彼らと歩み、彼らと食し、彼らと笑い、彼らを薫育していかれます。そして、ご自分のいのちを捨てても彼らの弱さと罪深さを背負い、彼らを赦し、なおも、恵みに歩むようにと彼らを招かれるのです。

何という恩寵！　結局、彼らの選抜・任命は、この恩寵を証しする人々になるという目的に集約されていきます。なるほど、使徒（アポストロス＝使者）として伝えるべきメッセージが委ねられるということです。そして、代表者としての彼らの選抜・任命の中に、代表される私たちの召しも含まれているとすれば、私たちもこの恩寵にあずかっているのであり、この恩寵を証しする交わりを形づくる使命が与えられていることになるわけです。

ふさわしくないはずの者たちを召して造り変え、ご自身の使徒となして、恵みに生きる証言者たちの群れを代表させるということ、これはいったい何によって可能なのでしょう。「彼らをご自分のそばに置くため」（一四節）といいます。イエスの身近にいさせていただくことで、このことが切り拓かれていくということです。本来ならば、遠くに退けられても仕方のない者たちのはずです。それでも、身近に招かれる恩寵です。身近にいれば、イエスの言葉とみわざの意味が開かれてきます。そして、それを証しする使命に立つことができます。「また彼らを遣わして宣教をさせ、彼らに悪霊を追い出す権威を持たせるため」ということです（一四〜一五節）。悪霊はイエスを「神の子＝王」と知ってはいますが、その恵みの支配から離反する力です（二一節）。必ずしもオカルトということではなく、深層心理から国際情勢まで、社会構造・文化現象など、あらゆるところに潜む勢力です。これに対抗し、これを制圧する権威を授けて、恵みの支配の証しとして用いると、イエスは言われるのです。こんな力は生身の人間にはありませんが、イエスの身近にいさせていただき、その恩寵を深く味わうことで、身近にいてくださるイエスの力でこれをなし、証しとすることができるということです。イエスの身近にいることが前提です。それでこそ、恩寵を証しする群れを形づくることができるのです。

イエスの招きにあずかり、恵みに生き始めた私たちは、十二使徒の選抜・任命に代表される立場にあります。同じくイエスが示す神の恩寵の証し人の群れを形づくる者たちとして、喜ばしい使命感を持って歩みたく思います。何の力もなく、ふさわしくないはずの私たちです。けれども、召してくださったのはイエスです。いのちがけの恩寵で招いてくださったこの方の近くにいさせていただき、与えられた証しの使命に生きていきましょう。

15　真の解放をもたらす方

〈マルコ三・二〇～三〇〉

「さて、イエスは家に戻られた。すると群衆が再び集まって来たので、イエスと弟子たちは食事をする暇もなかった。これを聞いて、イエスの身内の者たちはイエスを連れ戻しに出かけた。人々が『イエスはおかしくなった』と言っていたからである。また、エルサレムから下って来た律法学者たちも、『彼はベルゼブルにつかれている』とか、『悪霊どものかしらによって、悪霊どもを追い出している』と言っていた。そこでイエスは彼らを呼び寄せて、たとえで語られた。『どうしてサタンがサタンを追い出せるのですか。もし国が内部で分裂したら、その国は立ち行きません。もし家が内部で分裂したら、その家は立ち行きません。もし、サタンが自らに敵対して立ち、分裂したら、立ち行かずに滅んでしまいます。まず強い者を縛り上げなければ、だれも、強い者の家に入って、家財を略奪することはできません。縛り上げれば、その家を略奪できます。まことに、あなたがたに言います。人の子らは、どんな罪も赦していただけます。また、どれほど神を冒瀆することを言っても、赦していただけます。しかし聖霊を冒瀆する者は、だれも永遠に赦されず、永遠の罪に定められます。』　このように言われたのは、彼らが、『イエスは汚れた霊につかれている』と言っていたからである。」

形だけの解放は真の解放ではありません。制度の上で奴隷が解放されても、社会の中で差別などからの解放がなされなければ、本当に労苦から解き放たれたとは言えません。もちろん、制度の上での解放は本当の解放のための大切な助けにはなりますが、そこを社会全体が受けとめ損ねたら、まさしく形だけの解放ということになるでしょう。実際に目指されていることが何なのかが問われます。

「時が満ち、神の国が近づいた。悔い改めて福音を信じなさい」（一・一五）。イエスが招く神の国の福音とは、恵みの支配の訪れのことです。神の恵みが支配している事実を明確に受けとめるとき、感謝と安心が生活を覆い、分かち合う関係・社会が生まれます。イエスとともに、その恵みの支配が間近に訪れているということです。そして、この招きに応答することは、その人の人生と周囲の社会に解放をもたらします。神の恵みを無視して傲慢と自己中心に歩んできた罪の支配からの解放です。生かしてくださる神から離反することで自分や周囲の人々のいのちの限界を恐怖と苦痛にさらす死の力からの解放です。罪の支配と死の力で歪められた互いの関係や社会構造からの解放です。福音は解放のニュースであるということです。しかしながら、どれだけ解放が宣言されても、言葉だけで終わってしまうならば、それは形だけの解放と言われてしまいかねません。制度が変わっても実質が変わっていない状況に類するものに成り下がってしまうでしょう。もちろん、イエスの招く解放はそんな類のものではなく、実質を伴う言葉で語られ、実際に人々がいま述べた解放にあずかる道に歩み始めます。様々な病の癒し、ツァラアトに冒された人の社会復帰、発作に見舞われた人への偏見の除去、疎外された人々を受け入れる交わり……。デビュー戦の段階で、すでに明らかです。

ところが、これほど明らかなのに素直に応答しない人々、あるいは、明らかなだけに逆に反発する人々もいて、せっかくの解放の出来事を曇らせてしまおうという動きも出てきます。しかし招きとは、それに応じなければ、その人にとっては結果的に言葉だけのものになってしまうものです。解放の招きが真実なものでも、招かれた側が素直に応じなければ、準備されている解放の出来事はその人には閉ざされて、掛け声だけの解放に終わるという、実にもったいない事態となってしまいます。

それでもイエスはなおも招いてくださいますが、私たちはどう応答するでしょう。それが真の解放である以上、素直に応答するほうがよいのは言うまでもありません。真の解放への招きがいかなるものであるか、受けとめたいと思います。

解放に身を献げる愛

招きが真実であるならば、そこに身を献げていく姿こそ、その証しです。イエスの招く解放は真の解放です。ですから、そこにあるのは、招くイエスの献身的な愛です。

イエスのデビュー戦、舞台はガリラヤ湖近辺。その足跡をたどれば、湖岸を散策したり、麦畑の中の農道を歩いたり、山に登ったりと、どうもノンビリ牧歌的な雰囲気が漂ってくる感じがします。人々に語る話も、「種蒔き」の話とか「からし種」の話とか、何となくのどかな感じがして、E・ルナンなどは「ガリラヤの春」と呼んだりします。しかし、実際はそんなノンビリした空気からは程遠く、厳しい葛藤と挑みかかってくる論争の連続でした。マルコの福音書では二章の時点ですでに、イエスに対抗する勢力が姿を現し、反撃のノロシを上げ始める様子が描かれています。中風の人の癒しの時には心の中で文句を言っていた人々が（六～七節）、取税人のパーティーの時には弟子たちにイチャモンをつけ（一六節）、断食論争では直接にイエスに議論を仕掛け（一八節）、さらに麦畑で待ち伏せし（二三～二四節）、その挙句、安息日の会堂で罠を仕掛けて証拠を押さえようとし（三・二）、あり得ない協力体制を敷いて殺害計画まで練り始めるという展開です（六節）。そして、この噂は遠く都エルサレムにまで飛び火して、ユダヤ社会のトップ・クラスがわざわざ出向して監視・警戒にあたるという騒ぎになります（二二節）。それでも人々がイエスのもとに殺到する有様で、これには故郷の身内も気が気でなく、イエスの活動に待ったをかけようとやって来ます（二〇～二一節）。身内からも反対されるという状況です。

イエスが招く神の国の福音は恵みの支配の訪れですから、幸いを告げる知らせなのですが、それは同時に、恵み無視のあり方からの悔い改めをも要求します。すると、それで逆にひねくれて怒りを覚えた人々が激しく抵抗を始めるわけです。真の解放が起きている最中に、真の解放への招きに目もくれず、それを素直に受け取ることを拒む人々の姿です。彼らにとっては、せっかくの真の解放も、掛け声だけの解放に見えてしまっているということなのです。それで、イエスによってなされている解放の事実に対して、彼らは「悪霊どものかしらによって、悪霊どもを追い出している」（二二節）とまで周囲に言いふらして、非難するようになるのです。

しかし、これに対してイエスは、直接に「彼らを呼び寄せて」面と向かって、たとえでもって説明をなさいます（二三節）。それが、「分割された国」のたとえ（二三～二六節）と「縛られた人」のたとえ（二七節）です。すなわち、もし彼らの主張が正しいのなら、悪の力は内部分裂をきたしており、神の国を語るまでもなく自然消滅することになるはずですが、事態はそういうことではなく、神の国の招きに抵抗する勢力がありながら、結局はイエスの働きによってそれも粉砕されていくというのです（強い人が縛られて、略奪されるというモチーフです）。そして、それは神の国の力を示しているのだということです。したがって、イエスによる神の国の招きは、悪の力からの真の解放を力強く示しており、反対者たちに直接これを語るイエスの態度は、口汚くののしる彼らをも招いているという事実を語っているのです。

イエスの招きはパワフルです。まさしく真の解放に身を献げて、これにすべての人を招きます。敵対する人をも招きます。敵対する人を招くということは大きなリスクを冒すことを意味しますが、それすら織り込んで犠牲覚悟の上で招きます。そのイエスの心が暗示されているのが「縛られた人」のたとえです。「まず強い者を縛り上げなければ、だれも、強い者の家に入って、家財を略奪することはできません。縛り上げれば、その家を略奪できます」（二七節）。何だか物騒なお話ですが、悪の力を粉砕する神の国の力を示すお話です。ここに略奪モチーフが使われていますが、実はこれはイザヤ書に背景があって、それを念頭にイエスが語っておられると考えられます。「それゆえ、わたしは多くの人を彼に分け与え、彼は強者たちを戦勝品として分かち取る」（イザヤ五三・一二）。イザヤ書五三章といえば、私たちの背きの罪を背負って刺し通され、その打ち傷によって私たちを癒すという神のしもべの受難の預言です。そして、やがてイエスの十字架の出来事でその成就を見るという告知です。その中に略奪モチーフが出てきます。つまり、これを念頭にイエスはご自分がなしている真の解放への招きを語り、それは敵対するすべての人の罪を背負っていのちの犠牲を払っても招くという献身的な愛ゆえであるということを示されるのです。

このようにして、イエスは私たちを真の解放へと招いてくださいます。ここまでして招いていただいたのなら、素直に応答する以外にないのではないでしょうか。

従う者を保護し、抗う者に警告する憐れみ

真の解放に身を献げる愛、神の国に招くイエスの姿です。これに徹するということは、招きに応じる者を守るのはもちろん、招きに抗う者をもさらに招くべく警告を与えることも含みます。

都エルサレムからやって来たユダヤ社会のトップクラスの人々がイエスを揶揄して、「悪霊どものかしらによって、悪霊どもを追い出している」と吹聴していたとき、イエスの弟子たちもその場にいて、殺到する群衆に押し潰されそうになりながら、社会の権威者たちからの非難にも怯えたことでしょう。「わたしについて来なさい」と言われて、ついて行き始めたのはよいけれども、そして、山の上で使徒に任じられたのはよいけれども、ユダヤ社会のトップに目をつけられて、「悪霊どものかしらによって」などと言われた日には、イエスについて来た自分たちはどうなる、とビビったことでしょう。彼らだけではありません。イエスによって真の解放にあずかった人々はこれまでにも数知れず、多くの人々がこういう非難のもと、結局何だったのかという疑念にさらされることになります。

しかし、やはりイエスはこうした挑戦に対して立ち上がり、弟子たちや癒された人々を社会の権威者たちの攻撃から守ってくださいます。悪霊のかしらによるわざではないのだ、と。神の恵みによって解放されたのだ、と。そうやって喜んでいるこの人たちに余計なことを言って煩わせるのではない、と。イエスは盾となって、かばってくださるのです。「聖霊を冒瀆する者は、だれも永遠に赦されず、永遠の罪に定められます」(二九節)。驚くべき言葉ですが、まず分かるのはイエスが本気であるということです。天を裂いてご自身に降った聖霊のみわざとしてなされてきた真の解放を悪霊呼ばわりすること(三〇節)への厳しいコメントですが、そうやって弟子たちや癒された人々を本気で保護したコメントとも言えるでしょう。彼らが真の解放にあずかったのは、聖霊によることなのだ、と。彼らがイエスの招きに応えるのは、聖霊によることなのだ、と。天を引き裂いてでも恵みの支配を現実となす方をどなたと心得るか、という一喝です。この一喝によって安心できた人たちがどれだけいたことでしょう。

私たちも信仰の歩みの中で、せっかく味わっている真の解放を怪しくさせる要因の数々に出くわします。けれども、イエスはこうした要因に対して一喝、私たちを保護して、安心を下さいます。憐れみですね。

それと同時に、この一喝は、文字どおりイエスの働きを揶揄した人々への厳しいコメントです。読み方を間違えると、何かイエスが悪口に対する自己防衛を行っているかにも見えてしまいます。しかし、そうではありません。「人の子らは、どんな罪も赦していただけます。また、どれほど神を冒瀆することを言っても、赦していただけます」（二八節）がそこを物語っています。売り言葉に買い言葉だったら、こんな発言はできません。ご自分への非難に対しても、赦しで返すつもりがあるということです。

それならば、この厳しい一喝は、何を狙っての発言でしょうか。それは一言でいえば、警告です。聖霊のみわざを悪霊の仕業と言ってしまっては、せっかくの真の解放への招きも元も子もありません。招きを忌み嫌う態度です。これでは真の解放にあずかれるわけはありません。「永遠の罪に定められます」（二九節）ということです。しかし、警告には、もう一方でブレーキの役割があります。そうなってほしくないので、警告がなされるのです。どうでもよかったら、放っておくでしょう。道路に飛び出そうとする子を親が厳しく制するのは、事故に遭ってほしくないからです。放っておけないからです。愛するがゆえです。イエスの警告の言葉も然りです。愛するがゆえに、そうなってほしくないと心から願うゆえに、厳しい警告があるのです。したがって、これもまた、形を変えた招きの言葉と言ってよいでしょう。揶揄して拒もうとしている人々に対して、です。憐れみですね。

いずれにしても、イエスは大いなる憐れみをもって、私たちをも真の解放に招き、応答するならば全力で、そして本気で保護してくださいます。道をはずれそうになったら、警告してくださいます。憐れみを心に感じて、イエスの招きに応答したいと思います。

16　主の家族になる

〈マルコ三・三一～三五〉

「さて、イエスの母と兄弟たちがやって来て、外に立ち、人を送ってイエスを呼んだ。大勢の人がイエスを囲んで座っていた。彼らは『ご覧ください。あなたの母上と兄弟姉妹方が、あなたを捜して外に来ておられます』と言った。すると、イエスは彼らに答えて『わたしの母、わたしの兄弟とはだれでしょうか』と言われた。そして、ご自分の周りに座っている人たちを見回して言われた。『ご覧なさい。わたしの母、わたしの兄弟です。だれでも神のみこころを行う人、その人がわたしの兄弟、姉妹、母なのです。』」

この世に生を受けた以上はだれにでも、本当は家族があるはずです。けれども、こうしたことを述べるのに「本当は」とか「はずです」とかいう言い方をしなければならないことに、悲しい事実が見え隠れします。本当はあるはずのものが、あるべき形においてないという状況があるからです。諸事情で家族を失ったり、家庭が壊れたりするケースです。今ここで、現代社会における家族問題のあれこれを述べるつもりはありませんが、自然な形で家族があっても、それが家族となっているかどうかは別問題で、家族になっていないと、あるはずの家族が失われることがなきにしもあらずとは言えるでしょう。家族になるという意志と行動が分かち合われていることが肝心だということです（そう考えると、「家族になろうよ♪」という歌には深いものがあります）。

さて、教会は「神の家族」と言われます（エペソ二・一九など）。けれども、それは自然な形で家庭としてあるということではなく、社会学的には結社的あり方として、けれどもアイデンティティとして家族という認識と家族的な交わりを持つということで、信仰の現実として神がそのような共同体として召し集めてくださったということです。ですから、より意識的に家族になるという側面を強調しなければ、血肉としての家族よりも簡単に崩壊していく可能性があります。もちろん、召し集めたのは神ご自身なので、家族になるという側面を神が支え守ってくださるのは間違いのないことで、そこに信頼して互いに家族になる意識を持つことによって血肉の家族を超える連帯が生まれ得るのも事実です。血肉の家族を失った人々の慰めとなり得る力さえも与えられます。いずれにせよ、神の家族になるという信仰的な意識が大切だということです。

イエスもまた、恵みの招きに応え始めた弟子たちの群れをご自身の家族とお呼びになりました。「ご覧なさい。わたしの母、わたしの兄弟です」と（三四節）。後に原始教会の核を形づくる人々ですから、その意味でも間違いありません。イエスこそ主と告白することでまとまる家族としての交わりです。主の家族ということですから、信仰的な意味で家族になるという意識が大切で、イエスはやはり最初からそこを強調しておられるわけです。私たちも教会として、主の家族のふさわしいあり方を身につけたく思います。主の家族になるという信仰的な意識づけを、イエスはどう語っておられるのでしょうか。

地縁血縁でなく神のみこころ

血肉の家族ということなら、血縁で括られる共同体です。法的に言ってみれば、二親等以内ということになるでしょうか。地縁は家族を構成する要素ではありませんが、古い時代は近親者が近所にわりと住んでいて、土地に結びついた地域共同体が活発でした。しかし、イエスについて行く弟子たちの交わり、主の家族は、いかに家族的であるとはいえ、地縁血縁で成立する共同体ではありません。主の家族ですから、主であるイエスに従うということで括られます。イエスに従うことを神のみこころとして歩む人々の群れなのです。

「さて、イエスの母と兄弟たちがやって来て、外に立ち、人を送ってイエスを呼んだ」(三一節)。イエスは、ガリラヤでのデビュー戦以来、ユダヤ社会にかなりのインパクトを与え、多数の人々が動機はさておきイエスのもとに集まって来ていました。イエスの招きに応えて、イエスについて行き始めた人々、中でも、内弟子としての使徒に任命された者たち。そのほかにも、病の癒しを求めて来た人々、ただのヤジウマ、そして、悔い改めを迫るイエスに逆ギレして、揚げ足取りにやって来る連中。こうしたインパクトは遠く都エルサレムにまで届き、ユダヤ社会の権威の中枢から監視・牽制のために出向する人まで出てきます（二二節）。都からお偉方がやって来て、ケチをつけられてしまったら、身内としてはたまりません。そのうち自分たちにも疑念の目が向けられるようなら、これはとんだとばっちりです。そうでなくても、食事の暇もないほどに人が集まるフィーバーぶりには心配が募ります。おかしくなったのではないかとの噂も立つほどなら、やはり連れ戻さねばなるまいかというのが家族会議の結論だったようです（二〇〜二一節）。それで、活動休止を申し入れるべく、イエスのもとに身内がやって来たという場面です。

面白いものですね。カルトに対する訴えであるなら、弟子たちの身内が彼らを連れ戻しにやって来るという構図が普通でしょうが、弟子たちの身内からはそういう動きは一切なくて、イエスの身内から活動休止を求める動きがあったということです。少なくとも、弟子たちとその身内からはイエスの活動へのカルト的不信感はなく、ただイエスの身内だけがイエスの身を案じて、連れ戻そうと考えたということです。

けれども、ここに身内の限界が見えてきます。イエスの活動を通してなされていることは、恵みの支配の訪れの提示、そして、そこに歩むようにとの招きです。そして、そこに神の恵みを中心とした交わりが生まれます。社会に障壁を作り出す人間の罪深さを超えて、新しい社会の可能性が芽吹いてきます。内弟子の中に取税人と熱心党員が一緒にいたり、ツァラアトに冒されてひどい差別に遭っていた人が社会復帰をしたり、疎外されていた人が受け入れられたり、傷んでいる人が癒されたり、罪に悩む人に赦しが与えられたりしています。そして、そこにすべての人が招かれています。神の恵みの力強さです。ところが、地縁血縁のような人間的で昔ながらの付き合いなどに軸足を置くと、せっかくの恵みの招きに尻込みをしたり、招きに応じたことで困難に遭遇すると立つことができなくなったり、場合によっては、せっかくできかけた恵みの交わりを妨げる言動に走ったりします。恵みの支配は新しい交わりを形づくり、人間的で昔ながらの付き合いの前提を揺さぶることになるからです。

それゆえ、「あなたの母上と兄弟姉妹方が、あなたを捜して外に来ておられます」（三三節）との声に、イエスは「わたしの母、わたしの兄弟とはだれでしょうか」（三四節）と問い返されるのです。この問いかけは、私たちがイエスに従う弟子たちの群れ、主の家族になろうとするとき、大切なことに目を向けさせてくれます。教会の中にキリスト者の家庭が築かれていくことは大いなる祝福ですが、交わりが親類縁者で凝り固まると主の家族どころではなく、くだらない勢力争いや新参者のひがみのるつぼと化してしまいかねません。私たちはイエスの問いかけに立ち止まらなければなりません。

しかし、その一方で、イエスのこの問いかけを血肉の家族の否定のように受け取ってしまうのも、甚だしい勘違いと言わねばならないでしょう。「だれでも神のみこころを行う人、その人がわたしの兄弟、姉妹、母なのです」（三五節）とイエスは言われます。ここに血肉の家族の否定はありません。むしろ、「だれでも」という言い方の中に血肉の家族も含まれている、と読むべきでしょう。イエスが招く恵みの支配に血肉の家族も招かれています。恵みに生きる共同体の中に、血肉の家族という関係は場を持つということです。さらにいえば、恵みに生きる共同体の中で恵みについて学んでいくならば、血肉の家族は恵みによって建て上げられていき、「神のみこころ」として与えられた家庭というあり方本来の姿を取り戻すことができるということです。そこで大切なのは、何がベースなのかということです。地縁血縁などではなく、恵みに生きるという神のみこころがベースであることが、主の家族になることにおいて代えることのできない前提となるのです。

神のみことばの語り合い

主の家族になること。恵みに生きるという神のみこころで集う交わり。交わりですから、当然のこと、そこに語り合いがあります。その話題は何でしょう。様々なことを話題にするでしょうが、そこに貫かれるのはやはり、恵みに生きるという神のみこころ、それを知るための神のみことばです。これが中心となる交わりこそ、主の家族です。

身内が捜しに来ていると聞いたイエスは、ご自分の家族とはだれなのかと問いかけつつ、ご自分の周りにいる人々を見回して、「ご覧なさい。わたしの母、わたしの兄弟です」（三四節）と言われます。そして、「だれでも神のみこころを行う人」（三五節）が主の家族である、と述べておられます。けれども、「神のみこころを行う」とは具体的には何をすることなのでしょうか。ここでたいへん面白いことに気づきます。「神のみこころを行う人」とイエスは述べられますが、ご自分の家族だとする当の人々がしていたのは、ただ「周りに座っている」（三四節）ということだけです。見方によっては、何もしていないと言われてしまいそうな様子です。彼らは座っているだけですが、ただ漠然と座っているのではなく、イエスの周りに座っているのです。ここに何か示唆的なものを感じます。

「みこころを行う」と聞くと、私たちはすぐにあれこれ活動することをイメージしがちです。そして、多少うまくいったことを鼻にかけ、うまくいかないと落胆し、というお決まりのパターンにはまる傾向があります。けれども、イエスがここで周りを見回して、「みこころを行う人」と言われたのは、何かしている人ではなくて、イエスの周りに座っている人です。これが主の家族だ、とお述べになったのです。主の家族としての教会は、何かできる・できない、何をする・しない以前に、イエスの周りに集う人々、恵みに招く方を中心にした交わりであるということです。

それならば、このイエスの周りに集う人々は、何をしに集まっているのでしょうか。座っているだけに見えますが、何もしていないわけではありません。居眠りしていたわけではありません（あるいは、一人ぐらいはいたかもしれませんが）。その場にいても、各々が勝手なことをしているわけでもありません。彼らはイエスの周りに集い、イエスが語ることばに耳を傾けていたのです。座って聞いていたということは、立ち聞き・盗み聞きではありませんし、通りすがりに小耳にはさんだという程度でもありません。しっかり時間をかけて、関心を傾けて、向き合って傾聴するということです。彼らにイエスは何を語っておられたのでしょうか。言うまでもありません。神の国の福音、恵みの支配の訪れです。もちろん、メッセージは一方通行ではなく、親しい交わりの中で語られたでしょう。このように、恵みのメッセージを聞くために集まる集い、共に語り合い、分かち合うための交わり、そして交わりの姿を通して恵みを証言する歩み。「みこころを行う」とはこういうことで、これを目的とする交わりが主の家族であるということです。

「ご覧なさい。わたしの母、わたしの兄弟です」とイエスがご自分の周りに集う人々を紹介なさったとき、イエスの顔は喜びに輝いていたことでしょう。「ねぇ、見て」と言って、自分の家族を紹介するとき、心が嬉しくなっていたという経験があるでしょう。イエスが喜んでくださる交わり、主の家族。恵みのみことばを共に聞いて分かち合い、これに生きる人々。聞く大切さは、続くマルコの福音書四章で「聞く耳のある者は聞きなさい」（九節）とさらに強調されますが、私たちもまたイエスの語りかけに応答して、恵みのみことばを共に聞く交わり、主の家族になりたく思います。

17　みことばの結実に至る道

〈マルコ四・一〜二〇〉

「イエスは、再び湖のほとりで教え始められた。非常に多くの群衆がみもとに集まったので、イエスは湖で、舟に乗って腰を下ろされた。群衆はみな、湖の近くの陸地にいた。イエスは、多くのことをたとえによって教えられた。その教えの中でこう言われた。『よく聞きなさい。種を蒔く人が種蒔きに出かけた。蒔いていると、ある種が道端に落ちた。すると、鳥が来て食べてしまった。また、別の種は土の薄い岩地に落ちた。土が深くなかったのですぐに芽を出したが、日が昇るとしおれ、根づかずに枯れてしまった。また、別の種は茨の中に落ちた。すると、茨が伸びてふさいでしまったので、実を結ばなかった。また、別の種は良い地に落ちた。すると芽生え、育って実を結び、三十倍、六十倍、百倍になった。』そしてイエスは言われた。『聞く耳のある者は聞きなさい。』

さて、イエスだけになったとき、イエスの周りにいた人たちが、十二人とともに、これらのたとえのことを尋ねた。そこで、イエスは言われた。『あなたがたには神の国の奥義が与えられていますが、外の人たちには、すべてがたとえで語られるのです。それはこうあるからです。

「彼らは、見るには見るが知ることはなく、
聞くには聞くが悟ることはない。
彼らが立ち返って赦されることのないように。」』

そして、彼らにこう言われた。『このたとえが分からないのですか。そんなことで、どうしてすべてのたとえが理解できるでしょうか。種蒔く人は、みことばを蒔くのです。道端に蒔かれたものとは、こういう人たちのことです。みことばが蒔かれて彼らが聞くと、すぐにサタンが来て、彼らに蒔かれたみことばを取り去ります。岩地に蒔かれたものとは、こういう人たちのことです。みことばを聞くと、すぐに喜んで受け入れますが、自分の中に根がなく、しばらく続くだけです。後で、みことばのために困難や迫害が起こると、すぐにつまずいてしまいます。もう一つの、茨の中に蒔かれたものとは、こういう人たちのことです。みことばを聞いたのに、この世の思い煩いや、富の惑わし、そのほかいろいろな欲望が入り込んでみことばをふさぐので、実を結ぶことができません。良い地に蒔かれたものとは、みことばを聞いて受け入れ、三十倍、六十倍、百倍の実を結ぶ人たちのことです。』」

結実、そして収穫。趣味にせよ生業にせよ、畑などを作っている人にとって、それは大

きな喜びです。同じことは、耕作に限らず、すべてのことに通じて言えることでしょう。仕事でも、勉強でも、スポーツでも、成果を得るとか、結果にこだわるとか言いますが、いかなる「果実」を結ぶのかが大事ということです。ちゃんとした結果が得られれば幸い、逆だとがっかり。そう考えると、私たちの信仰生活はいかがでしょうか。

もちろん、信仰生活とは神の恵みに生きることで、それゆえ業績・成績で評価が上下するようなものではありませんが、恵みに生きることで生活や社会に何が生じるのかは関心を傾けるべき大切な事柄です。聖書を読んで、説教を聞いて、みことばをいただいた結果、日常生活や社会関係に何が生じるのでしょうか。どんな実が結ばれるのでしょうか。それらしい結実があれば幸いです。でも、そうでないならば、何か省みるべき事柄があるかもしれません。いただいているみことばは神の恵みの告知ですから、それ自体に大きな力がありきちんといただくなら、それ自体で結実へとプロセスを踏んでいけるはずです。ですから、私たちは希望を失わないで、結実を信じて、きちんとみことばをいただくことに心を尽くしたいと思います。

イエスは恵みの支配の訪れを語り、「わたしについて来なさい」と招いてくださいます。ついて行くということは、ある一定のプロセスを踏んでいくことです。恵みに生きることが、語られたとおりの結実に至るための時間、それは順調の時もあれば、不調の時もあります。それでも、そうしたプロセスを経て、恵みのみことばはイエスの招きに従う人々の中に豊かな結実をもたらしていきます。神の恵みを受けとめて感謝し、恵みの神を覚えつつ平安に歩み、神の恵みを分かち合う交わりに進み、社会に向けて証しとなるという結実です。こうした実を、ぜひとも結んでいきたいものです。そのプロセスの中でどんなところを通っても、豊かなみことばの結実に至る私たちでありたく思います。そのために大切なことは何でしょうか。

従うことで開かれるみことば

みことばの結実に至るための大前提は、みことばを聴くということです。聞いていなければ、私たちの生活にみことばの結実らしいことは何も起きてきません。ボサッと聞いているだけでも、いけません。傾聴するということです。そして、みことばの内容は恵みに生きることへの招きなので、それに傾聴するということは、招きに応答して歩み始めること、語られた招きに聞き従うことです。それによって、語られたみことばの意味の深みが開かれ、証しされて、結実へのプロセスが進められるのです。

マルコの福音書四章を読むと、「聞く」という言葉が頻発しています。全部で十三回。最も印象的な言葉は「聞く耳のある者は聞きなさい」（九、二三節）です。聞くということがテーマとして流れていることは明らかです。しかも、「聞く耳」という言い方は、聞き方の話です。聴力の話でも理解力の話でもありません。聞こえているだけとか、理解はしても無関心とか、そういうことではありません。意識的に関心を傾けて従う態度で聞いているかどうかということです。神の恵みの支配に生きる幸い、イエスが語るみことばの招き。聞き従う態度が求められます。

そのあたりのイエスの意図は、どうして恵みの支配を語るのにたとえ話という手法を用いるのかということについてのイエスの説明から見えてきます。

「種蒔きのたとえ」を人々にお語りになった後、弟子たちがイエスのもとに来て質問します。それに対する回答として、イエスは次のように語られます。「あなたがたには神の国の奥義が与えられていますが、外の人たちには、すべてがたとえで語られるのです。それはこうあるからです。『彼らは、見るには見るが知ることはなく、聞くには聞くが悟ることはない。彼らが立ち返って赦されることのないように』」(一一～一二節)。この言葉はイザヤ書六章九～一〇節からの引用ですが、ここだけ切り取って読んでしまうと、何かイエスが意地悪で、わざと聴衆を混乱させる目的でたとえを語っておられるかのように見えてしまうかもしれません。あるいは、「外の人」などという言い方からして、内弟子ばかりをひいきしているみたいに思う人がいるかもしれません。しかし、「イエスは、このような多くのたとえをもって、彼らの聞く力に応じてみことばを話された」(三三節)とありますので、たとえを用いる意図が意地悪とか身びいきとかいうものでないことは明らかです。むしろ、このあたりのテーマが前述のように「聞くこと」であるとすれば、語り方の問題としてこれを取り扱うべきではないでしょう。つまり、「立ち返って赦されることのないように」（一二節）は、そういう目的でわざと人を煙に巻くようなたとえを語るということではなく、聞く耳を持っているかどうかで悟れるかどうかが決まり、悟れるかどうかで悔い改めて赦されるかどうかが決まるという結果の話です。つまり、聞き方の問題なのです。そして、これは引用元のイザヤ書六章の文脈でも同じことです。さらに、このことは「たとえ」を意味するヘブライ語「マーシャール」が謎かけを意味することからしても言えることです。聞く側が「聞く耳」を持っていれば、楽しいしゃれになります。「聞く耳」がありませんと、意味不明のナゾになってしまいます。どう聞くかが問われているということです。

そこで、どう聞くかということですが、そこは、それこそ「あなたがたには神の国の奥義が与えられていますが」（一一節）とイエスが弟子たちに語った言葉にミソがありそうです。これは身びいきではありません。確かに、「ご自分の弟子たちには、彼らだけがいるときに、すべてのことを解き明かされた」（三四節）とあり、やはり身びいきではないか、という印象を持ってしまいそうですが、大切なのはイエスがすべての人を招いておられるという事実であり、それゆえ、すべての人が招きに応えて弟子となれるはずであり、そのように応答した人に「奥義が与えられる」わけです。これを身びいきと言ってしまっては、ほかにできることはバラマキと押しつけ以外にないということになってしまいます。これでは福音とは言えないでしょう。そうではなくて、すべての人への招きに自らのこととして応答するとき、「聞く耳」が開かれて、「奥義が与えられる」ということです。

その具体的な姿がまさしく「種蒔きのたとえ」についてイエスに質問した人々に見られます。「さて、イエスだけになったとき、イエスの周りにいた人たちが、十二人とともに、これらのたとえのことを尋ねた」（一〇節）。周りに人がいたらイエスだけになっていないではないか、とツッコミをいれたくなりますが、そこに表現されているのはイエスとの距離の近さ、親しさ、交わりの深さです。様々な動機でイエスに群がる群衆が解散して、イエスの周りには、ついて行こうと思っている人だけがいるというとき、「イエスだけになった」と表現しているのです。彼らはイエスの周りにいて、親しく交わり、尋ねたいことは素直に尋ねることができます。尋ねられれば、イエスは奥義に至るまで快く解き明かしてくださいます。この距離感です。あなたはイエスとこういう距離感で交わりを持っていますか。先の記事では「わたしの兄弟、姉妹、母なのです」（三・三五）と語られた主の家族の距離感です。いつもイエスの周りにいて、気兼ねなく質問できる親しさの中、イエスの招きに従っていこうという関係性です。みことばの奥義はこういう人々に開かれていきます。弟子たちであっても、このときすべてが分かったわけではありません。むしろ、それでもなお、分かっていない彼らの姿が後に明らかにされていきます。しかし、なおもイエスとの交わりを保ち続けるなら、やはり奥義は開かれていくということです。

みことばが分からないとぼやいている人はいないでしょうか。その人は自分に従う気があるのかどうか問われています。従う気のない人にみことばの奥義は開かれていきません。イエスと親しい交わりを保ち、イエスの招きに従うときに、みことばの意味は奥義に至るまで開かれていくのです。それによって、みことばの結実に至るプロセスは進んでいくのです。

妨げを越えて信頼する姿勢

みことばの結実に至るプロセスは、文字どおりプロセスであるので、最初から結実というわけではありません。種を蒔けば一瞬で結実なんて安っぽいマジックの話ではありません。プロセスですから、途中、様々な事柄に出くわします。結実に向けての成長が妨げられる要因もあるでしょう。けれども、種には力強い命があります。みことばには結実に至らせる神の力が働きます。妨げを越えて、そこに信頼する姿勢を保つならば、豊かな結実は約束されているということです。

「種蒔きのたとえ」についての質問に答えながら、イエスは弟子たちに語りかけられます。「このたとえが分からないのですか。そんなことで、どうしてすべてのたとえが理解できるでしょうか」（一三節）。辛口のコメントです。先ほどまで、「あなたがたには神の国の奥義が与えられていますが」（一一節）と持ち上げてもらっていたのに、この落差は何だという感じです。けれども、イエスはそうは言いながらも、実に丁寧に解説してくださっています。このあたりのやりとりも大変に示唆的ですが、やはり従うことによってみことばが開かれるということです。すべてが分かって納得ずくで弟子になったのではなくて、分からないことはあっても招きに応えて歩み出すとき、招いてくださった方が示してくださるということです。分からなくさせる様々な妨げを越えて、イエスに近くあるとき、みことばの意味はさらに開かれていくのです。別の言い方をすれば、イエスについて行くとき、恵みに生きることの意味が様々な妨げを越えて、さらに深く広く開かれ、分かち合われていくということです。

「種蒔きのたとえ」は、こうした様子を描き出すたとえ話と言えるでしょう。イエスによる恵みの招きに人々が反応する様子を四つのパターンで示したもので、種が落ちた場所によって種がいかなるプロセスを通るのか、結実にまで至る成長のプロセスを踏んでいけるかが異なっているように、恵みのみことばへの聞き手の態度次第で結果が異なることを描いているたとえ話です。一つめは、道端に落ちた種です。鳥の餌になって終わりです。みことばを聞いても、すぐに関心外に持ち去られてしまうパターンです（四、一五節）。二つめは、岩地に落ちた種です。芽は出すが、日光で焼けて終わりです。みことばに心を向けても、困難に勝てず、投げ出すパターンです（五～六、一六～一七節）。三つめは、茨の地に落ちた種です。少し生長しますが、茨にふさがれて、結実に至らずに終わりです。みことばに心を向けても、この世の気遣いや富の惑わしに妥協するパターンです（七、一八〜一九節）。四つめは、良い地に落ちた種です。芽を出して生長し、最後に三十倍、六十倍、百倍の結実となります。みことばの招きに聞き従う人々の結果です（八、二〇節）。

こうして四つのパターンを並べて眺めてみると、血液型判定などの好きな人は、各パターンを自分や他人に当てはめて喜んだり悲しんだりするかもしれません。けれども、思い当たるフシがあるからといって、不変のレッテルが貼られるような話ではありませんし、考えてみれば、事と次第によって、同じ人物の中にも幾つかのパターンが混在していることはよくあることです。奉仕のみことばには良い地でいられる人が、赦し合うみことばには途端に岩地になったり、献金のみことばには茨の地になったりなどなど。もちろん、それを放っておいてよいわけはなく、休耕地であぜ道になっている場所でも、固い岩地になっている場所でも、茨が生えてしまっている場所でも、耕して良い地にすれば、結実に至るプロセスに進むことができるはずなのです。これは、畑と関係のない変なところに種を落とす下手くそな種蒔きの話ではなく、休耕地を耕作地に変えれば収穫への希望があるということへの暗示と言えるでしょう。

しかしながら、このたとえ話のメインは休耕地ではなく、収穫のあった良い地です。休耕地の三パターンでは、種という語は原文で単数形、良い地だけが複数形を用いています。やはり、そもそも耕作地である場所を中心に蒔かれるべき種であって、そのようにして蒔かれるなら、三十倍、六十倍、百倍の結実・収穫に至るということです。収穫の豊かさは、景気良く右肩上がりで描かれています。

大変に面白いのですが、同じ種蒔きのたとえでも、マタイの福音書ヴァージョンですと、「百倍、六十倍、三十倍」と増加率に減少が見られます。おそらくマタイの福音書では豊かな収穫でありつつも闘いがあるという視点で記され、マルコの福音書では妨げがありつつも収穫は豊かであるという視点で記されているのでしょう。もちろん、イエスは種蒔きのたとえを一度しか語らなかったなどということはないでしょうから、どちらかが間違っているという見方は早急に過ぎるでしょう。いずれにしても、大切なのは豊かな結実に至るということです。特に、マルコの福音書ヴァージョンは、鳥や岩地や茨などの妨げを越えて、ドーンと豊かに結実があることを明確にして、種のいのち、すなわち、みことばに働く神の力を浮き彫りにしているのです。聞く側さえちゃんと傾聴していれば、結実は必然と言えるものなのです。

そして、これはイエスの活動そのものを描いていると言うことができるでしょう。なるほど、イエスの活動に惹きつけられて様々な動機で人々が集まります（一節）。もちろん、中には道端のような人々、岩地のような反応、茨のような状況もあります。結実を妨げる厳しい闘いです。しかし、蒔かれる種には、いのちがあります。良い地に落ちれば、結実は確実です。種として蒔かれるみことばに働く神の力が豊かだからです。そこに信頼して、聞き従う姿勢を明確にすることです。弟子たちが文字どおり弟子たちとして、そういう態度であれば、彼らにおいて豊かな結実へと至るというわけです。イエスの期待と励ましが感じられます。

　恵みの招きに応え始めた私たちに対しても、同じ思いが寄せられているはずです。そうであるならば、みことばに働く神の力に信頼して、素直に傾聴して従っていく姿勢を持ち、約束されている結実に至るプロセスを進みたいものです。

18　みことばの聞き方

〈マルコ四・二一〜二五〉

「イエスはまた彼らに言われた。『明かりを持って来るのは、升の下や寝台の下に置くためでしょうか。燭台の上に置くためではありませんか。隠れているもので、あらわにされないものはなく、秘められたもので、明らかにされないものはありません。聞く耳があるなら、聞きなさい。』

また彼らに言われた。『聞いていることに注意しなさい。あなたがたは、自分が量るその秤で自分にも量り与えられ、その上に増し加えられます。持っている人はさらに与えられ、持っていない人は、持っているものまで取り上げられてしまうからです。』」

「聞く耳があるなら、聞きなさい」(二三節)。聞くは聞くでも、いろいろあります。音声として聞こえているだけなのか、聞き流しているのか、聞いて理解しても反発しているのか……。しかし、「聞く耳」と言う以上は、聞かされていることに関心を傾けて受け入れていく聞き方、傾聴して従う態度が求められるということです。イエスは恵みに生きる招きに対して、このような態度を求めておられます。

　さて、こうした聞く側の態度に大きく関わるのが、聞かされている話が何であるのかということです。すなわち、寝言、うわごと、たわごとの類を聞いているのか、夢物語、空想話、おとぎ話の類を聞いているのか、教訓物語、教養話、トリビア、うんちくの類を聞いているのか、それとも真理の言葉を聞いているのかということです。恵みに招くみことばを聞いたとき、それを何だと思っているのかが問われるということです。ちなみに、教会に来る前のお互いは、聖書の言葉をたわごととまでは思わなかったにしても、イエスの奇跡を空想話として受け取ったり、イエスのたとえを教訓物語として読んだりしたかもしれません。もちろん、それでも全くの無視・無関心よりはましでしょうが、せっかく恵みに生かす招きの言葉が自分に向けて語られているのに、軽く受け流してしまっていては大変にもったいないことです。

　「聞く耳があるなら、聞きなさい。」聞かされていることを何だと思っているのか、そして、それに対してどんな態度でいるのかということです。恵みに招くイエスは、私たちが聞くべくして聞くという態度で応答するのを待っておられるのです。「悔い改めて福音を信じなさい」（一・一五）、そして、「わたしについて来なさい」（一・一七、二・一四）。これがイエスの招きですから、聞くべくして聞く態度というのは、心を向け直して信頼してイエスについて行くという弟子の姿です。私たちはそういう者として、語られるみことばに耳を傾けたく思います。

明らかにされた恵みの支配

イエスの弟子として「聞く耳」をもってみことばを聞くこと、それは、語られているみことばをどういうものとして受けとめることなのでしょうか。イエスはお語りになります。それは、恵みの支配が明らかにされる知らせとして、みことばを聞くことなのだ、と。「明かりを持って来るのは、……燭台の上に置くためではありませんか。……秘められたもので、明らかにされないものはありません」（二一〜二二節）。明かりが持って来られて、辺りが照らされて明らかになるように、イエスの招きのみことばは、神の恵みの支配が何であるかを明らかにするということです。そういうものとしてみことばを聞くのです。それが「聞く耳」をもって聞くということです。

「時が満ち、神の国が近づいた」（一・一五）。イエスの招きのみことばは、すべてこの宣言によって貫かれています。恵みの支配がイエスとともに決定的に接近してきている、と。神の恵みの事実に心を開けば、感謝と平安の生活、分かち合う交わりの形成が現実となるということです。ここにイエスは人々を招きます。イエスのもとに来れば、この歩みの豊かさが開かれてきます。そして、このことを指してイエスは、「あなたがたには神の国の奥義が与えられています」（一一節）と述べるのです。

「奥義」（ミュステーリオン）という言い方は興味深いものです。語感から分かるように、ミステリーの語源です。けれども、このミステリーは江戸川乱歩や赤川次郎の小説のような、いわゆる怪奇現象や巧妙なトリックみたいなものではなく、受け入れられた神の恵みが人生や社会を祝福へと変える不思議さのことです。私たちは信仰告白をして、キリスト者として歩み始めたとき、このミステリーを経験しているはずですが、現在の日常生活においてはどうでしょうか。何の変哲も感動もないようでしたら、ぜひとも立ち止まって神の恵みを受けとめ直して、そのミステリーたる所以を味わいたく思います。傲慢だった人がへりくだりを学び、孤独だった人が交わりをつくり、絶望していた人が将来のヴィジョンに向かって歩み始めます。ミステリーですね。そして、こうした恵みのミステリーの秘義を明らかにする「明かり」が、イエスによって今や灯されたのだというわけです。

「明かりを持って来るのは、升の下や寝台の下に置くためでしょうか。燭台の上に置くためではありませんか」（二一節）。これは、油の入った容器に芯を入れて火を灯すランプです。部屋を照らすための器具だから、そのための場所に置くはずです。升というのは、お米を測る道具ではなくて、ランプの灯を消す道具です（吹き消すと、油煙で部屋が大変なことになるので）。つまり、せっかく火を灯したのに、すぐに消してしまうなど普通はしないでしょう、ということです。そのように、イエスの活動によって恵みの支配が何であるかが明らかにされ始めている今、その招きのみことばに対してランプを升の下に置くように耳をふさいでしまうのは、ふさわしい態度ではないということです。

明かりが部屋全体を照らして、隠れていた汚れなどが明らかになるように、みことばの光が私たちの罪深さを、たとい鋭く明るみに出しても、その光を遮ってはいけません。遮るのではなく、悔い改めるのがふさわしい態度です。ランプを消しても、汚れはそこに残っているのですから。恵みの招きは確かに、それと矛盾する私たちの罪深さを明らかにします。福音だからといって、聞き心地の良いことだけではありません。「隠れているもので、あらわにされないものはなく」（二二節）と述べられています。けれども、その鋭い指摘に耳を傾けて、イエスの招きに従って、心と生活を恵みに向け直すとき、それが今度は私たちの周辺社会を照らしていくのです。

それゆえに、私たちはみことばを聞くのに、それらしく聞かなければなりません。すなわち、弟子として聞き従う姿勢をもって聞くということです。聞かせていただいているのは、恵みのミステリーを解き明かすメッセージです。私たちの罪深さを指摘しつつ、悔い改めに導くメッセージです。そして、悔い改めて恵みに生きる人々を恵みの証し人として豊かに用いるという慰めのメッセージです。

分かち合って豊かになる恵みの事実

イエスが語る恵みの招きを「聞く耳」で聞く、すなわち、弟子として聞くということは、イエスによって明らかになる恵みの支配の内実に心を開くということですが、それは、もう一つ、恵みの事実が分かち合うことで豊かになることを体験的に受けとめることです。「聞いていることに注意しなさい。あなたがたは、自分が量るその秤で自分にも量り与えられ、その上に増し加えられます。持っている人はさらに与えられ、持っていない人は、持っているものまで取り上げられてしまうからです」（二四〜二五節）。

さて、ここで問題です。「出せば出すほど豊かになるものって何？」　お金はそうではありませんね。投資しても戻って来ないことがかなりあります。言語の学習は、当てはまりそうですね。使えば使うほど、身についていくというものですから。愛はどうですか。当てはまると言いたいところですが、人間同士だと、出す側が次第に枯れてしまったりすることが多いかもしれません。もう一つ問題です。「逆に、惜しめば惜しむほど貧しくなるものって何？」　せっかく買った食べ物を出し惜しみして食べずにいたら、消費期限を過ぎてしまったとか。言語の学習もそうですね。出し惜しみして使わないでいると、使えなくなってしまいます。愛もきっとそうでしょう。さあ、そこで、出せば出すほど豊かになって、惜しめば惜しむほど貧しくなるという、両方に当てはまるものとは、イエスの語られるところでは何でしょうか。恵みに生きるということ、まさしくそれだということです。

せっかく語られた恵みの招きです。それに応えようとすればするほど、神の恵みの豊かさが開かれていきます。そうです。聖書を読み、説教を聴き、証しと祈りを分かち合うなかで、様々に教えられたことを生活の中に生かしていくとき、また周囲の人々と分かち合うとき、さらに理解が深まったり、新たな発見があったり、周囲の人々の喜びとなったりと、様々な形で豊かになります。逆に、聞いても聞きっぱなしで、出し惜しみしていると、その豊かな意味に気づかないだけでなく、聞き取る労さえ惜しむようになり、結果として、聞いたことさえ生かされない、つまり「持っているものまで取り上げられてしまう」ということが起きてきます。

そして、この豊かになるとか貧しくなるとかいうことは、私たち人間同士の分かち合いのレベルを超えて、みことばが示す恵みを注いでくださる神と私たちとの間柄を根本的には指し示すと言ってよいでしょう。恵みの分かち合いの背後には、その出来事をリードする神ご自身がおられて、それ自体を恵みの出来事にしようと臨んでおられます。なぜなら、そうした恵みを分かち合う人々の交わりを建て上げることが、「神の国」の福音の大眼目であるからです。そう考えると、惜しむことなく分かち合うつもりで聞いていることがどんなに大切なことか、ということです。私たち人間同士の場合でも、自分が述べたことを相手がどう受け取って表現するかに大いに関心を持ちますが、神ご自身が存在をかけて愛をこめて招く恵みのメッセージを人々がどう受け取って分かち合っていくかということは、やはり神ご自身の関心事であり、その分かち合いがまさしく恵みの分かち合いであるようにリードなさるということです。喜んで分かち合いがなされていくところで、神もまた大いに喜んでくださり、「持っている人はさらに与えられ」ということが起きていくのです。

そうであるなら、私たちはなおさら「聞いていることに注意して」、分かち合って豊かになる恵みのニュースとしてみことばに傾聴していかなければなりません。せっかくの恵みの良き訪れなのですから、もったいないことをしないで、それらしく聞いて従い、分かち合って豊かにさせていただきつつ、歩んで行きましょう。

19　主の導きに応えて歩む

〈マルコ四・二六〜二九〉

「またイエスは言われた。『神の国はこのようなものです。人が地に種を蒔くと、夜昼、寝たり起きたりしているうちに種は芽を出して育ちますが、どのようにしてそうなるのか、その人は知りません。地はひとりでに実をならせ、初めに苗、次に穂、次に多くの実が穂にできます。実が熟すと、すぐに鎌を入れます。収穫の時が来たからです。』」

あなたの人生の主役は、どなたですか？　いや、「私の人生ですから、主役は私でしょ」という声が聞こえてきそうです。確かに、あなたの人生はほかならぬあなたの人生で、他人に取って代わられるものではありません。他人があなたの人生を生きるわけにはいかないし、あなたも他人の人生を生きるわけにはいきません。自分で責任を負うべき分がありますし、他人の負うべき責任を代わって負うにも限界があります。それゆえ、あなたの人生の主役はその意味で間違いなくあなたです。

しかしだからといって、すべてが主役の思いどおりになるわけではありません。むしろ、人生における主役の役柄は、当人の自由が利かないことで満ちていると言うべきでしょう。考えてみれば、そもそもの始まりからそうです。生まれた場所も、時代も、環境も、両親も自分の選択の自由で選んだものではありません。そこから始まって、実は当人の自由が利かないことを、それでも責任をもって引き受けていくのが人生の大切な要素の一つで、主役を生きるということは、そこをも自分として認めていくことを意味します。託された事柄に誠実に向き合う、と言えばよいでしょうか。

さて、映画やドラマにおいて役者に役柄を託すのは監督ですが、人生においては創造主である神ご自身です。そして、映画やドラマが監督の導きで筋の通ったストーリーに仕上がるように、人生においては主なる神の導きによって実際に根本的なところから（いのちの価値とか生きる意味とか）筋が通っていくのです。ということは、神の導きがあることを認めて、それに従うことが人生において大切なことで、それでこそ人生がまっとうなものになると言えるでしょう。もちろん神の導きといっても、それは何かに縛りつけられるようなものではなく、恵みをもって語りかけ、また応答を聴くという対話におけるものです。人生を託してくださった方は、託された者たちとの交わりの中で事柄を導き、主役がその役割を果たせるようにしてくださるということです。しかし、それは何でも主役の思いどおりということではなく、人生を託してくださる神の導きに応答する形においてということなのです。

イエスが「神の国が近づいた」（一・一五）と宣言して、「わたしについて来なさい」（一・一七、二・一四）と呼びかけるとき、それはやはり、本当の意味で神の導きに応えて従う人々になるようにと招いておられる、と言うことができるでしょう。選択の自由にならないことも含めて神の恵みとして託された人生です。そして、その神の恵みの導きを求め、それに従う歩みです。そこに感謝と安心が溢れ、分かち合いの交わりが社会に生まれてきます。恵みの神の導きに応えて生きる幸いを、イエスは「生長する種のたとえ」で示されます。

勇み足に注意

神の導きに応えて生きるということは、常に導きが導きとして先行するということです。導きを先行させないあり方は、導きを導きとして認めていることにはならず、導きに応えていることになりません。ついて行く側がついて行かないで先走ってしまうという、いわば勇み足とも言うべき状況です。つまり、どんなに優勢に事を進めているように見えても、負けは負けです。そうならないように、神の導きが先行して、それに応えて従う私たちでありたく思います。

イエスの活動当時、こうした勇み足の例としては、まず熱心党の人々を挙げることができるでしょう。まさしく熱心な人々ですが、何に熱心かといえば、メシア待望です。度重なる異国支配に嫌気がさして、とにかくローマ帝国の圧政から解放されて、自分たちの思いどおりの社会にしたいとの渇望から、革命のヒーローの登場を待望し、ただ待つだけでは時間の無駄、今できることから手をつけようと、自ら武器を持って立ち上がり、ゲリラ活動を始めていこうという人たちです。もう一つの例は、パリサイ派の人々です。やはりメシア待望ですが、律法に厳格な態度・生活によって神の覚えめでたく、それで願望かなって革命のヒーローが神によって立てられるというシナリオです。こうした思想を背景に持つので、律法厳守への態度は並みでなく、厳守できない人々・厳守を妨げる人々を差別・抑圧して切り捨てるという有様でした。その割に自分たちには甘い部分もあるという姿がそこにあります。

熱心党もパリサイ派も、まさしく勇み足です。メシアと呼ばれる救い主を神が送ってくださると信じ、待ち望むというところまでは良かったのですが、そのメシアを革命のヒーローと取り違え、ゲリラ活動で先陣を切るという余計なことをしたり（熱心党）、あるいは、神の戒めとして律法を真面目に受け取ろうというのは良かったのですが、その本当の目的である恵みの分かち合いの逆を行く厳格さでもって余計なことをしたり（パリサイ派）ということで、良い線まで行っていても、肝心なところではずしてしまっているという様子です。こうしたことが起きてしまうのは、自分たちの都合・感覚・シナリオを先立ててしまって、神の約束と導きを仰ぐことに誠実でなくなってしまったからです。旧約聖書をきちんと読めば、約束のメシアは軍事的ヒーローでないことや、律法の目的が恵みの分かち合いであることなどは読み取れるはずです。ところが、そこが曇らされてしまって、神の約束と導きに応えることがどういうことなのか、その的をはずしてしまっているということなのです。これは、私たちも他山の石としなければならないでしょう。自分のイメージや都合を先立てて、神の約束と導きに対して勇み足をやらかしていないでしょうか。恵みを受けとめ、感謝と安心に生きて、分かち合う交わりを社会に形づくる人々とするという神の導きからはずれてしまってはいないでしょうか。

そこでイエスは、神の導きを文字どおり導きとして仰ぎ、先立てることこそ、求められる姿なのだということを明らかにすべく、「生長する種のたとえ」(二六〜二九節)を語られます。何のことはない、そこらにある植物の生長を描いたお話です。けれども、イエスによれば、これが神の恵みの訪れの様子、そして、それに応えるとはどういうことかを示しているということです。特に強調されているのは、植物の生長は人の知恵や力、行為などを超えているという点です。種を蒔いた本人であっても、その生長について「どのようにしてそうなるのか、その人は知りません」(二七節)。もちろん、実験・観察で生長のシステムを植物学的に分析することは専門家ならばできるでしょうが、そのシステムが何ゆえに、どのようにしていのちとして存在するのかというところまでいくと(形而上学的問い)、やはり人知を超えているでしょう。「地はひとりでに実をならせ」(二八節)と言います。確かに、本当に人が何もしないで作物ができるわけではないのですが、いのちの営みそのものは人の力を超えています。むしろ、ここで人は何をしているのかというと、「夜昼、寝たり起きたりしているうちに」（二七節）ということで、要するに大したことはしていないということです。

そのようにして、神のみわざは私たちの知恵や力をはるかに超えて進んで行くということです。それに対して、私たちは何か大きなことをしているわけではないのですから、自分の都合や感覚で出しゃばるのでなく、恵みのみわざを進められる神を仰ぎ、その導きを先立てることが大切だということです。導きを導きとするということは、こちらは一歩下がって、へりくだる姿勢が求められるということです。くだんの勇み足パターンにはまってしまうのでなく、常に神の導きに合わせていく私たちでありたいものです。

神の導きに応えて立ち上がる

神の導きに応えて生きるということは、導きを導きとして先立たせることを意味するとは、先に述べたとおりです。けれども、それは、私たちの側ですることは何もないということではありません。先立つ導きに応答すること、あるいは、ついて行く、それが私たちのなすべきことです。

イエスがお語りになる「生長する種のたとえ」では確かに、「その人は知りません」とか「地はひとりでに実をならせ」とか、人間の活動は基本的に注目されていないのですが、だからといって、本当に何もしていないのかといえば、そうではありません。まず種を蒔いていいます（二六節）。「寝たり起きたりしているうちに」（二七節）という間も、何もしていないということではなく、作物である以上、草取りをしたり水撒きをしたり、何か世話をしているはずです。神の導きを仰ぐというのは、怠け者になることではありません。自分で何も考えず、自分で何もせず、すべてを神のせいにするという無責任なべったり依存状態を作り出すことではありません。そうではなくて、先立つ導きに応答して、導かれる事柄に参与するということです。

恵み深い神は、ご自身のみわざに私たちをも参加させてくださいます。まさしく恵みです。私たちなど参加するといっても、本当は足手まといのお邪魔ムシ程度のことしかできないはずですが（まさしく「寝たり起きたり」程度の）、それでも参加させてくださるということです。そして、ご自身のみわざのために用いてくださり、ご自身の不思議な力を見せてくださるということです。振り返ってみれば、確かに、日常生活や教会の働きすべてはこういうことです。だからこそ、私たちは神の導きに先立って自分の都合や感覚で物事をコントロールしようとしてはならず、神の導きを先立てて、それに応答する姿勢が大切になるわけです。

そして、神の導きによってまさしく時が熟して、今ぞこの時という導きがあるとき、それに応答して立ち上がるのである、とイエスは語られます。「生長する植物のたとえ」において唯一、人間が活動的に描かれる場面です。「実が熟すと、すぐに鎌を入れます。収穫の時が来たからです」(二九節)。神の導きが明確に示されたとき、私たちはためらうことなく、導きに従うべく立ち上がるのだということです。「時が来た」という言い方は、「時が満ち」(一・一五)という言葉と響き合います。イエスの活動とともに、旧約聖書で約束された神の約束が果たされていく時がいよいよ訪れたということです。そして、「すぐに鎌を入れます」という言い方は、イエスの登場とともに神の恵みのみわざと人の応答とが立て続けに展開する様子を指して「すぐに」(エウテュス)を頻発させるマルコの福音書の特徴そのものです。思い起こせば、「わたしについて来なさい」とイエスに語りかけられた漁師たちが網を置いて従ったのも、語りかけられて「すぐに」でした(一・一六〜二〇)。

今や、イエスとともに神の恵みの支配が訪れています。招きの言葉が語りかけられています。まさしく時が熟して、今ぞこの時という導きの中にあるということです。それならば、その導きに応答して従い、立ち上がるというのがあるべき姿でしょう。これは、導き無視の勇み足ではなく、導きに応答する行動です。自分の都合や感覚に従うことではなく、恵みの招きに従うことです。

信仰の告白、洗礼の決断、悔い改めの迫り、教会生活や社会生活で何か示されている事柄……、ここぞという招きの機会は様々あります。その招きに応答して、立ち上がること、それこそが弟子の道です。神の導きに応答して歩むことです。

20　主に従う道の行く末

〈マルコ四・三〇〜三四〉

「またイエスは言われた。『神の国はどのようにたとえたらよいでしょうか。どんなたとえで説明できるでしょうか。それはからし種のようなものです。地に蒔かれるときは、地の上のどんな種よりも小さいのですが、蒔かれると、生長してどんな野菜よりも大きくなり、大きな枝を張って、その陰に空の鳥が巣を作れるほどになります。』

イエスは、このような多くのたとえをもって、彼らの聞く力に応じてみことばを話された。たとえを使わずに話されることはなかった。ただ、ご自分の弟子たちには、彼らだけがいるときに、すべてのことを解き明かされた。」

行く末に大きな祝福があり、それが確かに約束されているならば、それは、先へと進むのに大きな励ましとなるものです。たとえ始まりが弱く小さく頼りない感じであっても、あるいは、途中の妨げに投げ出したくなることがあっても、その先に大きな祝福が確かに待っているならば、勇気を得て進んで行くことができます。

このことは何事にも通じることですが、チャレンジの大きさと約束の確かさからいえば、信仰の歩みこそ、まさしくこれに当たると言えるでしょう。チャレンジの大きさとは、目に見えない神を信じて、その恵みを生活の諸局面に味わって歩むという点です。約束の確かさとは、旧約聖書の聖徒たちから始まって、信仰に生きた人々の証しが指し示す彼らの結末、そして、そこへと導いた神の約束の言葉の真実ということです。行く末の祝福が約束のとおりに実現へと導かれていきます。それゆえ、あらゆることを信仰の歩みととらえて進むならば、直面する弱々しさを超えて、大きな励ましを得てダイナミックに進みゆくことができます。

「わたしについて来なさい」（一・一七、二・一四）とイエスは語りかけられます。信頼してついて行く弟子の道は、神の国・恵みの支配に歩む道です。神が恵みで治められる事実を受け入れて、感謝と安心、分かち合う交わりへと進む道です。神の計画された時が来て、恵みの支配の訪れに招かれるという大きなチャレンジですが、招かれること自体が祝福です。そこを歩みゆく道そのものが祝福です。そして、その行く末にも大きな祝福が約束されているとイエスは語られるのです。弟子となって従うとは、何か自由のないつらい道を行くみたいなマイナス・イメージを持つ人がいるかもしれません。なるほど、恵みを理解しない世間との摩擦があるので闘いはありますし、恵みに生きて自らへりくだり、互いに仕え合う歩みを選択するので犠牲を払う側面がありますが、それは、そこにある祝福のゆえですし、その行く末も大いなる祝福なのです。歩み始めたとき、あるいは、道の途中で、どんなに弱さ、小ささを感じたとしても、神の恵みに歩む道、その行く末は大いなる祝福であると、「からし種のたとえ」をもってイエスは語られます。私たちも、そこから励ましをいただいて、イエスについて行く弟子の道を歩みたく思います。

小さな群れを慈しむ神の力

イエスについて行く者たちに約束された、行く末の祝福は、恵み深い神の力によってもたらされる、とイエスは語られます。しかも、神の力は、弱く小さな者をいつくしむ形で現されるといいます。弱く小さくとも信仰を持って従おうとする者を神はいつくしんで、その力を現し、行く末を豊かに祝福してくださるということです。

「神の国はどのようにたとえたらよいでしょうか。……それはからし種のようなものです」（三〇～三一節）。イエスとともにもたらされた恵みの支配の訪れの招きに従う者たちの歩みについて、イエスはからし種のようだと述べられます。まさしく謎かけ。整いました。神の国と掛けて、からし種と解きます。その心は、「地に蒔かれるときは、地の上のどんな種よりも小さいのですが、蒔かれると、生長してどんな野菜よりも大きくなり、大きな枝を張って、その陰に空の鳥が巣を作れるほどになります」（三一～三二節）。途方もない豊かな生長の姿、それが恵みに歩む者たちの行く末、後の祝福の豊かさとかぶるのだ、とイエスは語られるのです。

からし種を見たことがあるでしょうか。あら挽きコショウ半粒ぐらいの大きさのタネです。タネと言われなければ、ホコリか砂粒にしか見えない極小の粒です。恵みの支配の訪れは、見かけ上はこの程度の目立たない感じで始まるのだといいます。恵みの招きに応えて歩み始めた人々、とはいえ、始まりは弱小集団です。神の国の到来という割には派手さも力強さもなく、社会への影響力も大したことはありません。確かに、イエスの活動そのものはセンセーショナルで、そこに多くの人々が群がりますが、イエスの招きに応えるつもりで歩み始めた弟子たちの群れは一粒のからし種のごとくにきわめて小さな存在にすぎません。それこそ、内弟子の十二人を考えてみても、みんな普通のガリラヤ人で、取り立てて立派だとか、学識があるとか、財力があるとか、そんなものではありません。イエスについて行く気持ちはありますが、かなり勘違いもしており、このままで彼らはどうなるかという程度のものです。まさしく、からし種一つのごとき始まりです。

けれども、この事実は私たちにとっては励ましです。同じく恵みの招きに応えて歩み始めた私たちですが、そこで、いきなり大きな成果・貢献を求められたり、派手な活躍や秀でた能力を求められたりしては、立つ瀬がありません。むしろ、私たちもまた弱く小さく、欠点や失敗が多く、社会の中で特に目立つわけでもない、まさしくからし種のごとき存在です。しかし、始まりはそれでよい、そんなものなのだ、とイエスは語られます。慰めです。それゆえ、自分たちの弱く小さな姿を見て嘆いたり、諦めたりするのも、また、本当は弱く小さいのに虚勢を張ったり、それで疲れ切ったりするのも、全く間違っていると言わなければなりません。からし種のごとき始まり、そういうものなのです。まずはイエスの言葉に慰めを得て、歩み始めていきたく思います。

しかし、始まりが小さいからといって、いつまでもそのままで良いなどとは、イエスは言われません。否、そのままで終わってしまうことなどないと、イエスは語られます。からし種であっても、一度、地に蒔かれれば、その生長は著しく、五メートルほどの植物にまで大きくなります。そのように、恵みに応えて歩む人々は、その生活と交わりも、始まりは弱小であっても、その行く末は目を見張るほどの豊かな祝福となる、というのです。それゆえ、恵みに歩む人々は、そこに励ましを得て進んで行くことができます。私たち自身は弱小であっても、イエスは成長の可能性を見ていてくださいます。そして、豊かな祝福の行く末となる、と約束してくださるのです。

そうであれば、これはもはや私たちの実力でも何でもなく、ひたすらに恵み深い神の力です。私たちは、ただ恵みの招きに信頼して、ついて行くのみです。弱小な私たちでも何とかしてくださる神のいつくしみ。私たちが弱小であるがゆえに、神のいつくしみの力強さが際立ちます。この神のいつくしみの力は、山での十二使徒選出がエジプトを踏み直していたことを鑑みると、まさしく弱い立場の奴隷の民をいつくしんで巨大なエジプトから連れ出した神の力強いみわざの事実と重なります。同じ神が同じくいつくしみの力を発動させて、始まりは弱小の群れでも、恵み豊かに大きく育ててくださるということです。そこから励ましを受けて、進みたいと思います。

いのちのみことば

小さな群れをもいつくしむ神の力は、恵みに歩む人々の行く末を豊かに祝福しますが、それは具体的には、神のみことばが、受け取る人々の中にいのちとして働き、目を見張るほどの成長に至らせるということです。

イエスが語られる「からし種のたとえ」は、弱小なものがドラマティックに成長する様子を描きますが、まず勘違いしていけないのは、何もキリスト者になったら物事がすべて成功するとか、思いどおりになるとか、そういうことを述べているのではないということです。逆に、うまくいかないことの多い人生ですが、どんな状況であっても、神の恵みは豊かに注がれており、神の守りと満たしを感謝して、さらに信頼して、そして分かち合って歩みゆける、そういう交わりが開かれていくという豊かさを描いているのです。たとえ始まりは弱小でも、そのように豊かにしていただけるということです。

けれども、また逆に、そうやって豊かにしていただけるのなら、自分は何もしなくともよいという怠惰や、不用意に弱小を肯定する居直りなどが出てきてしまってもいけません。

あるいは、そうやって豊かにしていただけるのなら、その流れに乗っかって、それ成長だ、やれ拡大だと、ド派手なキャンペーンを張ったり、経営学的な手腕や策略で拡大路線を図ったりするのも違います。教会の活動を考えるとき、この両方向が誘惑として必ず出てきますし、「からし種のたとえ」が両方向の口実のために誤って使われてしまうこともあるようです。お互いに気をつけたく思います。

成長は、何もしないで待っているだけで、もたらされるものではありません。「蒔かれると」（三二節）といいます。少なくとも種蒔きしないと、何も起こりません。けれども、芽吹いて生長するのは、実際「ひとりでに」（二八節）ということです。人の知恵や力を超えています。大切なのは、タネが持ついのちの力です。人がすることは、そのいのちの力が存分に発揮されるような状況にすることです。「種蒔く人は、みことばを蒔くのです」（一四節）。もしマルコの福音書四章のたとえ話が一連のもので、種蒔きや植物の生長を共通モチーフとしてテーマを共有しているとするならば、「からし種のたとえ」においても、みことばのいのちの力強さが、信じて従う人々の成長を後押しする、というメッセージを紡ぎ出すことができるでしょう。いのちの力あるみことばを聞き流すのでなく、困難や欲望と天秤にかけて聞くのでもなく、信頼して従う思いで傾聴すること（一～二〇節）、みことばに対して自分の都合や感覚を優先させるのでなく、喜んで従う姿勢でいること（二六～二九節）、そういう中でみことばのいのちの力が発揮されて、からし種のごときドラマティックな成長を現実のものとするのです。そして、そのようにして、みことばの示す恵みの支配が本物であり、世界に広がることが証しされていきます。ガリラヤの弱小集団が世界に広がるキリストの教会となり、私たちも今、その中にいるという事実を覚えて、みことばのいのちの力に信頼して、行く末の祝福を期待して進みましょう。

21 驚くばかりの平安

〈マルコ四・三五〜四一〉

「さてその日、夕方になって、イエスは弟子たちに『向こう岸へ渡ろう』と言われた。そこで弟子たちは群衆を後に残して、イエスを舟に乗せたままお連れした。ほかの舟も一緒に行った。すると、激しい突風が起こって波が舟の中にまで入り、舟は水でいっぱいになった。ところがイエスは、船尾で枕をして眠っておられた。弟子たちはイエスを起こして、『先生。私たちが死んでも、かまわないのですか』と言った。イエスは起き上がって風を叱りつけ、湖に『黙れ、静まれ』と言われた。すると風はやみ、すっかり凪になった。イエスは彼らに言われた。『どうして怖がるのですか。まだ信仰がないのですか。』彼らは非常に恐れて、互いに言った。『風や湖までが言うことを聞くとは、いったいこの方はどなたなのだろうか。』」

「平安」という言葉には、良い響きがあります。教会でよく耳にしますが、一般的にも使われる言葉です。平安時代、平安京、そういう名前のセレモニー・ホールとか、甲子園の常連校にそうした校名の学校もありました。平穏無事、かつ安全安心ということで、平安というのでしょう。

けれども、一般的に使われる場合、どちらかといえば、現実よりも願望を述べていることが多いのかもしれません。平安時代が必ずしも平安でなかったことは、歴史を学べば分かることです。一部の貴族が財力にものを言わせて権力を振るい、その中で抑圧された人々がいたり、権力の座をめぐって一族内に血みどろの抗争があったりと、およそ平安とは言い難い状況が多々ありました。きっと平安が願われていたでしょうが、そういうことは願ったとおりにならないのが罪深い世の常なのです。

確かに、私たちを含めて、およそ人間は平安を望みながら、願ったとおりの平安が得られずに過ぎてしまいがちですが、神はそんな私たちに恵み深く、真の平安をもたらしてくださいます。創り主として私たちのすべてを的確にご存じであり、渾身の力作である私たちを愛してくださっているので、神は私たちにとって平安とは何かをご存じで、それを提供することができる方です。この方との交わりに生きることで、私たちはこの方が下さる真の平安（シャローム）をいただくことができるのです。それゆえ、この方との交わりに生きて、この方の恵みを覚えて生きることが、真の平安をいただく道ということになります。

イエスはこれを神の国と称して、ご自身とともにこれが間近にもたらされたと告げられます。「時が満ち、神の国が近づいた。悔い改めて福音を信じなさい」(一・一五)。この宣言とともに、イエスはご自身について来るように人々を招き、確かにご自身とともに次元の違う平安があることを様々な出来事を通して示してこられました。疎外されてきた人が交わりの中に見いだされたり、絶望に打ちひしがれていた人に希望が与えられたり、病に悩む人に癒しが与えられたり。どれもこれも驚くべき平安への招きなのですが、イエスはここで今一度、ご自身が提供する平安がいかなるものであるか、嵐の船上ではっきりと弟子たちに示されます。それはまさしく驚くばかりの平安です。イエスについて行くとき、ここまで深い平安にあずかることができるのです。

自然の力を超えて治める力

驚くばかりの平安は、私たちが普通の感覚で平穏無事という程度のものではありません。それは文字どおりびっくりということなので、まさしく度肝を抜く超自然的な力による平安です。イエスがもたらす平安は、そういうものなのです。

「さてその日、夕方になって、イエスは弟子たちに『向こう岸へ渡ろう』と言われた。そこで弟子たちは群衆を後に残して、イエスを舟に乗せたままお連れした。ほかの舟も一緒に行った」(三五〜三六節)。この「向こう岸へ渡ろう」とのイエスの言葉は、言い換えれば「わたしについて来なさい」(一・一七、二・一四)ということです。もちろん、ここでイエスを乗せた舟を操っていたのは弟子たちですが、向こう岸という行き先はイエスの示された場所です。舟の上から群衆にみことばを語って後（一節）、次の行き先はガリラヤ湖の向こう岸、そのまま舟に乗って渡って行こうということです。けれども、これは単なる移動の話ではありません。弟子たちはガリラヤの人たちですから、ガリラヤ湖の向こう岸がどんな場所で、どんな人々が住んでいるかを知っていました。決して積極的に行きたいと思える場所ではありません。ゲラサ人の地です（五・一）。異邦の民で、自分たちの文化では伝統的に嫌悪する豚を飼育して生業とする人々です（五・一一）。それで、イエスが「向こう岸へ渡ろう」と言われたとき、必ずしも喜び勇んで行こうとは思えない、むしろ、オールを漕ぐ手も重くなる、そんな行き先だったのです。しかし、さすがにそこは弟子たちです。それでも、イエスの指し示す目的地に向かって進みます。

私たちもイエスについて行く歩みの中で、必ずしも行きたいと思えないところに導かれることがあります。もちろん、恵みに歩むことですから、それ自体は幸いですが、同時にそれはチャレンジに満ちています。行きたいとは思えない場所で（試練の現実、苦手な人の前など）、そこでも神の恵み深さを体験し、受けとめて、証しするのが弟子の歩みなのです。もちろん、それはイエスについて行くことですから、イエスも一緒に行ってくださいます。

けれども、やはりそういうところに進み行こうとするときには、心の準備が必要です。

イエスが共におられる平安、イエスが下さる平安がいかなるものであるか、それを深く体験する必要がありました。それでこそ、勇気を持ってチャレンジングな場所にでも出かけていくことができます。

そうした折も折、ガリラヤ湖に突風が吹き荒れて、イエスと弟子たちを乗せた舟はひどい嵐に見舞われます。出発は夕方、ただでさえ暗くなっていく時間帯です。そこに激しい嵐。心の中は、来るのではなかったという後悔の嵐が吹き荒れます。何漕かの舟で出発しているので、はぐれないように、他の舟のことも気にかけなければなりません。しかし、そんな余裕もありません。舟は水でいっぱいになり、転覆寸前です。ガリラヤ湖を知り尽くした地元の漁師出身の弟子たちであっても、死を覚悟するほどの嵐でした（三七～三八節）。人の手には全く負えません。

しかし、イエスはこうした嵐に対して一喝されます。「風を叱りつけ、湖に『黙れ、静まれ』と言われた。すると風はやみ、すっかり凪になった」（三九節）。この「叱りつける」（エピティマオー）という語は、旧約聖書の古代ギリシア語訳（七十人訳）では詩篇一〇六篇九節など、人間を脅かす諸力を神が叱責して鎮める場面で用いられています。つまり、同じくイエスは自然の力を超えて、諸力を鎮める力を持っているお方であるということです。自然を超える創造主の力がここに顕現したということです。イエスはだれかにお願いして、嵐を静めてもらったのではありません。自らの言葉で、自らの言葉だけで嵐を静めたということです。

こうした力を持つ方が共に歩んでくださるなら、それは何と心強いことでしょうか。自然の力をも超えています。この力を持つイエスについて行くのが弟子の道、招かれた恵みに歩む道です。何があっても平安でいられるでしょう。超自然的な力で与えられる平安、驚くばかりの平安です。私たちが恵みに歩もうとするとき、様々なところを通ります。嵐にも似た妨げや災い、場合によっては、まるで歯が立たない諸力に翻弄されることもあるでしょう。しかし、私たちがついて行くのは、嵐を静めたお方です。恵みに生きる道を妨げる諸力に対して超自然的な力で事態を治めてくださるイエスについて行く、ということを覚えたいと思います。

嵐の中の安眠

イエスは驚くばかりの平安を下さいますが、それ以前に、こうした平安を与えてくださる方としてイエスご自身が同じ平安をお持ちでなければなりません。持っていないものを与えることはできません。持っているから、しかも豊かに持っているから、与えることができるのです。それゆえ、いただく側も、安心していただくことができるわけです。ガリラヤ湖の「向こう岸」へ渡る舟の上で見舞われた嵐の中でイエスがどんな様子であったのかが、このことを雄弁に物語ります。

ガリラヤ湖で舟を操ることに関してはプロフェッショナルな弟子たちが死を覚悟するほどの嵐でした。自分が自信を持っている分野で本当に手に負えない事態に見舞われますと、人間は大混乱に陥ります。事態に呑み込まれて自分を見失い、慌てふためくか、絶望の淵をさまようかという感じになります。このケースでは舟は転覆寸前ですから、まさしく生命の危機です。そして、漁師出身の弟子たちはなまじ知識があるので、逆に恐怖に心縛られたことでしょう。水難事故の悲惨さが脳裏をよぎります。「先生。私たちが死んでも、かまわないのですか」（三八節）と彼らがイエスに叫んだとき、まさしくそうした心理状況だったわけです。

ところが、当のイエスご自身は、そのとき「船尾で枕をして眠っておられた」（三八節）という様子です。「いや、お疲れですね」などと呑気なことを言っている場合ではありません。凄まじい嵐の中ですから。それなのに、すやすや眠る姿は、恐怖におののく弟子たちの姿と全く対照的です。どんな嵐の中でも安眠できるご自身の姿を現しながら（決してそのためのタヌキ寝入りではありません）、その姿で示されたのはご自身が持っておられる平安の深さです。「私たちが死んでも、かまわないのですか」と弟子たちは叫びますが、イエスも同じ船に乗って、同じ嵐に見舞われているわけですから、その意味では同じく生命の危機にあるはずです。それなのに、イエスはすやすや眠っているので、あたかもこの危機に弟子たちだけが直面しているかのように彼らが叫んでしまうのです。それほどに、イエスの安眠は次元が違ったということです。ここまでの平安があり得るということ、そして、それをイエスはもたらす方であることが示されたのです。

そして、イエスは弟子たちの叫びに応えて嵐を静め、そこで一言、「どうして怖がるのですか。まだ信仰がないのですか」(四〇節)。これは叱っている言葉でしょうか。責めている言葉でしょうか。見下げている言葉でしょうか。いずれでもありませんね。少なくとも、イエスは怖い顔で弟子たちをにらみつけて言い放たれたわけではありません。むしろ、その表情は凪になった湖面そのままに、穏やかな優しい顔で弟子たちを諭したと言えばよいでしょう。「どうして」と尋ねたのは、純粋に不思議だから素朴な疑問として述べたということです。レベルが違います。嵐の中では慌てふためくのが普通という弟子たちでした。けれども、イエスにとっては、それは普通のことではなく、イエスにとっての普通は、嵐の中でも安眠できる平安だったわけです。

これには弟子たちも全く恐れ入ってしまい、「風や湖までが言うことを聞くとは、いったいこの方はどなたなのだろうか」(四一節)と言います。恐れたというのは、嵐への恐怖とは異なる、次元の違いに圧倒された反応、畏れ敬いひれ伏すということです。発言そのものは嵐を静めた事象に向けられていますが、実際に示されているのはイエスが持っている平安の質とスケールです。全く自然の力を超えて、安らぎを味わわせ、かつ事態を治める平安です。まさしく驚くばかりの平安です。嵐の中での安眠を持っている方だからこそ、嵐を静めることができるということです。また、嵐を静めることができる方だからこそ、嵐の中での安眠という平安のモデルとなることができるということです。

恵みに生きてイエスの弟子となるとは、この方について行くことです。私たちにとって「眠れぬ夜」にも、この方が傍らにいてくださるということです。この方が下さる平安に生きていきたく思います。

22 訪れてくださる主の慰め

〈マルコ五・一～二〇〉

「こうして一行は、湖の向こう岸、ゲラサ人の地に着いた。イエスが舟から上がられるとすぐに、汚れた霊につかれた人が、墓場から出て来てイエスを迎えた。この人は墓場に住みついていて、もはやだれも、鎖を使ってでも、彼を縛っておくことができなかった。彼はたびたび足かせと鎖でつながれたが、鎖を引きちぎり、足かせも砕いてしまい、だれにも彼を押さえることはできなかった。それで、夜も昼も墓場や山で叫び続け、石で自分のからだを傷つけていたのである。彼は遠くからイエスを見つけ、走って来て拝した。そして大声で叫んで言った。『いと高き神の子イエスよ、私とあなたに何の関係があるのですか。神によってお願いします。私を苦しめないでください。』イエスが、『汚れた霊よ、この人から出て行け』と言われたからである。イエスが『おまえの名は何か』とお尋ねになると、彼は『私の名はレギオンです。私たちは大勢ですから』と言った。そして、自分たちをこの地方から追い出さないでください、と懇願した。ところで、そこの山腹では、おびただしい豚の群れが飼われていた。彼らはイエスに懇願して言った。『私たちが豚に入れるように、豚の中に送ってください。』イエスはそれを許された。そこで、汚れた霊どもは出て行って豚に入った。すると、二千匹ほどの豚の群れが崖を下って湖へなだれ込み、その湖でおぼれて死んだ。

豚を飼っていた人たちは逃げ出して、町や里でこのことを伝えた。人々は、何が起こったのかを見ようとやって来た。そしてイエスのところに来ると、悪霊につかれていた人、すなわち、レギオンを宿していた人が服を着て、正気に返って座っているのを見て、恐ろしくなった。見ていた人たちは、悪霊につかれていた人に起こったことや豚のことを、人々に詳しく話して聞かせた。すると人々はイエスに、この地方から出て行ってほしいと懇願した。イエスが舟に乗ろうとされると、悪霊につかれていた人がお供させてほしいとイエスに願った。しかし、イエスはお許しにならず、彼にこう言われた。『あなたの家、あなたの家族のところに帰りなさい。そして、主があなたに、どんなに大きなことをしてくださったか、どんなにあわれんでくださったかを知らせなさい。』それで彼は立ち去り、イエスが自分にどれほど大きなことをしてくださったかを、デカポリス地方で言い広め始めた。人々はみな驚いた。」

だれかが訪ねて来てくれることは、あなたにとって嬉しいことでしょうか。もちろん、それは時と場合と人物とによることでしょう。確かに、招かれざる客というものもありますが、それとは違って、痛みや孤独、悲しみや悩みの中にあるとき、寄り添うために訪れてくれる方がいるのは何ともありがたいことです。しかも、だれも分かってくれない深い闇の中にあるとき、それでも訪れてくれて問題の核心に触れて癒してくれる方がいてくださったら、それは単なる嬉しさを超えて深い慰めとなることでしょう。福音書によれば、イエスはまさしくそういうお方です。しかも、ぜひとも来てほしいと願い出る力さえない場合でも、必要ならば訪れて、深い慰めを下さるお方です。それゆえ、自分なんかダメだと思ってはいけません。イエスはあなたのところに深い慰めをもって訪れてくださいます。

マルコの福音書においても、四章までの段階ですでにイエスは様々な人々のもとを深い慰めをもって訪れておられます。病のゆえに疎外された人々、貧困のゆえにやむなく差別される生業に就く人々、社会構造・心理構造に働きかけて人を抑圧する諸力に縛られていた人々、イエスの意図を誤解して反対キャンペーンを張る人々。あらゆる人々のもとに赴き、「時が満ち、神の国が近づいた」(一・一五)と宣言して、恵みの支配の訪れにお招きになります。神の恵みはすべての人に注がれており、それを受けとめて歩むなら、感謝と平安に溢れ、恵み分かち合う交わり・社会を形づくっていけると語り、ご自身について来るようにと招かれます(一・一五、二・一四)。そして、実際に解放と赦しと平和が人々に提供されて、受け取った人々・招きについて行く人々は深い慰めにあずかります。まさしく福音です。

そして五章に入り、イエスがもたらすこの慰めの福音は、本当に境界線を超えていくもの、人間の想定を超えて訪れるということが明らかにされていきます。訪れるはずのないと思われているところにまで訪れてくださるという姿。そこをも見捨てていないということです。それ自体が深い慰めです。

見捨てられた一人だけのためにでも

「こうして一行は、湖の向こう岸、ゲラサ人の地に着いた。イエスが舟から上がられるとすぐに、汚れた霊につかれた人が、墓場から出て来てイエスを迎えた」（一〜二節）。「向こう岸へ渡ろう」（四・三五）と弟子たちを促して、イエスが舟でやって来られたのは、普通はユダヤ人の行かないところ、ゲラサ人の地でした。しかも、墓場に上陸です。物好きもいいところ、何も墓場になんか上陸しなくても、もう少し離れたところ、良さそうなビーチとかに上陸すればいいのにと思えます。たぶん弟子たちもそう思ったことでしょう。けれども、イエスには目的がありました。ここに住みついている一人の人に会うことです。後まで読めば分かりますが、ゲラサ人の地でイエスがなしたみわざは、この一人の人に関する一件のほかにはありません。その意味で、とにかくこの人に会うためにこの地に来られたと言ってよいでしょう。

ところが、この人は、積極的に会いたいと思えるような感じの人ではありません。墓場に住みついている人です。おそらく身なりも風貌も推して知るべしで、他人を寄せつけない感じだったでしょう。しかしこの人は好んでそうしているというのではなく、むしろ、そこしか居場所がなくなってしまったということでした。汚れた霊につかれており、やたらに暴れるので、「鎖を使ってでも、彼を縛っておくことができなかった」のです（三節）。「夜も昼も墓場や山で叫び続け、石で自分のからだを傷つけていた」（五節）という姿は、自分の意志で選んで行動しているというよりは、自分ではそうしたくないけれども追いつめられて、そうせざるを得ない状況であるということです。どうにもならない痛み、怒り、そして、孤独。けれども、こういう行動がさらに人々を遠ざけていき、だれからも相手にされなくなり、結果として居場所を失うという悪循環に陥っていました。

これは、この人だけの話ではありません。現代社会のひずみの中で何か極度のストレスでこうした状況に陥ってしまう人々の姿に心痛むことしばしばですし、外側の行動に出てこなくても、劣等感、自己嫌悪、自虐自傷的な考えの虜になってしまうことはだれしもあり得ることです。

悪霊につかれているというと、何かこの人が悪人みたいに思う人がいるかもしれませんが、事柄はそんなに単純ではありません。社会環境、人間関係、心理状態など、様々な要因に悪の力が働いて、人々を神の恵みから離れさせて、こうした状況に陥れてしまうことがあるのです。この人の場合、それが相当に複雑な形で起きてしまっており、取りついている悪霊に「レギオン」と名乗らせるほどでした（九節）。「レギオン」とはローマ軍一個師団で、約五千人の部隊を意味します。数の多さもさることながら、組織体としての構造を持っているところがミソです。とかく悪霊というと、やたらとオカルト的なものばかりを想像するきらいがありますが、実際にはもっと複雑で組織的です。社会と自然を構成する諸構造が、恵みを阻もうとする悪の力によって崩されていくとき、人はそれに太刀打ちできず、この人のような状況にあっけなく陥ってしまうのです。

人間の手に負えないというのなら、もはや絶望かと思えそうなところですが、そこにもイエスが訪れてくださるというのがこの出来事の語るところです。「向こう岸に渡ろう」と赴いて、あえて墓場に上陸されました。そこにいる彼に会うためです。神の恵みはそこにも訪れて、その人を癒し、回復させます。その力強さといえば、出会った瞬間、悪霊が叫ぶほどです。「いと高き神の子イエスよ、私とあなたに何の関係があるのですか。神によってお願いします。私を苦しめないでください」（七節）。イエスがだれであるか、正解を知っている割に関係を否定するあたり、まさしく悪霊なのですが、猛威を振るっていたはずの悪霊があっさりと退散を願い出ます。出会った瞬間としては、時系列的には「汚れた霊よ、この人から出ていけ」（八節）とのイエスの言葉が先なのですが、描写としては「遠くからイエスを見つけ」（六節）、走り寄って「私を苦しめないでください」（七節）と叫ぶ様子が先に来るあたりに、イエスと悪霊の力の差が示されています。一触即発、レギオンは恐れ入って、ひとたまりもなく打ち負かされます。この人を苦しめてきたレギオンが「私を苦しめないで」と恐れおののき、「神によって」願いますが、「おまえの名は何か」と問いつめられています。まるで相手にもなりません。この人を解放せよというイエスの憐れみの力強さです。最後にはレギオンは近くで飼育されていた豚の群れに入ることを願い出て、そのとおりになり、豚の群れもろとも湖に転落するという有様です（一二～一三節）。豚はよく噛んで食べないことから、神の恵みの言葉を味わわない生き方の象徴とされます。その豚が転落ということは、悪霊の結末を象徴的に示す出来事と言えばよいでしょう。イエスは一息でこの結末に至らせる力を持っておられるということです。

イエスのこの力強さによって、この人はどれだけ慰めを受けたでしょうか。全く癒されて「服を着て、正気に返って」います（一五節）。社会から見捨てられて、居場所がなかった自分、組織的に働く悪の力に抵抗する術もなかった自分、孤独で惨めで、言い知れぬ痛みの中にあった自分。そんな自分のところをイエスは訪れてくださったという感動。しかも、嵐の湖を越えて（四・三五～四一）、わざわざ墓場に上陸して、自分に会いに来てくれたということ。見捨てられてはいなかったということです。神の恵みが訪れたということです。わずかの滞在期間でイエスのみわざにあずかったのは自分だけであると考えると、もったいないほどの憐れみです。

このように、イエスはだれのところにも訪れてくださいます。何としてでもあなたのところを訪れて、神の恵み深さを味わわせてくださる方なのです。

失われた人を恵みの証人に

本当の自由とは、縛りからの解放だけでなく、向かうべき方向への自発的な方向づけでもあると言われます。Freedom from から Freedom for へ、ということです。確かに、縛りから解放されただけで、その先の方向性が分からなかったり目茶苦茶だったりするならば、自由とは言えません。イエスによって悪霊から解放されたくだんの人物も、同じことです。この後どうしたらよいか、ふさわしい方向が示される必要がありました。それでこそ、真の慰めとして実を結ぶというものです。そのあたり、イエスはどうなさるのでしょうか。

レギオンと呼ばれる悪霊からの解放劇で、イエスの慰めの偉大さに本人は大いに感激し、深い喜びと平安に浸りますが、このニュースを聞きつけた地元の人々は恐ろしくてたまりません。まぁ、そう思うでしょう。見たことも聞いたこともない出来事なのですから。特に、豚の群れの転落事故を目のあたりにした養豚業者としては生活のこともあり、顔面蒼白だったでしょう。もちろん、社会から疎外されて苦痛の中にあった人が癒されたのですから、そこは喜ぶべきところなのですが、それもできずに腰を抜かすほどにひたすら驚いて、怖くなってしまったわけです。そして、噂は噂を呼んで、驚愕と恐怖という印象でもってこのニュースが広まったので、「人々はイエスに、この地方から出て行ってほしいと懇願した」（一七節）ということです。

そう言われて、イエスは無理やり残ってこの地で働きを続けることはしないで、あっさり帰ろうとされます。イエスの目的は、自分の影響力で各地を征服することではなくて、神の恵みの招きに心を開く人々が起こされることにあります。人々の間に恵みの神への信頼を引き出すことにあります。押しつけではありません。それで、引くところは引きます。引くことで目的にグッと近づくこともあるものです。そして、その瞬間をイエスは見逃されません。

「イエスが舟に乗ろうとされると、悪霊につかれていた人がお供させてほしいとイエスに願った」（一八節）。気持ちは分かりますね。恩ある方に奉公したい、と。しかし、イエスはこの申し出を許可されません。えっ？　どうして？　「わたしについて来なさい」（一・一五、二・一四）がイエスのメッセージではなかったのでしょうか。それなのに、ここでは「帰りなさい」と言われます。すると何か、彼がゲラサ人だからとか、あるいは、悪霊につかれていたからとか、ついて来てはいけない理由探しが始まりそうです。弟子たちは、一瞬そう思ったかもしれません。あるいは、そう期待した者さえいたかもしれません。けれども、イエスは違います。申し出る彼の気持ちは、どんなに嬉しく受けとめたことかと思います。それでも、「帰りなさい」とはどういうことでしょうか。そこで、まず気づくべきは、イエスの弟子となることは、必ずしも物理的に至近距離でお供することだけではないということです。物理的に距離が近くても、イエスに従っていない場合が残念ながら多々あります。逆に、物理的に遠距離であっても、イエスに従って恵みに生きる人々もいます。この場合がまさしくそれです。

それゆえ、イエスは次のようにお答えになります。「あなたの家、あなたの家族のところに帰りなさい。そして、主があなたに、どんなに大きなことをしてくださったか、どんなにあわれんでくださったかを知らせなさい」（一九節）。この場合、これがイエスについて行くことであるということです。家に帰り、家族の中で、あるいは、地元の人々に対して、イエスがもたらしてくださった恵みの支配に生きて、その慰めと力強さを証しすることです。これは、彼が今まで失ってきた交わりの回復を意味します。家に居場所がなく、家族から離れ、地元の人々から見捨てられて生きてきた彼に、帰る場所が回復し、家族との交わり、また地元の人々との交わりが回復します。逆をいえば、家族や地元の人々も彼との交わりを回復するということです。もちろん、それはイエスのみわざ・神の国の福音のなせるわざで、彼に与えられた役割はこれを証しすることなのです。悪霊の縛りから解放された彼に、今度は明確になすべき事柄・生きる方向性が与えられたということです。

しかも、感謝に溢れた使命感とともに、です。本当の自由がここにあります。

「それで彼は立ち去り、イエスが自分にどれほど大きなことをしてくださったかを、デカポリス地方で言い広め始めた。人々はみな驚いた」（二〇節）。彼がどれほど喜んでイエスに従ったかがよく分かります。イエスがどれほど喜んで彼を派遣し、また用いたのかがよく分かります。そしてその結果、多くの結実があったことは、後ほど明らかになります（七・三一以下）。これはパウロ以前の「直接異邦人伝道」の先駆けです。

そもそもは見捨てられて墓場で叫んでいた彼が、その縛りから解放されるだけでなく、このように生きる道が明確になり、しかも豊かに用いられる恵みの証し人になりました。これは慰めですね。だれであってもイエスは人をこのように造り変えて、生かしてくださいます。そして、恵みの証し人として用いてくださいます。これをもたらすために、イエスは私たちのもとにも訪れてくださるのです。

23　信仰を引き出す慰めの主

〈マルコ五・二一〜三四〉

「イエスが再び舟で向こう岸に渡られると、大勢の群衆がみもとに集まって来た。イエスは湖のほとりにおられた。すると、会堂司の一人でヤイロという人が来て、イエスを見るとその足もとにひれ伏して、こう懇願した。『私の小さい娘が死にかけています。娘が救われて生きられるように、どうかおいでになって、娘の上に手を置いてやってください。』そこで、イエスはヤイロと一緒に行かれた。すると大勢の群衆がイエスについて来て、イエスに押し迫った。

そこに、十二年の間、長血をわずらっている女の人がいた。彼女は多くの医者からひどい目にあわされて、持っている物をすべて使い果たしたが、何のかいもなく、むしろもっと悪くなっていた。彼女はイエスのことを聞き、群衆とともにやって来て、うしろからイエスの衣に触れた。『あの方の衣にでも触れれば、私は救われる』と思っていたからである。すると、すぐに血の源が乾いて、病気が癒やされたことをからだに感じた。イエスも、自分のうちから力が出て行ったことにすぐ気がつき、群衆の中で振り向いて言われた。『だれがわたしの衣にさわったのですか。』 すると弟子たちはイエスに言った。『ご覧のとおり、群衆があなたに押し迫っています。それでも「だれがわたしにさわったのか」とおっしゃるのですか。』 しかし、イエスは周囲を見回して、だれがさわったのかを知ろうとされた。彼女は自分の身に起こったことを知り、恐れおののきながら進み出て、イエスの前にひれ伏し、真実をすべて話した。イエスは彼女に言われた。『娘よ、あなたの信仰があなたを救ったのです。安心して行きなさい。苦しむことなく、健やかでいなさい。』」

信仰とは、恵み深い神を見上げて歩む態度と生活のことです。まさしく信じて仰ぐことです。それは、教理的納得や感情的高揚で尽きるものではありません。確かに、そうした事柄も信仰を形づくるのに大切な要因となりますが、それが中心眼目ではありません。信仰とは、信じて仰ぎ、頼りすがるということです。そのような人格的な信頼関係を生ける神と持たせていただくということです。ですから、そこが確かであるためには、できるだけ条件なしの間柄でなくてはいけません。すなわち、○○してもらったから信じるとか、そうでないなら信じないとかいう感覚は、条件が大きくモノを言っていますが、それでは信頼が直接に相手によって引き出されたものではなく、間に入った条件が信頼の根拠のように大きな顔をして居座ることになり、相手以上の存在になってしまいます。こうなると、それが本当の意味での信頼関係かといえば、かなり微妙な感じです。むしろ、何だか取り引きのようです。けれども下手をすると、キリスト者であっても生ける神との間柄がそんな状況に陥ることがない、とは言えません。お互い、いかがでしょうか。

「わたしについて来なさい」（一・一五、二・一四）とイエスが招く道は、恵みに生きる道で、まさに生ける神との信頼関係に歩むことです。条件付きの取り引きではなくて、恵み深い神への純粋な信頼です。そして、イエスはそこに私たちを招く以上は、私たちの内からそうした信頼を引き出してくださいます。「悔い改めて、福音を信じなさい」（一・一五）というのは、上から目線で強制的に命令を下しているのではなく、ご自身のほうから私たちに近づいて招き、少しでも心を向け直すなら喜んで受けとめ、さらに信頼する思いを引き出して、信仰を持って歩むようにと促し励ましてくださるということなのです。これもまた深い慰めですね。

「あなたの信仰があなたを救ったのです」（三四節）。このように言っていただいた女性のエピソードは、信仰を引き出してくださるイエスの慰めに満ちた姿を物語っています。そして、イエスは同じようにして私たちにも語りかけてくださいます。

出会ってくださる慰めの主

「あなたの信仰があなたを救ったのです」と最終的に言っていただけた女性は、そもそもは「十二年の間、長血をわずらってい」た人でした（二五節）。長血とは女性特有の病気で、おそらくホルモン・バランスの変調や子宮内の炎症などで出血が止まらず、ひどい痛みを伴う病です。十二年という長い間、それに悩まされてきたということです。しかも、「彼女は多くの医者からひどい目にあわされて」（何をされたのか）、「持っている物をすべて使い果たしたが」（高額医療）、症状は悪くなる一方でした（二六節）。何だか現代でも起きる悲しいケースのようですが、それに加えて古代社会ですから、流血があると地域共同体生活の中心に入っていけない事情もありました（本来は古代の公衆衛生事情の話ですが、それが罪と関わりがあるとして差別に繋がっていました）。

こうした悲しい事情のゆえに、彼女はひっそりと控えめに生きてきたでしょう。彼女の本来の性格はさておき、人目につくのを避けて、小さくなって孤独に生きてきたでしょう。それで、あの大評判のイエスが近所にやって来ると聞いても、イエスの周りにはいつも大勢の人がいて、そうした場所に出て行く勇気がありません。あの方なら自分の病を何とかしてくださるかもしれないと思いながらも、人前でそれを願い出ることができずにいました。彼女ができたことといえば、大勢の人々に紛れて、後ろからイエスに近づいて、こっそりとイエスの衣の房に触れることだけでした（二七節）。勇気を振り絞ってできたことは、やっとそこまでです。これが限界でした。けれども彼女の思いは、「あの方の衣にでも触れれば、私は救われる」（二八節）の一心でした。

　このあたりの様子は、並行して描かれている会堂司ヤイロとは全く対照的に見えます。ヤイロもまた、自分の娘が重篤な病で、イエスに癒しを求めてやって来たところでした。彼は会堂司という立場（単なる施設管理者というだけでなく、地域社会のまとめ役・地元の名士でもあった）でありながら、人目も気にせずイエスの前にひれ伏して、自分の家にイエスを招き、娘の癒しを懇願します（二二～二三節）。くだんの長血の女性がイエスの後ろから衣の房にそっと触れたのは、イエスがヤイロの懇願に応えて彼の家に向かう途中のことでした。

　ヤイロの立場を考えると、彼の行動はいかにも思い切った大胆なものですが、それに対して長血の女性は黙っていれば、だれにも気づかれないような行動でした。見かけの行動としては全く対照的ですが、イエスに求めてすがったという点では全く同じです。勇気を出してできることをして、自分の心を表した点も同じです。そして、大切なことは、いずれであってもイエスは、求めてすがる者に応えて、憐れみ、豊かなみわざをなしてくださるということです。

　控えめに、しかし健気にイエスに求めてすがった長血の女性は、この時点では信仰といっても、それはかけら程度のもので、自分の思いの中だけの、信頼関係とまでは言えない段階でした。それでもイエスを通して彼女の信仰に対する応えとして神の力が現されます。彼女がイエスの衣に触れると、長血の症状が治まり、彼女は癒されたことを自覚します。

イエスも自分の中から力が出ていったことを知覚されます。そして、衣に触れた人がだれであるか、捜し始められます。けれども、この雑踏です。だれがイエスに触れていても不思議はないというか、周囲の人々みんながそうであるはずです。ですから、捜すだけ無駄というか、捜すなんて変だと弟子たちは訝ります。それだけでなく、今はヤイロの家に行く途中です。一刻を争う病状の娘が待っています。本当はこんなところで油を売っている時間はないはずです。それなのに、イエスはお捜しになります（二九～三二節）。なぜでしょうか。

簡単に言えば、症状が治まり患部が癒えるだけで良いのか、ということです。それで良いなら、何も捜す必要などなく、長い間の患いが終わって、めでたし、めでたしというわけですが、話はそこで終わりではありません。むしろ、そこからが大切ということです。それは何かといえば、信頼関係を結ぶということです。自分の思いの中だけの出来事で終わらせてしまうのでなくて、相手との互いの認識の中で分かち合い、まさしく交わりを持つということです。ちゃんと向き合って、存在を認めていただけたと認識することです。恵み深い神とこういう間柄になるということです。そこまで神との信頼関係が引き出されてこそ、信仰の真髄と言えるのです。イエスは彼女にこうなってほしくて、この状況であるのに彼女の姿を捜されるのです。そして、出会って言葉を交わして、交わりを持とうとされるのです。

考えてみれば、本来こうやって出会いが与えられ、交わりに招き入れられるということは、彼女にとってこの上ない慰めであるはずです。もちろん、最初は驚きだったでしょうが、人目を忍んで生きてきた彼女にとって、他のだれが自分の気持ちや存在に気づいてくれなくても、この方が分かってくださる、出会ってくださるというのは、間違いなく慰めです。このようにしてイエスは慰めを与えるために、捜して、出会ってくださる方、訪れてくださる方なのです。それは、この場面、ゲラサ人の地からガリラヤに帰って来たのに、「向こう岸に渡られると」（二一節）と記述されていることからも分かります。イエスは常に、信仰による慰めを人々につかませようと、出会いを求めて訪れてくださるのです。

公の告白と宣言による慰め

出会って言葉を交わして、交わりを持ち、信頼関係を結ぶということは、人格を持つお互いとしては、この上ない幸いなことです。恵み深い神とこうした関わりに生きる信仰の歩みは、何と心強いことでしょう。けれども、こうした信頼関係は、個人の世界の中だけに落とし込まれると、もろくなりがちです。そうでなくて、公の事柄として取り扱うことです。男女の関係が公の婚約発表によって守られ、結婚の式によって社会的出来事として決定的となるように、信仰における神との信頼関係も公的な事柄として明確に扱われることで守られ、また強固にされていきます。イエスは、長血の女性がここを受け取ってくれることを望んで、関わりを持っていかれます。

人目を避けて後ろからイエスの衣の房に触れたこの女性は、望みどおりに長血が癒されます。すると、イエスも気がついて振り向き、だれが触れたか捜し始めます。おそらく、それがだれであったか、即座に見当はついたことでしょう。小さくなって生きてきた彼女。それでも、イエスの衣の房に触れれば癒されると信じて近づいた純真さ。そのあたりから推測すると、イエスに気づかれたと知れば、身をすくめたに違いありません。けれども、それをやると、逆に目立ちます。ここで知らないふりを決め込んで、他の人々と一緒にイエスが捜しているのはだれかなどとキョロキョロできるぐらいのタヌキのような図太い神経なら目立たないでしょうが、彼女はそうではありません。目立ちたくないので隠れようとして、逆に目立ってしまうタイプなのでしょう。もちろん、イエスのことですから、教えられなくても、だれが触れたのか、しっかり目星はついていたはずです。けれども、イエスのほうから「それはあなたですね」などとは言われません。むしろ、彼女が自ら人々の前で申し出ることをお求めになります。彼女が申し出るのを待ってくださいます。なぜでしょうか。人々の前に信仰を公に告白し、告白に対する公の応答を受け取ることで、彼女の信仰が確かなものとされるためです。しかも告白は自発的なものでなければなりません。彼女のほうから言えるように、チャンスを下さったということです。

そして彼女だけでなく、今イエスはあなたに告白のチャンスを与え、待っていてくださるかもしれません。

時折、「信仰は本人のものだから」という言い方で、信仰を個人の内面に押し込めて、外部に出さない口実にする人がいます。干渉しないゾーン・されないゾーンを設定するためです。しかし、信仰が「本人のもの」であることには間違いありませんが、それが個人の内面に限定される理由にはなりません。全くのカテゴリーの誤りです。外部に分かち合われることを本意とする信仰はあって然《しか》るべきですし、「イエスが主」と告白することはイエスに従う生活のことですから、心の中だけで思っているのとは本質的に異なります。そして、それは他人の前で告白し、分かち合うことで強固にされていくものです。人格的な信頼関係とはそういうものだからです。

さて、チャンスを下さったイエスに促されるようにして、彼女は公の信仰告白に導かれます。「彼女は自分の身に起こったことを知り、恐れおののきながら進み出て、イエスの前にひれ伏し、真実をすべて話した」(三三節)。勇気が要ったでしょう。しかし、勇気を与えて、ここを越えさせる恵みの深さがそこにはありました。押し出されるようにして、彼女は「真実をすべて」人々の前でイエスに打ち明けます。今までの経緯、自分の思い、イエスに触れて何が起きたか、を。彼女は患部が治ったので「超ラッキー、じゃあ、さいなら」ということではなくて、かけらのような信仰でも大きなみわざで応えてくださる神の恵みに圧倒されて、そこを打ち明けたということです。人々の前で話すことで、かけらのような信仰でも、信仰として追体験して確認し、信頼してよかったという思いを強めることができます。公の信仰告白の意義がここにあります。イエスは彼女にこのチャンスを与えて、彼女から信仰を引き出されたのです。

こうした彼女の勇気ある信仰告白に応えて、イエスは間髪入れずに言われます。「娘よ、あなたの信仰があなたを救ったのです。安心して行きなさい。苦しむことなく、健やかでいなさい」(三四節)。公の告白に対する公の宣言です。それでいいのだ、安心して行きなさい、との太鼓判です。イエスご自身の宣言ですから、これは力強いものですね。大変な慰めです。

この「あなたの信仰があなたを救った」というのは、何も人の信仰に自分を救う力があることを言っているのではありません。神学的に緻密な議論がこの会話の目的ではないからです。そうではなくて、信頼を告白した彼女の信仰を裏打ちして励ます宣言です。救ってくださったのはイエスご自身、神の恵みの力ですが、そこにすがった態度を喜び、また励まして、それこそ正しい態度、その態度に応えてみわざはなされた、それでよいのだと、明確に述べてくださったということです。しかも、「安心して行きなさい」とは、単なる完治の宣言ではなく、単なる帰りの挨拶でもなく、この先も同じく信仰を持って歩むようにとの促しを含んでいると言えるでしょう。今回の癒しの一件で尽きるのではなく、これからの歩みが神ご自身の下さる安心と健やかさで満たされるために、さらに信仰に歩むようにと励ましてくださったのです。この先の保証までいただけるという慰めの深さです。真の癒しは、ここに至るものです。

このようにイエスは、公の信仰告白を引き出して、それに対して公の宣言で応えて、信仰に歩む幸いをつかませてくださる慰めの主なのです。

24　ただ主に信頼する道

〈マルコ五・二一〜四三〉

「イエスが再び舟で向こう岸に渡られると、大勢の群衆がみもとに集まって来た。イエスは湖のほとりにおられた。すると、会堂司の一人でヤイロという人が来て、イエスを見るとその足もとにひれ伏して、こう懇願した。『私の小さい娘が死にかけています。娘が救われて生きられるように、どうかおいでになって、娘の上に手を置いてやってください。』そこで、イエスはヤイロと一緒に行かれた。すると大勢の群衆がイエスについて来て、イエスに押し迫った。

そこに、十二年の間、長血をわずらっている女の人がいた。彼女は多くの医者からひどい目にあわされて、持っている物をすべて使い果たしたが、何のかいもなく、むしろもっと悪くなっていた。彼女はイエスのことを聞き、群衆とともにやって来て、うしろからイエスの衣に触れた。『あの方の衣にでも触れれば、私は救われる』と思っていたからである。すると、すぐに血の源が乾いて、病気が癒やされたことをからだに感じた。イエスも、自分のうちから力が出て行ったことにすぐ気がつき、群衆の中で振り向いて言われた。『だれがわたしの衣にさわったのですか。』　すると弟子たちはイエスに言った。『ご覧のとおり、群衆があなたに押し迫っています。それでも「だれがわたしにさわったのか」とおっしゃるのですか。』　しかし、イエスは周囲を見回して、だれがさわったのかを知ろうとされた。彼女は自分の身に起こったことを知り、恐れおののきながら進み出て、イエスの前にひれ伏し、真実をすべて話した。イエスは彼女に言われた。『娘よ、あなたの信仰があなたを救ったのです。安心して行きなさい。苦しむことなく、健やかでいなさい。』

イエスがまだ話しておられるとき、会堂司の家から人々が来て言った。『お嬢さんは亡くなりました。これ以上、先生を煩わすことがあるでしょうか。』　イエスはその話をそばで聞き、会堂司に言われた。『恐れないで、ただ信じていなさい。』　イエスは、ペテロとヤコブ、ヤコブの兄弟ヨハネのほかは、だれも自分と一緒に行くのをお許しにならなかった。彼らは会堂司の家に着いた。イエスは、人々が取り乱して、大声で泣いたりわめいたりしているのを見て、中に入って、彼らにこう言われた。『どうして取り乱したり、泣いたりしているのですか。その子は死んだのではありません。眠っているのです。』　人々はイエスをあざ笑った。しかし、イエスは皆を外に出し、子どもの父と母と、ご自分の供の者たちだけを連れて、その子のいるところに入って行かれた。そして、子どもの手を取って言われた。『タリタ、クム。』　訳すと、『少女よ、あなたに言う。起きなさい』という意味である。すると、少女はすぐに起き上がり、歩き始めた。彼女は十二歳であった。それを見るや、人々は口もきけないほどに驚いた。イエスは、このことをだれにも知らせないようにと厳しくお命じになり、また、少女に食べ物を与えるように言われた。」

「恐れないで、ただ信じていなさい」(三六節)。ひたすらに信じるということは、世知辛い世間では危険なことかもしれません。よく知りもしないのに、マインド・コントロール的な何かに操られて、「鰯の頭も信心から」とばかりに信じ込んで(あるいは、信じ込まされて)、だまされてしまうという詐欺まがいの出来事なども頻発する昨今です。だからこそ逆に、ひたすらに信じることがもてはやされる傾向もあります。「♪どんなに困難でくじけそうでも、信じることさ、必ず最後に愛は勝つ〜♪」という歌がありましたが、やはり信じ抜くことは素晴らしい、美しい、そうありたいという憧れでしょうか。確かに、私たちの社会生活は、信じることで成立していると言えるでしょう。それこそ、世知辛さの代表格、経済も信用がなければ動きません。そんな名前の銀行もあります。結婚は互いの信頼がなければ成立しません。

挙げればキリがないので、ここらでやめますが、信じることは危険を伴うものであっても、ばかにはできません。問題は、ただひたすらにということが、どこまでできるかということでしょう。事と次第でレベルも様々でしょうが、どの道、人間には限界があるので、期待をはずしたりはずされたりで、大事なところで不信感の虜になることもしばしばです。そこで思うのは、人間の限界を超えてひたすらに信じられる何かがあれば、ということです。聖書は、恵み深い主なる神こそその方であると述べ、イエスの出来事においてそれが明確に示されたと主張します。この場合、ひたすらに信じるとは、わずかな情報量で一面的に真理だと思い込むことではなく、人格的な関わりの中で経験を通して確かめられ深められていく信頼関係のことで、恵み深い神とこういう関係を結び、生きていける歩みにイエスが招いておられるということなのです。「恐れないで、ただ信じていなさい。」

「時が満ち、神の国が近づいた。悔い改めて福音を信じなさい」（一・一五）。マルコの福音書において、すでにイエスは五章までの段階で、信頼関係という意味で信じることを説いて、人々を招いておられます。神の恵みの支配が決定的に訪れていることを宣言して、心と生活を恵みの事実に向け直すように、また恵みを注ぐ神と信頼関係を築き直して歩み出すようにと語られます。もちろん、そこでは信頼する相手は恵みの神なので、人間の限界を超えている方です。望みも消えそうな限界状況であっても、そこをこの方は超えておられます。ですから、この方を信頼するとき、私たちは絶望を超えていくことができます。イエスの招きに応えるとは、そういうことです。そして、このことは五章までの段階でも触れられてきたことではありますが、ここで一気にカバーする視野が広がって、死に直面するという限界状況においても確かなことであると証言されるのです。「恐れないで、ただ信じていなさい」とのイエスの発言は、まさしくこの文脈で述べられたものなのです。この招きに応えてイエスについて行く歩みの力強さを思います。

同伴者イエスとその証し

「恐れないで、ただ信じていなさい」との言葉をイエスからいただいたのは、会堂司ヤイロという人物です。会堂司というと何か施設管理の守衛さんのようなイメージを持つかもしれませんが、実際には会堂という施設の責任者以上の働きと権限を持つ立場の人です。ユダヤ社会において地域共同体の中心に位置する会堂の責任者ですから、社会生活の基軸としての礼拝式の管理・監督を担い、それによって地域をまとめ、リードする立場と言えばよいでしょうか。つまり、地元の名士といったところです。それで、ヤイロは地元では顔も名前も知られており、他人に頭を下げるなどということはなかった人だったでしょう。

ところが、そのヤイロがここでは「イエスを見るとその足元にひれ伏して」(二二節)懇願しています。「私の小さい娘が死にかけています。娘が救われて生きられるように、どうかおいでになって、娘の上に手を置いてやってください」(二三節)。なりふり構わずとは、まさしくこのことでしょう。イエスの周りに大勢の群衆が集まっている最中です(二一節)。そのほとんどがヤイロを知っていると考えればよいでしょう。知っている人々が多数集まっている所で、頭を下げたことのないヤイロがひれ伏して懇願しているという光景がそこにありました。地元有力者としてのメンツ、プライド、評判などをかなぐり捨てて、ひれ伏すという必死な大胆さです。

しかも、彼は自分の家にイエスを招きます。この行動にどれほど勇気と覚悟が必要だったでしょうか。それは、彼が地元の有力者というだけでなく、ユダヤ教とその地域共同体の権威に関わる立場の人物であることを考えると、納得がいきます。すでにパリサイ人や律法学者たちからイエスは厳しくマークされています。敵視されて命を狙われたり（三・六）、悪霊呼ばわりされたりしています（同二二節）。そのイエスに会堂司がひれ伏して懇願し、家にまで招くというのは、しかも群衆の前でそれをやるのは、命がけの行動です。パリサイ人や律法学者たちからすれば、ユダヤ教の誇りを失墜させた裏切り行為に見えたことでしょう。

けれども、このときヤイロはそんなことはお構いなしに、イエスにひれ伏して懇願します。死にかけている娘を何とか助けてほしい、愛娘の命には代えられないという父親の必死の思いでもって。「小さい娘」というから幼女を連想しますが、本当は十二歳です（四二節）。そう小さくもないけれども、父親にはそう見えるあたり、まさしく愛娘で、だからこそ命には代えられないということです。そして、この必死さの中に、もうイエス以外に頼れるものがないという切羽詰まった思いと、イエスなら何とかしてくださるかもしれないというかすかな望みとを見て取ることができるでしょう。

このヤイロの懇願に、イエスは快くお応えになります。「そこで、イエスはヤイロと一緒に行かれた」(二四節)。イエスが同伴者となってくださるということです。すがる者とともに行ってくださる方です。「わたしについて来なさい」(一・一七、二・一四)と言われる方は、「どうかおいでになって」というリクエストに快く応え、一緒に行ってくださる方です。慰めですね。イエスについて行くとは、イエスと一緒に行くということであるとも言えるでしょう。

しかしながら、その道のりは、とんでもない雑踏です。それでも人をかき分けて、イエスはヤイロと一緒に行ってくださいます。なぜでしょうか。ヤイロが必死にアピールしたからでしょうか。否、そうではないでしょう。アピール力ということでいえば、並行して進行している長血の女性の出来事では、彼女は後ろからそっと近づいてイエスの衣の房に触れるという全くアピールのかけらもない方法で癒されています。イエスはアピールの強弱・上手下手でみわざに差をつけるような方ではありません。そうではなくて、イエスは痛みを見てくださる方、そして、かすかでも信頼する思いがあるかどうかを見てくださる方です。そのうえで寄り添い、共に行ってくださる方なのです。たとえ立場上、敵対する側の人であっても(基本的に会堂司はユダヤ教の権威者側)、信頼する思いを見て取るならば、人をかき分けてでも一緒に行ってくださる方です。

しかも、この場合、表面上はヤイロのリクエストにイエスが応えたという体裁ですが、本当はイエスのほうから近づいてくださったというのがマルコの述べるところです。というのは、ここは、イエスが舟でゲラサ人の地からガリラヤ湖を渡って、地元に帰って来たときです。それなのに、マルコは「イエスが再び舟で向こう岸に渡られると」（二一節）と記して、ここでイエスは帰って来たのではなく目的地にやって来た、と主張しています。痛みを見抜き、かすかな信頼をキャッチして、そこへと赴くイエスの姿です。そして、同伴者になってくださるという、何とも慰めに満ちた姿です。同様に、あなたのところにも訪れてくださるということです。

さらに、イエスはこのように同伴してくださりながら、同じくイエスに出会った人の姿と証しを通して励ましを与えてくださいます。それが、ヤイロにとって長血の女性の癒しが意味するところです（二五～三四節）。これは、ヤイロの家へ行く途中の出来事ですから、当然のこと、その一部始終をヤイロは間近で見ていたはずです。後ろからそっと触れただけなのに、この癒しの力、そして、憐れみの深さ。しかも、「真実をすべて話した」（三三節）その女性の証言によれば、彼女は十二年の闘病。十二年!!　わが愛娘の年齢と同じではないかと、すぐ気がついたに違いありません。十二年の病を癒した方は、十二歳の娘をも癒してくださるはずだと、ヤイロの心に希望の灯が点ったことでしょう。「娘よ、あなたの信仰があなたを救ったのです。安心して行きなさい」（三四節）とのイエスの言葉を、ヤイロは自分に向けて語られたように受け取ったことでしょう。長血の女性の証しが用いられたというわけです。同伴してくださるイエスは、このように励ましてくださいます。

死に勝ついのちにおける確信

すがるヤイロにかすかな信頼を見て、イエスは彼とともに自宅にまで赴いてくださいました。ところが、その途中、「イエスがまだ話しておられるとき、会堂司の家から人々が来て言った。『お嬢さんは亡くなりました。これ以上、先生を煩わすことがあるでしょうか』」(三五節)。ガーン！　頭は真っ白、顔は真っ青、目の前は真っ暗。今の今まで、わずかな望みを繋いで、何とか間に合いたいと家路を急いでいたのに、この訃報です。亡くなったわけだから、すべての望みが絶え果てたということです。会堂司のメンツもプライドも捨てて、仲間から白い目で見られることも覚悟のうえで、人混みをかき分けてイエスにすがって、やっと来てもらえるという希望が膨らみかけたその矢先です。ヤイロは茫然としたでしょう。落差が大きいと、精神的にやられます。そんな経験はないでしょうか。

あるいは、この絶望の中でヤイロは長血の女性の癒しで足止めを食った時間を恨めしく思ったかもしれません。さっきまで希望の灯だった彼女の存在が逆に恨めしく、何か責任を転嫁したい気持ちになったかもしれません。「ちくしょー、あんたのことで変な道草を食わされたから、うちの娘は死んでしまったではないか」と。確かに、長血という病はつらくても、瀕死の重病人からすれば緊急性としてはどうか、という話でしょう。しかも、イエスは彼女を捜しても、彼女はなかなか出てきませんし、出てきたら出てきたで、「真実をすべて」話します。かなり時間を取られたという印象は拭えません。とりわけ、この女性の話は長かったでしょう。十二年間の思い、「真実をすべて」話したら、相当の時間がかかったでしょう。イエスも全部聞いて、やっと応答の言葉を述べている最中に届いた訃報です。この無駄な時間さえなければ、という思いが脳裏をかすめても何の不思議もありません。

こうしたヤイロの心を見抜いてイエスが述べた言葉が、「恐れないで、ただ信じていなさい」（三六節）です。この言葉が本当にヤイロに寄り添っているものであることは、「イエスはその話をそばで聞き」という態度から分かります。どんなに取り乱してしまっているなかでも、イエスは話をそばで聴き、心を寄せて、励ましを下さる方です。ヤイロは絶望で倒れそうになるところ、グッと後ろから支えられたような力強さを感じたことでしょう。

しかしながら、この励ましの言葉、内容からすると、若干「えっ？」と思いたくなるところです。ひたすらに信じるようにということですが、訃報が届いた後、いったい何を信じるというのでしょうか。可能性が断たれて絶望という状況なのに、なおも信頼すると言っても、どうしたらいいのでしょうか。けれども逆に、こういう状況なので、信頼しなければ、本当に望みが失せてしまいます。信頼するように促してくださる方の存在は、大きな支えです。

しかも、このように励ましをくださるイエスは、この励ましがただの言葉だけということではなくて、実際に信頼に足る出来事に裏づけられることをお示しになります。イエスの確信に満ちた態度と行動。ヤイロの娘はすでに亡くなったから、イエスに来てもらうに及ばないと聞いてもなお、「恐れないで、ただ信じていなさい」と述べて、ひるむことなくヤイロの家に向かうイエスの姿。普通なら、お役御免で引き取らせていただくところ、この期に及んで何をしにヤイロの家に出向くのかと思われるところです。弔問ですか。違います。「娘が救われて生きられるように」（二三節）というヤイロの懇願に応えるためです。

「恐れないで、ただ信じていなさい」というのは、言葉だけではありません。ここまでは、イエスはヤイロに同伴して共に行くというスタンスであったわけですが、ここからはイエスがヤイロを連れて行くというスタンスに変わっています。「わたしについて来なさい」ということです。ヤイロの家に同行することを超えて、恵み深い神のみわざが現れる場所へ連れて行くということです。

目的地はヤイロの家です。そこでは、すでに娘が亡くなっています。「人々が取り乱して、大声で泣いたりわめいたりしている」状況です（三八節）。しかし、イエスは「どうして取り乱したり、泣いたりしているのですか。その子は死んだのではありません。眠っているのです」（三九節）と語られます。なぜこんなことが言えたのでしょう。イエスはご自分がこれからなそうとしていることを知っておられました。いのちを与えて人を生かす神の恵みの力が現されることをご存じでした。このあたり、「わたしについて来なさい」とばかりに三人の弟子（ペテロ、ヤコブ、ヨハネ）だけを同行させるイエスの行動に見て取ることができます。この三人は、後にイエスの復活を証しする原始教会のリーダーたちで、ペテロは最初の説教者、ヤコブは使徒では最初の殉教者、ヨハネは最後の目撃証人です。イエスの復活を説き、その証人として命をかける人々の代表です。まずここで彼らに、死に打ち勝つイエスのいのちの力を見せるというご意図がうかがえます。「恐れないで、ただ信じていなさい」という励ましの根拠です。根拠ある力強い励ましです。絶望の淵に立たされたヤイロを支えたのは、まさしくこの励ましです。

そして、この励ましの言葉のとおり、イエスはご自身のいのちの力を立証なさいます。みわざの前に、両親と弟子たち以外は人払いをしたのは（四〇節）、これが奇跡ショーなどではなく、イエスにすがったヤイロ夫妻に確かな信仰（恐れないで信じるという）が明確に引き出されて、傷んだ家族が癒されるという出来事がきちんと受けとめられるためです（後ほど他言不要の指示がありますが、基本的に同じことです）。七人だけになった部屋でイエスは娘の手を取り、「タリタ、クム」（少女よ、あなたに言う。起きなさい）と言われると、「少女はすぐに起き上がり、歩き始め」(四二節)、イエスは食事をさせるように指示されます(四三節)。イエスのいのちの力の前では、死もまた眠りと同じであるということです。あえてアラム語で表記されると、何か臨場感がありますね。イエスの生涯において一つ画期的な出来事を示すとも言えるでしょう。

このみわざがなったとき、「人々は口もきけないほどに驚いた」(四二節)ということですが、それはそうでしょう。しかしこの驚きのうちに、ヤイロ夫妻は絶望しかけたなかでもイエスに信頼して従って良かったと、心の底から味わったことでしょう。もし、あの時、イエスを連れて来るには及ばないとの使者の言葉に従っていたら、どうだったでしょうか。そうではなくて、「恐れないで、ただ信じていなさい」との言葉に支えられて、自宅までイエスについて行ったことで、死に勝ついのちにおける確信・神の恵みの力を知らされたということです。

イエスが招く恵みの支配に関しては、ひたすらに信じて大丈夫であることがここに示されました。イエスの招きに応えて歩む道の力強さは、死の力をも超えることを覚えて、なおも心強く歩んでいきたいものです。

25　主イエスのみわざと私たちの信頼

〈マルコ六・一～六〉

「イエスはそこを去って郷里に行かれた。弟子たちもついて行った。安息日になって、イエスは会堂で教え始められた。それを聞いた多くの人々は驚いて言った。『この人は、こういうことをどこから得たのだろう。この人に与えられた知恵や、その手で行われるこのような力あるわざは、いったい何なのだろう。この人は大工ではないか。マリアの子で、ヤコブ、ヨセ、ユダ、シモンの兄ではないか。その妹たちも、ここで私たちと一緒にいるではないか。』こうして彼らはイエスにつまずいた。イエスは彼らに言われた。『預言者が敬われないのは、自分の郷里、親族、家族の間だけです。』それで、何人かの病人に手を置いて癒やされたほかは、そこでは、何も力あるわざを行うことができなかった。イエスは彼らの不信仰に驚かれた。

それからイエスは、近くの村々を巡って教えられた。」

目的がずれると、実力があってもそれを発揮しない、できないことがあります。仕事でも趣味でもスポーツでも、チームで何かをするとき、参加メンバーの目的が一つであれば、そこに向けて力を集中することができるでしょうが、メンバーの目的がバラバラだと、実力も空回りしがちです。イエスの働きにおいても、似たようなケースがありました。「それで、何人かの病人に手を置いて癒やされたほかは、そこでは、何も力あるわざを行うことができなかった」(五節)。神の恵みによる力あるわざ(癒し、解放)を行うことのできる方が、ここではその実力を出すことをしなかったということです。そこにいた人々の目的、動機、物事の見方が、イエスとずれていたからです。残念なことです。せっかく神の大いなる出来事がなされるはずだったのに、そのチャンスを逃してしまうとは、甚だもったいないことです。けれども、もしかしたら、私たちも同じことをやらかしているかもしれません。省みてみる必要はないでしょうか。

イエスの働きの目的は明確です。「時が満ち、神の国が近づいた。悔い改めて福音を信じなさい」(一・一五)と、人々を招くことです。神の約束が果たされて、恵みの支配が今や決定的に訪れてきているゆえに、恵みに心を向け直して、信頼して歩み出すようにということです。すなわち、恵みで生かされている事実に心を開き、感謝することに目が開かれて、ゆだねる安心と分かち合う交わりに生きることへと導くことです。イエスは、この恵みの支配がご自身とともにあることを述べつつ、「わたしについて来なさい」(一・一七、二・一四)と招かれるのです。それゆえ、その目的にかなう応答とは、イエスに信頼して、ついて行くことです。もちろん、六章までのエピソードでも明らかなように、ついて行くとは、必ずしも物理的な話ではありません。イエスが招く恵みの歩みに具体的に生きることとです。私たちの歩みは、この目的にかなっているでしょうか。この目的にかなう手がかりが何かあれば、イエスは力あるわざによって恵みの支配の真実を示し、信仰を引き出して確かなものにしてください ます。

ところが、この目的からずれてしまっているとき、事情は異なってきます。イエスに実力がないのではありません。そうではなくて、どんなに力あるわざがなされても、恵み深い神への信頼が引き出されてこないなら、恵みを無視する中に居座り続けることになり、なされたみわざに〝超ラッキー〟程度のリアクションしかできず、場合によっては、わがままと傲慢の温床にすらなりかねません。これでは、力あるわざも無意味なだけでなく、逆効果になってしまいます。目的がずれていたら、「そこでは、何も力あるわざを行うことができなかった」ということになるわけです。

私たちは、せっかく準備されているイエスのみわざにあずかる者でありたく思います。そのためには、イエスの目的からずれないことです。そのために心に留めるべきこととは何でしょうか。

イエスをどう見るか

イエスの目的を見誤らないためには、言うまでもなくイエスご自身をどう理解するかが大切です。詳しいことはさておき、少なくとも敬意をもって聞き従うべき方として考えているのか、それとも逆に、どちらかといえば高飛車な態度で眺めても問題ない存在として考えているのか、そのあたりの理解と態度次第で本来の目的に見合うみわざにあずかれるかどうかが定まってきます。

「イエスはそこを去って郷里に行かれた。弟子たちもついて行った」（一節）。イエスが出身地であるナザレを訪れたときのエピソードです。ここで「郷里」という言い方がなされています。確かに、イエスが人として育った村はナザレなので、間違いはないのですが（出生はベツレヘム）、マルコの福音書の書き方の特徴からすると、たとえばゲラサ人の地から地元・ガリラヤに戻ったときも、「向こう岸に渡られると」（五・二一）と表現して、イエスが招く恵みの支配を待っている人々のもとへ赴くという意識が明確でしたが、ここではそこまでの強い意識が表現されているわけではありません。もちろん、「郷里」ではあるけれども、実家に帰省したと言われてはいませんし、弟子たちも「ついて行った」とあるように、イエスが目的をもって行くところに従って行ったということではありますが、目的意識の表現としては、やはり比較的弱い感じがします。これは、イエスにそのつもりがなかったのではなくて、ナザレの人々がイエスを迎える姿勢・態度・目的がイエスの求めておられるそれらから相当にずれてしまっているから、ということでしょう。郷里の人々は、言ってみれば、イエスが実家に帰省した程度の認識しかなかったということです。それで、いつものようにナザレでも「安息日になって、イエスは会堂で教え始められた」（二節）のですが、結局、「彼らはイエスにつまずいた」（三節）ということになるわけです。

さて、そこで何につまずいたのか、注意深く観察したいのですが、ナザレの人々はイエスがみことばを説き明かす様子を眺めながら、「この人は大工ではないか」（三節）と言います。もちろん、少年時代には父ヨセフを手伝って大工仕事をしていたことがあります。また、大工仲間もいたでしょう。けれども、この発言は、単なる事実のレポートではなく、イメージが会堂でみことばを説き明かす姿と釣り合わない、そういう尊敬を表すには憚られるということです。「こいつ、大工じゃないか」とは軽蔑といかないまでも、自分たちと同じ程度という認識の表れです。

ちなみに、当時のガリラヤ地方は、領主へロデ・アンティパスがローマ好きで（彼の地位はローマ皇帝に擦り寄ることで保証されているので、ガリラヤ湖を皇帝ティベリウスにちなんでティベリア湖と呼ぶなど、ゴマすりを欠かさない）、ローマに倣えとばかりに建築事業に力を入れる政策の中にありました。それゆえ、大工には仕事があったのですが、発注元はヘロデです。労働に見合う賃金が支払われていたのかは大いに疑問です。仕事はあっても豊かにならない現実がそこにあったでしょう。「こいつ、大工じゃないか」とは、そうした生活レベルを小バカにする意味合いもあったでしょう。

さらに、イエスにつまずいたというナザレの人々の発言は、イエスの家族関係にも向けられていきます。「マリアの子で、ヤコブ、ヨセ、ユダ、シモンの兄ではないか。その妹たちも、ここで私たちと一緒にいるではないか」(三節)。イエスの弟妹を知っているという発言は、やはり自分たちと同じ程度の、いわば幼なじみレベルです。親しみはあっても、尊敬というわけではないので、イエスの語る神の恵みの訪れにほとんど感動しません。

そして、それ以上に注目したいのは、「マリアの子」という言い方です。普通、ユダヤの感覚からいえば父親の名前が来るべきところ、しかも、大工を引き合いに出すなら、なおさら「ヨセフの子」と言われるべきところ、ナザレの人々は「マリアの子」と言っています。おそらく、この時点ですでにヨセフは亡くなっているので、母親の名で呼ばれていたのでしょうが、それが定着していたとすれば、かなり早い時期に母子家庭になっていたのかもしれません。社会保障もない古代社会です。生活の苦しさがさらにうかがわれる感じです。あるいは、イエスの出生の不思議が噂されて(その出所は弟妹たちか)、婚外子的な言われ方をしていたのかもしれません(「ヨセフの子」ではなく「マリアの子」だと)。いずれにしても、尊称とは言いにくい呼び方です。マルコの福音書自体はイエスを「神の子」=恵みで治める真の王として紹介しますが、ナザレの人々はそういう認識は全く持てず、イエスを「マリアの子」と呼んでいたということです。それで、恵みのみわざに期待するとか、その招きに応えるとか、そんな雰囲気はほとんど見受けられなかったというのが実情でしょう。

こうしたナザレの人々の態度は、五章に出てきた長血の女性や会堂司ヤイロとは全く対照的です。表現の差こそあれ、両者ともイエスにすがる思いを持っていました。人前に出る勇気はないけれども、イエスの衣に後ろからそっと触れることができれば癒されると期待した長血の女性。会堂司のメンツもプライドもかなぐり捨てて、人々の見ている前でイエスにひれ伏してすがったヤイロ。これに対してナザレの人々には、こうした求めや信頼の心はありませんでした。

それゆえ、出てくる結果の違いも歴然としています。長血の女性の場合、「すぐに血の源が乾いて」（五・二九）、ヤイロの場合、「少女はすぐに起き上がり」（五・四二）と、「すぐに」（エウテュス＝恵みの支配の力強さを示すマルコの福音書特有の用語）アクティヴにみわざがなされていきます。ところが、ナザレでは「何も力あるわざを行うことができなかった」（五節）ということです。イエスに求める心・信頼する心のないところでは、みわざはなされていきません。イエスの目的は、人々の求めや信頼に応えることで彼らの中に恵みに生きる生き方が形づくられていくところにあるからです。私たちは、その目的からずれることなく、イエスに求め、また信頼して、用意されているみわざにあずかる者たちでありたいと思います。

神の国をどう見るか

イエスの目的を見誤らないためには、イエスをどう理解するかが大切ですが、それは取りも直さず、イエスが語る内容をどう理解するかに反映されてきます。聞き従うべき事柄として受けとめるのか、どうでもよい事柄にしか思えないのか、そのあたりの受けとめ方次第でイエスの目的にかなうみわざにあずかれるかどうかが定まってくるのです。

「イエスは彼らに言われた。『預言者が敬われないのは、自分の郷里、親族、家族の間だけです』」(四節)。ナザレの人々がイエスにつまずいたとき、イエスが述べられた言葉です。何か負け惜しみで言っているように思う人がいるかもしれませんが、そうではありません。ご自分が拍手喝采を受けたいというのではなく、ご自身が語る神の言葉・恵みの招きを人々が素直に受け取らない様子を嘆いておられるということです。イエスは、どこにおいてもそうであるように、センセーショナルな奇跡を行うことを優先させるのではなく、恵みの支配の訪れを神の招きの言葉として告げることを使命として行動されます。それで、ナザレでも会堂でみことばを説き明かすことを第一になさったわけです(二節)。そして、もちろん、その内容は「時が満ち、神の国が近づいた。悔い改めて福音を信じなさい」(一・一五)とまとめることができるメッセージです。

ところが、ナザレの人々は何を聞いていたのか、そのリアクションは、「この人は、こういうことをどこから得たのだろう。この人に与えられた知恵や、その手で行われるこのような力あるわざは、いったい何なのだろう」（二節）という訝《いぶか》りでした。みことばの説き明かしを聞きながら、腹の中で考えていたのは、「何や、こいつ。どこでこんなの覚えてきたんや」ということです。せっかく恵みの支配の訪れが語られて、悔い改めが迫られているのに、内容に耳を傾けるわけではありません。それで、応答もできないという様子です。メッセージに応答するのでなく、メッセンジャーを高みの見物的に眺めて分析する態度です。私たちはどうでしょうか。教会の牧師先生が語る説教をどのように聞いているでしょうか。素直に応答する態度で聴いているでしょうか。それとも、ナザレの人々のようでしょうか。

素直に応答する気のないナザレの人々、イエスが語る内容に傾聴しない態度の前では、みわざはなされていきません。「何も力あるわざを行うことができなかった」（五節）ということです。しかし、「何人かの病人に手を置いて癒やされた」（五節）ということはなされており、そこにイエスの憐れみの深さが表れています。ろくに聞いていない人々、求める気持ちも信頼もなく、だから、応答する気もない人々なのに、無視して去って行くのではなく、そこでも癒しのみわざでもって働きかけてくださいます。少しでも心を開かないだろうか、と招いてくださるのです。それなのに、翻ってナザレの人々は「イエスにつまずいた」(三節)ということで、それには「イエスは彼らの不信仰に驚かれた」(六節)となるわけです。驚くばかりの不信仰、驚くばかりの恵みに対する受け手の態度次第で、こうなってしまうということです。残念なことです。

私たちは、イエスが語る恵みの招きに素直に応答する態度で、みことばに傾聴したく思います。イエスの目的を見失うことなく、むしろ、それにかなう思いと態度において、イエスが備えていてくださるみわざにあずかる者たちでありたいと思います。

26　実習・神の国の使者

〈マルコ六・七〜一三〉

「また、十二人を呼び、二人ずつ遣わし始めて、彼らに汚れた霊を制する権威をお授けになった。そして、旅のためには、杖一本のほか何も持たないように、パンも、袋も、胴巻の小銭も持って行かないように、履き物ははくように、しかし、下着は二枚着ないようにと命じられた。また、彼らに言われた。『どこででも一軒の家に入ったら、その土地から出て行くまでは、その家にとどまりなさい。あなたがたを受け入れず、あなたがたの言うことを聞かない場所があったなら、そこから出て行くときに、彼らに対する証言として、足の裏のちりを払い落としなさい。』こうして十二人は出て行って、人々が悔い改めるように宣べ伝え、多くの悪霊を追い出し、油を塗って多くの病人を癒やした。」

キリスト者になるのに所定の単位取得や資格試験が要求されるわけではないので、そういう感覚でここでの「実習」という言葉を理解されると困りますが、それでもキリスト者になるとは、実際に生きる現場において神の恵みの証人となることを学ぶことですから、その意味で「実習」と言ってよいでしょう。そして、それはいわゆる初心者の間だけの話ではなく生涯のことですから、キリスト者として歩む生涯すべてが実習になるでしょう。恵みの証人として生きつつ学び、さらに恵みの証人となるべく学びつつ生きることです。それは実習ですから、単なる見学ではなく、実際に自分で経験をして、経験を通して学ぶ・身につけるという過程を経ていきます。それによって、より良い恵みの証人として（神の恵みの理解においても、恵みに生きる提示・提案においても）成長していくのです。

イエスは「時は満ち、神の国が近づいた。悔い改めて福音を信じなさい」（一・一五）と宣べ伝え、「わたしについて来なさい」（一・一七、二・一四）と人々に声をかけ、そして、それに応じた人々が弟子となっていきます。神の国、すなわち神の恵みの支配に心を向け直して、この招きに信頼して歩み出す人々が起こされてきます。そして、このように弟子となってイエスについて行くことは、イエスが神の国・恵みの支配の訪れを宣べ伝えたように、弟子たちもその姿に倣うことを意味します。イエスとともに訪れてきた恵みの支配を指し示し、行き巡っては人々に紹介する神の国の使者といったところでしょうか。

もちろん、彼らはマルコの福音書六章の段階では、まだまだ駆け出しというか、駆け出しの前座の見習い程度ですので、やはり実習を積むことが必要です。先に述べたように、そもそも実習は生涯のことであるとすれば、なおさらのことです。すでに彼らもイエスについて行きながら、ある面、実習が始まっているとは言えますが、ここでイエスは彼らにまさしく実習という課題をお与えになります。「また、十二人を呼び、二人ずつ遣わし始めて、彼らに汚れた霊を制する権威をお授けになった」（七節）。神の国の使者として二人一組で恵みの支配の訪れを宣べ伝えるというミッションです。

これは実習であり、ミッションでもありますから、その目的は明確です。少なくとも、派遣するイエスご自身にとって目的は明確ですし、派遣される弟子たちもそこを明確につかんでほしいところです。何のために遣わされるのか分からずに出かけてしまうのは、危険過ぎます。時間と労力が無駄になるだけでなく、せっかくの恵みの訪れが曲がって受けとめられてしまうかもしれません。それで、イエスは彼らに事前確認を行ったうえで、彼らを遣わされます。このことは、キリスト者、すなわち恵みの証人として歩み始めている私たちにとっても同じことです。実習でありミッションである事柄の目的をはっきりと把握することが必要です。私たちも、やはり弟子たちとともに、派遣前の注意事項に耳を傾ける必要があります。それでは、イエスが語った派遣のポイントは何だったでしょうか。

恵みによる解放の使者

神の国の使者として遣わされた弟子たちは、恵みに生きることを宣べ伝えることを旨としますが、それによって彼らが経験することは、人々に解放をもたらす神の恵みの力です。

このたびの実習でイエスが特に弟子たちに学んでほしいことの一つはこれです。

これまでに弟子たちは、イエスについて行きながら、イエスが招く恵みに生きることの力強さを、特に解放という形で目の当たりにしてきました。病からの解放、疎外や差別からの解放、孤独からの解放、心底に潜む恨みや憎しみからの解放、ヤイロの娘の癒しにいたっては死の力からの解放です（五・二一～四三）。なるほど、これらは大変にセンセーショナルな出来事で、派手さが目立つ感じがしますが、イエスの本意はそこにではなく、神の恵みに心を向け直し（悔い改め）、招きに信頼して歩み出すこと（信仰）によって解放のみわざはなされるということが表されることです。イエスは特に弟子たちにこのことを分かってほしくて、ミラクルに加熱する群衆を残して向こう岸へと一人の癒しのためだけに行ってみたり、特定の証人以外を退室させた密室で癒しを行ったり、癒しの経緯をだれにも言わないようにと当人に注意したりして、派手さを避けて人々の悔い改めと信仰にフォーカスする姿勢を弟子たちに見せてこられました。恵みによる解放は、そうやって受け取られていくということです。

そしてイエスは、恵みによる解放をご自身単独の働きに限定して進めるのではなく、ご自分について来る弟子たちが同じ働きにあずかり、ご自分とともにある恵みの支配の訪れの証人として遣わされて用いられることを望んでおられました。「わたしについて来なさい」との言葉自体がそれを示していますが、とりわけ、そうしたイエスの意図は十二弟子の選抜の中に顕著に示されています。「イエスは十二人を任命し、彼らを使徒と呼ばれた。それは、彼らをご自分のそばに置くため、また彼らを遣わして宣教をさせ、彼らに悪霊を追い出す権威を持たせるためであった」（三・一四〜一五）。内弟子の任命は弟子全体が何であるかを示すためですが、ともかく、イエスのそばで経験したことを証しする証人たちによって恵みの訪れは宣べ伝えられることを意図しています。特に、内弟子を「使徒（アポストロス）」と呼んだのは、派遣されるという性格をよく示しています。そして、この任命において強調されている事柄も、解放ということでした。「悪霊を追い出す権威」と表現されていますが、何もオカルト的な話ではなく、社会や文化の構造に潜む悪の力を鎮圧する働きに参与するということです。遣わされる恵みの証人・神の国の使者たちにイエスの解放のみわざが共有されて、恵みの招きに応える人々が各地に起こされていくこと、これが狙いであったということです。

そして、今回初めて具体的に派遣するという形で十二弟子に実習の機会を与えたというのがこの箇所です。今までイエスと行動を共にしてきた彼らが、初めて自分たちだけで二人一組という形で各地を巡るのです。彼らにとっては相当のチャレンジだったはずです。初めてのお使いです（緊張しますね）。二人一組とはいえ、イエスは物理的に近距離にいない状況（何かあったら、どうしたらよいのでしょう）、自分たちは実力不足（自信がないなぁ）、そして、与えられたミッションは途方もないこと（こんなことをやるのですか）です。けれども、イエスはためらうことなく彼らを遣わされます。なんと大胆なことでしょう。しかし、ここでイエスは彼らの人間的な実力を見て判断しているのではなく、神の恵みそのものの力強さのゆえに、その証人として彼らを遣わすということです。弱く小さな者が神の恵みの力強さの証人として用いられること、それ自体が恵みなのです。

しかも、イエスは弟子たちを遣わすタイミングをも見計らっていたと思われます。この段階での実習としてベストなタイミング、それが分かるのが当時の人々の反応についてのレポートです。イエスと弟子たちの活動を受けて、「人々は言っていた。『バプテスマのヨハネが死人の中からよみがえったのだ』」（一四節）。バプテスマのヨハネの死。人々を神の恵みの訪れに向け直してきた働き人への関心があらためて高まってきたタイミング。人々は、バプテスマのヨハネが投げかけたチャレンジに対して、方向はバラバラであっても何か応答しなければいけない、という機運の中にありました。求めている人々がいる、実習に遣わすのは今だ、というわけです。私たちが恵みの証人として遣わされるにも、主はタイミングを見計らってくださっているということです。これまた恵みです。

さて、こうしたなかで弟子たちは、恵みによる解放のメッセージを携えて遣わされていきます。そこには恵みによる解放を待っている人たちがいます。しかし大切なことは、このメッセージを携えて行く本人たちが、その意義と力強さを心得ていることです。そうでなければ、説得力がありません。そこでイエスは、派遣前の事前確認において、「旅のためには、杖一本のほか何も持たないように、パンも、袋も、胴巻の小銭も持って行かないように、履き物ははくように、しかし、下着は二枚着ないようにと命じられた」（八〜九節）ということです。随分と軽装です。こんな準備で大丈夫なのでしょうか。旅に出るなら、もう少し考えたほうがよさそうに見えます。食料も旅費も準備しないとは、どういうことでしょう。

しかし、ここにイエスの意図があります。恵みによる解放とは、神だけを当てにする信仰を前提とします。頼るは神のみ、ということです。もちろん、人間的な準備を全否定するのではありませんが、この実習の機会、一つ徹底した形で弟子たちが神の守りと満たしを経験して、それを証しできるように、そしてこれを踏まえて、後々、様々に準備したとしても、そこに当てこむのでなく、やはり神の恵みにすがる人々であってほしいということです。神の恵みを証しするのであれば、当然のことです。逆に、人間的な準備に当てこんで、神の恵みを忘れると、思い煩いや私利私欲の虜になっていきます。そこから解放されなければなりません。解放のメッセージを携えていくのならば、当人たちがまず解放されていなければなりません。そして、もちろん神の恵みはこれを可能にするほどに豊かなものなのです。それゆえ、イエスはこの際、弟子たちをあえて軽装で派遣されるのです。考えさせられます。私たちも恵みの証人として生きるのであれば、外見をまねるのでなく、物事の見方とその背後にある信仰を学ぶべきではないでしょうか。

主の権威の証人

神の国の使者として遣わされた弟子たちは、神の恵みによる解放を証ししていきますが、それは同時に、解放の出来事をなしてくださる主なる神の権威をも証ししていきます。解放という出来事は、解放していただく側からすれば恵みですが、解放させられる勢力に対しては権威の現れです。

実習とはいえ、ミッションに派遣される弟子たち。事前確認としてイエスが述べる旅支度の姿は、かなり軽装。「持参するな」と言われるものが結構あります。けれども逆に、「これは持って行け」と言われる装備もあります。「杖」と「履き物」です（八〜九節）。これはいったい何でしょう。旧約聖書を読んだ人は、何となくピンとくるかもしれません。そう、モーセの出来事を連想させるアイテムです。ちなみにマルコの福音書は、イエスと弟子たちの働きを解放者モーセの活動とかぶらせて描く特徴があります（マタイの福音書では、同じモーセでも律法付与にスポットが当たります）。古《いにしえ》の日、モーセが神から遣わされて奴隷の民をエジプトから連れ出した出来事を念頭に、水辺で召し出された弟子たち（紅海徒渉）、山で任命された弟子たち（シナイ契約）、パンの奇跡（荒野のマナ）という具合に、イエスが招く恵みの解放は、出エジプトで示されたことの真の成就であると主張するのです。それで、その流れでいくと、やはり「杖」と「履き物」はモーセを意識したものと言えるでしょう。

　さて、そこで「杖」ですが、「モーセの杖」といえば、モーセが神によって解放の使命に召し出されたとき、召命のしるしとして与えられたものです。そもそも手にしていたのは羊飼いの杖ですが、それまでのモーセにとっては屈辱と挫折と後悔のしるしでした。かつて自分の力で同族をエジプトから解放しようとして失敗し、ミディアンの荒野に逃亡して、羊飼いになって余生を送るしかないと思っていたその象徴です。けれども、神はモーセを解放のみわざのために召し出されます。羊飼いの杖が解放のしるしとなります（出エジプト四・一～五）。モーセが杖を投げると蛇になり、エジプトが誇る呪術師・蛇使いの蛇を呑み込んでしまいます。その杖でエジプトの誇り・ナイル川の水は血に変わり、あるいは、そこから蛙の大群が発生し、エジプトの肥沃な大地からブヨが大発生します（出エジプト七・八～八・一九）。モーセを遣わした神の権威はエジプトにまさるということです。そして、この権威においてエジプトからの解放が行われるというのが杖の示すところです（出エジプト一四・一六）。それゆえ、イエスが弟子たちに「杖を持って行け」と述べられたとき、解放を行う神の権威、挫折した者を再び召し出す神の恩寵、そしてそれを握る信仰を持って行けということだったのです。

　そして、履き物です。やはりモーセの召命の時、神の御前に導かれて、「聖なる場所だから履き物を脱げ」と言われた場面を思わせます（出エジプト三・五）。けれども、履き物を脱ぐのは神の御前でだけでした。エジプト王の前では脱ぎません。これもまた権威の問題です。心ひれ伏すべき権威を認めるのは主なる神だけです。この方の権威において解放はなされるのです。それゆえ、イエスが弟子たちに「履き物ははいて行け」と述べたとき、権威を認めて畏れ敬うのは神のみ、他は恐れるに足らずということを示されたのです。

このように、恵みによる解放を証しする弟子たちは、解放を行う主なる神の権威に支えられて実習に旅立ちます。そのため、人々の前でもそれなりの態度が求められます。主なる神の権威に裏づけられた態度、主なる神の権威を証しする態度です。イエスは弟子たちにお命じになります。一つの地域で滞在するのは一軒の家に限るように、と（一〇節）。軽装で旅する弟子たちはもちろん神だけを当てにするのですが、具体的には彼らを通して神が働き、感動を覚えた人々の手で必要が満たされることを意味します。そういうなかで、滞在先をウロウロすることは、人間的な待遇の良し悪しで右往左往する態度であり、頼るは神のみという態度ではなくなってしまいます。養ってくださる神の権威を証しする態度ではないということです。あるいは、私たちも人間的な待遇の良し悪しで自分の居場所を探してウロウロする傾向があるかもしれませんが、それは考えものだということです。

そして、さらに働きが受け入れられなかった場合についても言及して、イエスは弟子たちに派遣前の注意を語られます。「そこから出て行くときに、彼らに対する証言として、足の裏のちりを払い落としなさい」（一一節）と。これまた、遣わされる主なる神の権威の証しです。抗議のしるしというよりも、さばきの証しと言うべきでしょう。せっかく神の恵みの訪れが告げられて、解放のみわざがなされたのに、応えようともしないで、結局拒むだけなら、あとは神の正しい審判にゆだねるのみということです。「せっかくの招きなのに拒まれてしまいました」という証言です。

この証言という機能は、二人一組というチーム構成からも指摘することができます。イエスが弟子たちを二人一組にされたのは、一人だけだと心配であるという意味ではありません（ペテロは慌てん坊だからお目付けが必要であるとか、トマスは悲観的だから一人にすると危ないとか）。そうではなくて、証言です。正しい証言は、二人以上から同一の証言を得られることで成立するというのが旧約聖書の語るところです（申命一七・六、一九・一五）。それで、二人一組そろって足のちりを落としたら、さばきの材料としての証言が成立します。あとは神にゆだねて、神がご自身の権威でもって正しくさばかれます。さばきをなさる神の権威が証しされます。

恵みによる解放のみわざでもって招く神の国のメッセージは、応答しても拒んでも、どちらでもよいような軽薄なものではありません。真剣そのものの語りかけで、応答を迫ります。それで、このメッセージを携えて遣わされる者たちの背後には、主なる神の権威が裏づけとして与えられるのです。それゆえに私たちも、恵みの証人として生きる私たちも、神の権威の裏づけをいただく者として堂々と歩みたく思います。

27 治めていただくべき王はどちらなのか

〈マルコ六・一四〜四四〉

「さて、イエスの名が知れ渡ったので、ヘロデ王の耳にも入った。人々は言っていた。『バプテスマのヨハネが死人の中からよみがえったのだ。だから、奇跡を行う力が彼のうちに働いているのだ。』 ほかの人々は、『彼はエリヤだ』と言い、さらにほかの人々は、『昔の預言者たちの一人のような預言者だ』と言っていた。しかし、ヘロデはこれを聞いて言った。『私が首をはねた、あのヨハネがよみがえったのだ。』

実は、以前このヘロデは、自分がめとった、兄弟ピリポの妻ヘロディアのことで、人を遣わしてヨハネを捕らえ、牢につないでいた。これは、ヨハネがヘロデに、『あなたが兄弟の妻を自分のものにするのは、律法にかなっていない』と言い続けたからである。ヘロディアはヨハネを恨み、彼を殺したいと思いながら、できずにいた。それは、ヨハネが正しい聖なる人だと知っていたヘロデが、彼を恐れて保護し、その教えを聞いて非常に当惑しながらも、喜んで耳を傾けていたからである。

ところが、良い機会が訪れた。ヘロデが自分の誕生日に、重臣や千人隊長、ガリラヤのおもだった人たちを招いて、祝宴を設けたときのことであった。ヘロディアの娘が入って来て踊りを踊り、ヘロデや列席の人々を喜ばせた。そこで王は少女に、『何でも欲しい物を求めなさい。おまえにあげよう』と言った。そして、『おまえが願う物なら、私の国の半分でも与えよう』と堅く誓った。そこで少女は出て行って、母親に言った。『何を願いましょうか。』するとと母親は言った。『バプテスマのヨハネの首を。』少女はすぐに、王のところに急いで行って願った。『今すぐに、バプテスマのヨハネの首を盆に載せて、いただきとうございます。』王は非常に心を痛めたが、自分が誓ったことであり、列席の人たちの手前もあって、少女の願いを退けたくなかった。そこで、すぐに護衛兵を遣わして、ヨハネの首を持って来るように命じた。護衛兵は行って、牢の中でヨハネの首をはね、その首を盆に載せて持って来て、少女に渡した。少女はそれを母親に渡した。このことを聞いたヨハネの弟子たちは、やって来て遺体を引き取り、墓に納めたのであった。

さて、使徒たちはイエスのもとに集まり、自分たちがしたこと、教えたことを、残らずイエスに報告した。するとイエスは彼らに言われた。『さあ、あなたがただけで、寂しいところへ行って、しばらく休みなさい。』出入りする人が多くて、食事をとる時間さえなかったからである。

そこで彼らは、自分たちだけで舟に乗り、寂しいところに行った。ところが、多くの人々が、彼らが出て行くのを見てそれと気づき、どの町からもそこへ徒歩で駆けつけて、彼らよりも先に着いた。イエスは舟から上がって、大勢の群衆をご覧になった。彼らが羊飼いのいない羊の群れのようであったので、イエスは彼らを深くあわれみ、多くのことを教え始められた。そのうちに、すでに遅い時刻になったので、弟子たちはイエスのところに来て言った。『ここは人里離れたところで、もう遅い時刻になりました。皆を解散させてください。そうすれば、周りの里や村に行って、自分たちで食べる物を買うことができるでしょう。』するとイエスは答えられた。『あなたがたが、あの人たちに食べる物をあげなさい。』弟子たちは言った。『私たちが出かけて行って、二百デナリのパンを買い、彼らに食べさせるのですか。』イエスは彼らに言われた。『パンはいくつありますか。行って見て来なさい。』彼らは確かめて来て言った。『五つです。それに魚が二匹あります。』するとイエスは、皆を組に分けて青草の上に座らせるように、弟子たちに命じられた。人々は、百人ずつ、あるいは五十人ずつまとまって座った。イエスは五つのパンと二匹の魚を取り、天を見上げて神をほめたたえ、パンを裂き、そして人々に配るように弟子たちにお与えになった。また、二匹の魚も皆に分けられた。彼らはみな、食べて満腹した。そして、パン切れを十二のかごいっぱいに集め、魚の残りも集めた。パンを食べたのは、男が五千人であった。」

一国二制度という言葉は、香港が中国に返還されるときに話題となり、その言葉の解釈のずれが今になって噴出している様相を呈しているようです。資本主義と社会主義が一つの国に同居できるのかという課題です。ご都合主義もあるから大丈夫などと揶揄していた人々もいたようですが、統治体制の課題は簡単ではありません。やはり、一つの共同体として存続していくのであれば、どちらかが主流となり、多少アイデアのミックスが起きたとしても、結局のところ主流が亜流を淘汰していくという選択の課題に直面することになります。統治体制としてどちらを選ぶのかという問題です。

「神の国が近づいた」（一・一五）とイエスが宣言されたとき、それを聞いた人々は統治体制の選択という同様の課題に直面することになります。神の国の統治を受け入れるのか、それを拒んで別の統治を選択するのかということです。入り口では二股をかけていけるのかと思っても、一国二制度がきわめて困難であるように、その目論見はいずれ破綻に直面することになります。神の国とは恵みの統治であり、恵み深い神を崇めることを前提とします。この前提が崩れるならば、恵みの統治を受け入れたことにはなりません。逆に、この前提に立つことは、相手が神ご自身であるゆえに、すべてのことについて絶対的な存在として神の権威を認め、そのみこころに従うことを旨とすることを意味します。事は忠誠の問題ですから、最終的には二者択一になります。それで、私たちが信仰告白をしたとき、この課題の第一関門はクリアされたことになり、信仰告白に生き続けるとき、さらにこの課題に向き合い、幾つもの関門をクリアしていくことになるのです。

そして、この神の国の統治を受け入れるかどうかという課題は、恵みの統治をもたらす統治者を受け入れるかどうかという課題でもあります。すなわち、ご自身とともに「神の国が近づいた」と宣言されるイエスを統治者、すなわち王として認めるかどうかということです。マルコの福音書は冒頭から、「神の子、イエス・キリストの福音のはじめ」（一・一）と述べて、イエスは「神の子」（詩篇二・七における王の即位の表現に由来）、つまり王であると紹介します。そのようにイエスを受け入れるようにと読者にチャレンジするのです。

私たちはだれに治めていただくべきでしょうか。人生を治めるのは自分自身でしょうか。確かに、自分が治めるべき分があるでしょう。けれども、自分で自分を正しく治めることが難しいのはお互い周知のとおりです。究極の話、自分のいのち・存在・人生は、自分を超える方に負っていただかなければならないのが私たちです。それならば、どなたに治めていただきましょうか。私たちお互いの関係や社会・歴史はいかがでしょうか。確かに、社会的なことの具体的な仕組みについては社会を構成するお互いに託されたもので、それを回避しては、ただの政治的無責任になってしまいます。しかし、根源の話、自分さえだれかに統治を委ねるのであるならば、お互いの関係や社会・歴史についても然るべき方に統治を委ねるべきでしょう。そうであるならば、それはだれがふさわしいのでしょうか。

マルコの福音書は、ここで紀元一世紀前半のガリラヤを舞台に、二人の王を並べて読者に提示し、どちらに治めていただくのがよいか、その現場に生きた人々とともに向き合うべき課題を示します。ヘロデ・アンティパスか、ナザレのイエスか、という選択です。

権力でねじ伏せるこの世の王

ヘロデかイエスか、などという二者択一の問題は、聖書の読者にとっては自明の問い、逆に、聖書に無関心な人にとっては乱暴な問いでしょう。しかし、イエスが活動した当時においてはリアルな問いであり、これに向き合うことは、私たちが根源的な意味で統治者を考えるとき、大切な視点を提供してくれます。

さて、そこでヘロデ・アンティパスの統治にまず目を向けます。「ヘロデが自分の誕生日に、重臣や千人隊長、ガリラヤのおもだった人たちを招いて、祝宴を設けたときのことであった」(二一節)。誕生パーティーを開くぐらいは何の変哲もないことで、王の祝宴だから結構な来賓があることも珍しくはありません。ただ、千人隊長というのが気になります。パレスティナ一帯に圧力をかけるローマ軍の隊長です。そんな人をユダヤ人であるガリラヤ領主が自分の誕生日に招くということは、当時の国際社会のパワー・バランスを反映していると言えそうです。自分の領土を抑圧する者を招いて接待をするということは、下手に出てゴマすりをしているように見えます。

なるほど、ヘロデの領主としての立場は、父親の代（イエス誕生当時のヘロデ大王）からローマ帝国にすり寄って成立する脆弱なものでした。もっとも、ローマ帝国としても、国境付近にあたるユダヤ・パレスティナ地域の防衛を考えると、ちゃんと言うことを聞く者に領主としての立場を認めて後ろ盾となる代わりに、その地域を防衛ラインとして安定させる任務に就かせるという有用性があり、持ちつ持たれつという関係でもありました。そして、ヘロデ・アンティパスの代になって、ローマ帝国はさらにユダヤ・パレスティナ地域への干渉・圧力を強め（領主アルケラオ〔＝アンティパスの兄〕の無能さのゆえ）、エルサレムを含むユダヤ全域を直轄地として総督府（カイサリア〔ローマの支配者・カエサルにちなみ〕）を設置して基本的な自治権を奪い、それゆえ、ユダヤ人領主による（傀儡であっても）統治はガリラヤとペレア周辺を残す程度になってしまっていました。肩身の狭くなったヘロデ・アンティパスは余計にローマ帝国にすり寄って、自分の立場を守ろうとします。そうしたゴマすりの甲斐があって、この年の誕生パーティーの時点で彼はそれなりの羽振りの良さを示します。総督府が招待に応えて千人隊長を出席させるということですから、それなりに領主としての力を認めているということになるわけです。

こうしたなかで開かれたヘロデの誕生パーティーですが、後に触れるように祝いの席に本来ふさわしくない事件が起こります。そして、その事件の原因であり黒幕であるヘロディアという女性、この人の存在も実は当時のヘロデの羽振りの良さに一役買っていると思われます。「ヘロデは、自分がめとった、兄弟ピリポの妻ヘロディアのことで」（一七節）と記されています。これは単なる男女の情事ということではなくて、先述の国際関係・防衛問題と絡めて考えると現実味が増してきます。ヘロデ・アンティパスの兄弟ピリポ（＝フィリッポス）は、やはり当初、父ヘロデ大王から譲り受けたヨルダン東岸やガリラヤ北部を領地として持っていました。しかし、そこは当時のローマ帝国最大のライバル、パルティアとの国境にあたり、すでに何度も侵入されて領有権の危機に瀕していました。ヘロディアは自分と娘の身を案じ、夫フィリッポスに見切りをつけて、義兄弟アンティパスのもとに身を寄せます（王妃の立場の保証も含めて）。もちろん、そうしたことがただで成立するわけがありません。かなりの財産が動いたと考えられます。それが当時のアンティパスの羽振りの良さに影響しているのでしょう（ヘロディア景気とでも言いますか）。このような政略的に持ちつ持たれつの関係が、この政略結婚を律法違反と批判したバプテスマのヨハネをめぐって、アンティパスとヘロディアで対応にずれの影を落としたと言えるでしょう。ヘロディアにしてみれば、自分の政略結婚の大義名分を奪う発言に憤り、ヨハネ殺害を企みますが、アンティパスにしてみれば、ヨハネは恐るべき預言者であり、政略結婚の大義名分についてもヨハネの指摘に憤るほど固執しているわけではなく（当惑しても）、それで殺害計画から保護するために牢獄にヨハネを入れ、同時にヨハネを捕らえておくことでヘロディアのご機嫌を少しうかがっておくという策に出るわけです（一七〜二〇節）。

そうした微妙な状況の中で事件が起こります。くだんの誕生パーティーの席、ヘロディアの娘が舞いを披露して拍手喝采、ご満悦のアンティパスは気を大きくして(羽振りの良さの結果)、どんな褒美でもやろうと太っ腹な約束をします。そこで、娘は母ヘロディアに相談し、ヘロディアは恨みを晴らすチャンス到来とばかりに娘にヨハネの首を褒美にねだらせ、アンティパスも人々の手前それを不本意ながら実行してしまったのです。とても誕生パーティーの席とは思えない残酷で、えげつない出来事です(二一~二九節)。

おそらく、アンティパスは太っ腹な約束をしたとき、有頂天になり、舞い上がっていたでしょうが、この時点が同時に彼の虚栄の絶頂であり、虚栄が暴かれていく分岐点であったと言えるでしょう。虚栄というのは、彼の太っ腹な約束を可能にしたひとまずの羽振りの良さのことです。見かけ上は栄えているように見えても、その実、ローマ帝国にへつらい、その属国に要求される重税を庶民に押しつけ、自分の兄弟を欺いて妻と利権を自分のものにし、預言者を貶めては怖がるという、横暴な権力志向の自己矛盾の上に成立する一時的な繁栄で、真に虚しいこと極まりない様相を呈しています。しかし、虚栄は有頂天に達した途端に暴露されていきます。横暴な権力志向は虚勢を張るだけで、実は臆病の裏返しであることが明らかにされていきます。いたいけな少女の一言が、ヘロデの虚栄を暴露するのです(二五節)。

ヘロデは自らの虚栄の上に虚勢を張る裏で、周りのすべてを怖がっていました。まず、バプテスマのヨハネ。厳しい指摘を受けながらも、その言葉に耳を傾け、自由を奪いながらも、命は保護するという姿勢。そして、ヘロディア。殺意を抱く彼女をいさめることができず、ヨハネ投獄でご機嫌をとるやり方。さらに、ローマ総督府。地位確保のためにゴマすりを欠かさない態度。この際、ヘロディアの娘も母親べったりで何を言い出すか分からない恐るべき存在となり、また、自分の家臣さえ、不本意でも自分の見栄を通さねばならなくさせる要因として恐怖を感じる存在になります。

結局、ヘロデは自分の地位と権力を失うのが怖くて、横暴な行動に出て、行き着いたのがヨハネ殺害だったというわけです。そして、それで恐怖を克服したかというと、全く逆で、ますます恐れの虜になっていくのです。すなわち、イエスと弟子たちの活動が世間の注目を集めるようになると、「私が首をはねた、あのヨハネがよみがえったのだ」(一六節) と述べている姿から、それを見て取ることができます。臆病と横暴は表裏一体で、それは悪循環を引き起こすということの顕著な例と言えるでしょう。

さて、そこで最初の問いです。ヘロデのような王に治めてもらいたいと思うでしょうか。ここまで読んで、それでもヘロデの肩を持つとしたら、それこそ何かの利権絡み以外にはないでしょう。やはり、ヘロデのような統治はご免被りたいものです。しかし、どうしたことか、世間からはヘロデのような統治がなくなりません。そして世間はそれに巻き込まれてやみません。横暴な権力志向、それを取り巻く利権構造、そこに生じる自己矛盾。これは結局、ヨハネも語った神の招きに従うことをしないところから出てきているというのが、このエピソードの語るところです。

憐れみをもって豊かに養う神の国の王

マルコの福音書六章には、ヘロデ王の誕生パーティーと並べて、もう一つの「パーティー」が記録されています。一見、パーティーらしくないパーティーで、豪華な料理も素敵な装飾も優雅な音楽もなく、ひたすらに質素な会合ですが、共に食物をいただき、喜び祝う点ではやはりパーティーです。だれかの誕生日や何かの記念日ではなく、そのため、計画されたものではなく、まさしくサプライズのパーティーで、そこには沸き起こる驚きと満ち足りる喜びがありました。イエスが五つのパンと二匹の魚で大群衆を養うという出来事です。マルコの福音書は、イエスを「神の子」、すなわち統治する王として紹介する書ですから、この出来事とヘロデ王の誕生パーティーを並べるこの箇所は、両者について比較・検討・選択を読者に迫っているのだと読み取ることができます。（一三章で触れることになりますが、横暴な統治をめぐって態度決定を迫られる歴史の狭間で信仰告白に生きることを選び取るように、というのがマルコの福音書の執筆事情の中心です。）

さて、ヘロデ王の誕生パーティーの席でバプテスマのヨハネが殺害されるという事件があって間もないある日、イエスと弟子たち一行はヘロデの領地ガリラヤの片隅の人里離れた荒野にいました。彼らとしては休息のためにというふしがありますが、イエスが招く恵みの支配・神の国とその力強いみわざに惹きつけられて、人々はお構いなしについて来てしまいます。そして、その様子は「羊飼いのいない羊の群れのようであった」(三四節)と述べられています。この表現は、旧約聖書においては、横暴な統治者によって人々が抑圧される様子、求めに応じてもらえずに見捨てられた感の中でさまよう様子、守ってもらうどころではなく犠牲を強いられて弱っていく様子を示します。神の恵みを無視する統治の姿です(エゼキエル三四・一〜八など)。ヘロデ統治下のガリラヤもまさしくこれで、この群衆の姿はその象徴のようです。そんななかで神ご自身が真の牧者として立ち上がられるというのが旧約聖書の語るところですが(エゼキエル三四・九〜一六など)、ここではイエスこそその方であると紹介するのです。「イエスは彼らを深くあわれみ」(三四節)、たとえ彼らが横暴な領主の下で苦しい生活に瀕しても、神の恵みは注がれていることを語り、感謝と安心と分かち合いの道にみんなで進みゆけると示して、希望を与えて励ましてくださいます。神の国のメッセージです。

しかも、イエスは言葉だけの気休めを述べたのではなく、本当に必要を満たしてくださる神がここに共においでになるということを示すみわざを行い、その真実を現します。五つのパンと二匹の魚で五千人以上を養うというみわざです。人里離れた荒野で、空腹の大群衆に十分な食物が与えられるという出来事です(三五〜四四節)。これについては、旧約聖書の読者ならば、この出来事が何によって指し示されるかは明らかでしょう。荒野のマナです。神の憐れみで奴隷の地より連れ出された民が、約束の地に向かって荒野を旅していくなか、食糧難に見舞われますが、神が天よりマナを降らせて彼らを養い、約束の地に至らせたという、あの荒野のマナです（出エジプト一六・一〜三六）。どんななかでも、養ってくださるのは主なる神であるということです。そして、その方が今、ここに共におられるというパンの奇跡がなされたのです。それは、人々が十分に食べて満足し、それでもなお余りが出るというほどの豊かさでした（六・四二〜四三）。

見かけ上ゴージャスでありながら、残酷でえげつない事件が起きるヘロデ王のパーティーとは正反対に、質素な日常食を分かち合ってみんなが満足し、養ってくださる神の恵みの豊かさを知らされるパーティーです。養ってくださるのは、ヘロデ王でもローマ皇帝でもなく、恵み深い主なる神であるということです。そして、それをご自身の存在でもって明確に現すのが「神の子」、すなわち統治者イエスなのです。

ちなみに、世俗権力にとっては皮肉なことですが、この場面で弟子たちは大群衆を見て、「二百デナリのパンを買い」食べさせるのかと質問します（三七節）。もちろん、そんなお金の持ち合わせもありませんし、そもそも人里離れた荒野にはお店などありません（二万個以上のパンの在庫が必要になりますが、そんな店はどこにもないはずです）。つまり、ローマ皇帝の肖像が彫られたデナリ硬貨もここでは役に立たないということが暗に述べられるわけです。世俗権力でも無理なことを、神の恵みは可能にします。世俗権力だとねじ曲げられてしまうことを、神の恵みは正します。そういう統治をもたらすのが神の子イエスであるということです。

さて、そこでもう一度、尋ねます。あなたはだれに治めていただきたいと思いますか。

28 仕えることと憩うこと

〈マルコ六・三〇〜四四〉

「さて、使徒たちはイエスのもとに集まり、自分たちがしたこと、教えたことを、残らずイエスに報告した。するとイエスは彼らに言われた。『さあ、あなたがただけで、寂しいところへ行って、しばらく休みなさい。』出入りする人が多くて、食事をとる時間さえなかったからである。

そこで彼らは、自分たちだけで舟に乗り、寂しいところに行った。ところが、多くの人々が、彼らが出て行くのを見てそれと気づき、どの町からもそこへ徒歩で駆けつけて、彼らよりも先に着いた。イエスは舟から上がって、大勢の群衆をご覧になった。彼らが羊飼いのいない羊の群れのようであったので、イエスは彼らを深くあわれみ、多くのことを教え始められた。そのうちに、すでに遅い時刻になったので、弟子たちはイエスのところに来て言った。『ここは人里離れたところで、もう遅い時刻になりました。皆を解散させてください。そうすれば、周りの里や村に行って、自分たちで食べる物を買うことができるでしょう。』するとイエスは答えられた。『あなたがたが、あの人たちに食べる物をあげなさい。』弟子たちは言った。『私たちが出かけて行って、二百デナリのパンを買い、彼らに食べさせるのですか。』イエスは彼らに言われた。『パンはいくつありますか。行って見て来なさい。』彼らは確かめて来て言った。『五つです。それに魚が二匹あります。』するとイエスは、皆を組に分けて青草の上に座らせるように、弟子たちに命じられた。人々は、百人ずつ、あるいは五十人ずつまとまって座った。イエスは五つのパンと二匹の魚を取り、天を見上げて神をほめたたえ、パンを裂き、そして人々に配るように弟子たちにお与えになった。また、二匹の魚も皆に分けられた。彼らはみな、食べて満腹した。そして、パン切れを十二のかごいっぱいに集め、魚の残りも集めた。パンを食べたのは、男が五千人であった。」

「さあ、あなたがただけで、寂しいところへ行って、しばらく休みなさい」（三一節）。「やったー、お休みだ」と思いながら、今、筆者は執筆という仕事をしています。このイエスの言葉は、多忙を極める昨今、特に慰めをもって響いてきます。TVドラマは世相を映すものですが、『凪のお暇《いとま》』とか『わたし、定時で帰ります』とか、働き方改革に引っかけたトピックに注目が集まるなかなので、とりわけそうなのかもしれません。しかし考えてみれば、確かに仕組みとしてきちんと休日があることは私たちに必要不可欠ですが、それだけで十分な憩いが与えられるのかといえば、これはまた少し別の話です。同じ休日であっても、疲れる休日もあれば、落ち込む休日もあります。逆に、休日でなくても、しっかりリフレッシュできる時もあります。ですから大切なのは、スケジュール云々《うんぬん》もさることながら、どこにあっても私たちが生きる喜びを失わないでいられることです。そして、そこで聖書全体が述べているのは、私たちに命を与えて生かしてくださる神の恵みを深く覚えることです。これによって私たちは生きる喜びを根源において見いだして歩むことができるということです。そして、そのためには特にあらためて神の恵みを見つめ直すことが必要な場合もあるので、イエスは弟子たちに対して休むようにと勧められたわけです。

「わたしについて来なさい」(一・一七、二・一四)とイエスに声をかけられ、ついて行き始めた弟子たちですが、その道は恵みに生きる道ですから、根性を出して無理してボロボロに疲れ果てる道ではありません。逆に、神の恵みの力が人を癒し、解き放ちます。恵みで生かされている感謝と安心で満ち溢れ、互いに分かち合う交わりに憩いを見いだします。分かち合うということは、互いに自らをささげ、仕え合う歩みを生み出します。素直にそれができなかった自分、けれどもそれを認めてへりくだり、恵みに心を向け直し、招いてくださるイエスを主と告白して信頼する道、それ自体が憩いの道です。

しかしながら、私たちはイエスについて行っているつもりで、知らないうちに少しずつ道をはずしてしまうことがあります。このときの弟子たちもそうでした。そうなると、憩いの道からはずれていくので、次第に疲れを覚えるようになります。イエスはそこを見て取って、言われるのです。「さあ、あなたがただけで、寂しいところへ行って、しばらく休みなさい」と。

休みの必要を知るイエスの計らい

イエスが招く恵みの道は、憩いの道です。イエスは私たちを憩わせてくださる方です。ですから、私たちに休みが必要なことを知っていてくださり、私たちが憩いの道をはずして疲れているとき、そこを見逃すことなく、私たちを休ませるために取り計らってくださいます。それはいったいどのような取り計らいでしょうか。

「さて、使徒たちはイエスのもとに集まり、自分たちがしたこと、教えたことを、残らずイエスに報告した」（三〇節）。十二弟子が二人一組のチームで実習に遣わされて、イエスが招く恵みの道を伝えて、村々を巡り歩き、かなりの成果をあげて帰って来ました。「こうして十二人は出て行って、人々が悔い改めるように宣べ伝え、多くの悪霊を追い出し、油を塗って多くの病人を癒やした」（一二〜一三節）という成果です。そして、ここは、その成果をイエスに報告するという場面です。想像するに難くないことですが、彼らは今までに全くない経験をして、大変な興奮の中にあったはずです。病を癒し、悪霊を追い出し、多くの人に悔い改めを宣べ伝えたという成果だからです。つい最近まで漁師だったり、収税所に勤めていたりした自分たちが、イエスの権威によって遣わされて行ったら、まさかの大勝利です。今まではイエスについて行きながら、間近で見るだけだったイエスのみわざ、神の国の出来事が自分たちの手でなされていくという夢のような事実を目の前にして、驚きと嬉しさのあまりに自分を見失いそうになりながら、彼らは競うようにして自分たちの経験をイエスに話したに違いありません。

もちろん、派遣された実習先での出来事を報告するのは必ずしなければならないことですし、興奮して競うように報告する気持ちも分かります。彼らがイエスの言うことを聞いて遣わされ、成果をあげてきた姿をイエスは嬉しく出迎えたに違いありません。きっと、初めてのお使いから帰って来たわが子をウルウルして出迎える親心のようであったでしょう。そして嬉しい報告です。イエスの予想どおり、意図したとおりの展開です。弟子たちは恵みの力を体験し、これに参与させて証しさせる神の計画が明らかにされたのですから。しかし同時にイエスは、報告する弟子たちの様子に潜む問題点を見逃すことはありませんでした。それで、彼らに言われます。「さあ、あなたがただけで、寂しいところへ行って、しばらく休みなさい。」

それでは、この弟子たちの様子にイエスが見いだした問題点とは何だったのでしょうか。ここで筆者が中学生のころに読んだ『人間関係の回復——交わりとしての教会』（岸義紘著、にひきのさかな社、一九八〇年）を参考にしつつ、このときの弟子たちの様子を考えてみます。この著者によれば、このとき弟子たちは「三チリ病」に冒されていたといいます。すなわち、ガッチリ病、バッチリ病、ビッチリ病の三チリ病です。

(1)ガッチリ病とは、ガッチリした計画・奉仕・報告に極度のこだわりを持ち、そこに最終目標を置いてしまうことです。彼らは「自分たちがしたこと、教えたことを、残らずイエスに報告した」(三〇節)といいます。その報告内容は、人々に悔い改めるように宣べ伝えたこと、多くの悪霊を追い出したこと、多くの病人を癒したことです(一二～一三節)。「残らず」報告したわけですから、悔い改めた人数、癒された人数、どこでだれが何をして、これだけの成果が出たのか、各チーム競い合って報告したことでしょう。正確なデータや記録は確かに必要ですし、しっかりした計画と実行は大切なことです。しかし、イエスは弟子たちの様子に異変を見ておられます。ガッチリした実践にこだわり過ぎて疲れを覚えたり、あるいは、競い合うことで互いに言い争ったりという様子です。実際に、後ほど弟子たちが自分たちの中でだれが偉いのかと論争する場面が出てきたりします(九・三四)。イエスは、この時点ですでに彼らのこうした傾向を見抜いておられたのでしょう。

(2)バッチリ病とは、バッチリ格好よく決めることを奉仕の最終目標にしてしまうことです。弟子たちは「自分たちのしたこと、教えたことを、残らず」(三〇節)報告していきます。大きな成果をあげて格好よくバッチリと決まった姿をアピールしているようです。本当は、彼らはイエスから遣わされて、イエスの権威をいただいて、実習として少々お手伝いをさせていただいただけなのに、「自分たちのしたこと、教えたこと」になってしまっているのです。何となく彼らの喜びがドヤ顔に変化していく様子が見えてくるようです。本当は疲れたり失敗したりということもあったはずなのに、お手柄アピールをしたいばかりに正直になれない姿もあったのでしょう。イエスはそこを見逃されませんでした。

(3) ビッチリ病とは、忙しさ自体に充実感を覚えてしまい、スケジュールの過密さに価値基準を置いてしまうことです。弟子たちは悔い改めを宣べ伝え、多くの悪霊を追い出し、多くの病人を癒した結果、いわゆる時の人のようになり、「出入りする人が多くて、食事をとる時間さえなかった」（三一節）という状況です。用いられている感じがします。せっかく遣わされたのに暇を持て余して何もできずに終わったならば、情けない感じがしますが、そうではありません。ビッチリと奉仕が入り、充実しているように見えます。けれども、そこに価値基準を置きますと、疲れた顔はできなくなります。素直になれないと、気が立ってきます。そして、陰口と責め合いの嵐というお決まりのパターンとなります。それをイエスはやはり見抜いておられました。

「さあ、あなたがただけで、寂しいところへ行って、しばらく休みなさい。」イエスについて行っているつもりで、ずれてしまっている弟子たちの様子に、イエスはこのように語りかけて、神の恵みに憩うという基本を受けとめ直すようにと促されます。恵みに生きるとは、分かち合い、仕え合うことで疲れきってしまうことではなく、神の恵みに身をゆだね、そこからあらゆる活動が出てくることです。そして、これに気づいてほしいとイエスは願い、軌道修正するためにやはり休みが必要であると理解して、静まって休みを得るようにと弟子たちに勧められるのです。慰めに満ちたイエスの取り計らいです。私たちの教会生活でも、このイエスの取り計らいをいただくことが大切なのではないでしょうか。

イエスのまなざしの向かうところ

イエスが招く恵みの道は、憩いの道です。イエスは、真の憩いを下さる方、休みの必要を理解して取り計らってくださる方です。けれども、真の憩いとは、休暇があればそれでよいという話ではなく、生活の中で起きてくる出来事をどのように受けとめるかという、いわゆる目のつけどころが大きくものを言う事柄です。憩いを下さる方としてのイエスの目のつけどころ、そのまなざしはどこへ向かうのかについて、静まって学び、受けとめ直すことが大切になってきます。そのようにして私たちは真の憩いを見いだすことができるのです。

「さあ、あなたがただけで、寂しいところへ行って、しばらく休みなさい。」目をギラギラさせて自分たちの成果をイエスに報告した弟子たちでしたが、慰めに満ちたまなざしでこのように言ってくださるイエスの言葉にホッとしたことでしょう。やはり、どんなに強がっても、疲れていたのは事実です。イエスの勧めに従って、彼らは「自分たちだけで舟に乗り、寂しいところに」出かけます（三二節）。「ところが、多くの人々が、彼らが出て行くのを見てそれと気づき、どの町からもそこへ徒歩で駆けつけて、彼らよりも先に着いた」（三三節）という事態となりました。あーあ、せっかくの休みなのに、と思いたくなります。臨時休業の看板でも出しておきたい感じです。それなのに、イエスは集まった人々にお引き取り願うのではなく、むしろ「彼らを深くあわれみ、多くのことを教え始められた」（三四節）という対応ぶりです。「あれ？　休みに来たんじゃなかったんだっけ」と思いたいところ、しかもイエスの話が長いのです。日も傾き、夕食時に差しかかるという時刻まで延々と、です。もちろん、弟子たちもこれに同席しています。さぼっているわけではありません。

そして夕食の時刻になります。でも、こんなに人がいたら自分たちだけで弁当を広げるわけにもいきません。しかも、ここは人里離れた荒野の片隅です。どうしようか、というところで、弟子たちは「皆を解散させてください。そうすれば、周りの里や村に行って、自分たちで食べる物を買うことができるでしょう」（三六節）と提案します。ごもっともなことです。けれどもイエスは、「あなたがたが、あの人たちに食べる物をあげなさい」（三七節）と言われます。「いやいや、ちょっと勘弁してくださいよ。元気いっぱいで準備万端だったら、頑張ってやりますけれど、さすがにこの状況では……」という心の声が聞こえてきそうです。それはそうです。相手は五千人以上の群衆、自分たちは休みが必要な状態ですから。それでも弟子たちは、「私たちが出かけて行って、二百デナリのパンを買い、彼らに食べさせるのですか」（三七節）と述べて、何とか対応策を考えようとします。さすが弟子たちです。けれども、やはり大変です。

弟子たちがそんなことを考えている間に、イエスは何を見ておられたのでしょう。イエスのまなざしはどこに向けられていたのでしょう。何をどのようにご覧になっていたのでしょうか。「彼らが羊飼いのいない羊の群れのようであったので、イエスは彼らを深くあわれみ」（三四節）という視線です。憐れみのまなざしです。「羊飼いのいない羊の群れ」というのは、ヘロデ・アンティパスのような横暴な領主のもとで苦しい生活を強いられ、またそれにお墨付きを与えるローマ帝国を恨めしく思いながら、復讐心を抱きつつさまよう人々の姿です。けれども、そんな彼らにイエスは、神の恵みを共に味わって分かち合う道を説き、憐れんでくださる神が共にいることを示されます。

このイエスの憐れみの視線は、弟子たちの視線と比べると対照的です。弟子たちはいまだに「三チリ病」を引きずっているようで、「人数」と「金額」をぱっと計算するガッチリ病（計算できるところがすごい。イエスの説教中にカウントしていた弟子がいたのでしょうか？）、無理だと思ってもバッチリ決めたいバッチリ病、「時刻」を気にしてスケジュールにこだわるピッチリ病。群衆を見ても、憐れみのまなざしではなく、自分の仕事をどうこなすかという、仕事の題材にしか見えてきません。これに対して、イエスは群衆に憐れみのまなざしを向けて、憐れみの神が共におられることを示すべく寄り添っていかれます。

そして、このように物事を見るとき、仕えることは憩うことになるのだ、ということを実演して見せるみわざを行われるのです。

五千人以上の群衆、しかし手持ちはわずか五つのパンと二匹の魚のみです。弟子たちでなくとも、とうてい無理と思える状況です。ところが、ここでイエスのまなざしは、憐れみをもって群衆に注がれた後、何に注がれるでしょう。人数ではありません。時間でもありません。お金でもありません。手持ちの食物でもありません。「イエスは五つのパンと二匹の魚を取り、天を見上げて神をほめたたえ、パンを裂き、そして人々に配るように弟子たちにお与えになった」（四一節）。「天を見上げて神をほめたたえ」とあります。弟子たちに見るべきところを示されたと言えばよいでしょうか。すべての恵みの出所を覚えて見上げるとき、無理と思える事柄を超えていく出来事がなされていくということです。

何が起きたでしょうか。「彼らはみな、食べて満腹した。そして、パン切れを十二のかごいっぱいに集め、魚の残りも集めた」（四二～四三節）ということです。みんなが満ち足りて、みんなが憩うことができました。みんなというのは、集まって来た群衆もそうですが、弟子たちも含まれています。弟子たちも食べて満ち足り、憩いを得たということです。弟子たちはひたすら配膳をして、自分たちの食べる余裕はなかったというのではありません。「食事をとる時間さえなかった」（三一節）という彼らも、この人里離れた荒野で「食べて満腹した」（四二節）ということです。このようにして、弟子たちはイエスが下さる憩いを味わうことができたのです。

イエスは憩いを下さる方であり、憐れみのまなざしで人々を見つめ、恵みの出所に目を注ぎ、そこに注目させて、分かち合うことを促してくださいます。そのとき、分かち合うこと・仕え合うことは疲れることではなく、憩うこととなるのです。

29　欠乏を満たす主に出会う

〈マルコ六・三〇～四四〉

「さて、使徒たちはイエスのもとに集まり、自分たちがしたこと、教えたことを、残らずイエスに報告した。するとイエスは彼らに言われた。『さあ、あなたがただけで、寂しいところへ行って、しばらく休みなさい。』出入りする人が多くて、食事をとる時間さえなかったからである。

そこで彼らは、自分たちだけで舟に乗り、寂しいところに行った。ところが、多くの人々が、彼らが出て行くのを見てそれと気づき、どの町からもそこへ徒歩で駆けつけて、彼らよりも先に着いた。イエスは舟から上がって、大勢の群衆をご覧になった。彼らが羊飼いのいない羊の群れのようであったので、イエスは彼らを深くあわれみ、多くのことを教え始められた。そのうちに、すでに遅い時刻になったので、弟子たちはイエスのところに来て言った。『ここは人里離れたところで、もう遅い時刻になりました。皆を解散させてください。そうすれば、周りの里や村に行って、自分たちで食べる物を買うことができるでしょう。』するとイエスは答えられた。『あなたがたが、あの人たちに食べる物をあげなさい。』弟子たちは言った。『私たちが出かけて行って、二百デナリのパンを買い、彼らに食べさせるのですか。』イエスは彼らに言われた。『パンはいくつありますか。行って見て来なさい。』彼らは確かめて来て言った。『五つです。それに魚が二匹あります。』するとイエスは、皆を組に分けて青草の上に座らせるように、弟子たちに命じられた。人々は、百人ずつ、あるいは五十人ずつまとまって座った。イエスは五つのパンと二匹の魚を取り、天を見上げて神をほめたたえ、パンを裂き、そして人々に配るように弟子たちにお与えになった。また、二匹の魚も皆に分けられた。彼らはみな、食べて満腹した。そして、パン切れを十二のかごいっぱいに集め、魚の残りも集めた。パンを食べたのは、男が五千人であった。」

お金がない、気力がない、体力がない、知恵がない、人脈がない、自信がない……。私たちは様々な時に欠乏を感じます。また、欠乏という言葉を使います。なるほど、感じ方は人それぞれですから、何についてどんな状況を欠乏と感じるのかは、主観の問題かもしれません。けれども、欠乏という言葉の意味は、本当に底をついている、絶望的に不足していることで、少し考えれば何とかなるという程度のことならば、真の意味で欠乏とは言えないでしょう。しかし、本当に深刻なことに見舞われれば、やはり欠乏状態に陥ることもあるのが人生です。それがまさしく欠乏状態であるならば、付け焼刃的な対処で何とかなるようなものではありません。人の限界を超えているはずなので、人の間だけで助けを求めても、状況が打開されるわけではありません。ですから、やはり人を超える方、人に命を与えて生かしてくださる方、創造主なる神を見上げ、その恵みをいただくことが必要です。これにまさる助けはありません。もちろん、これは欠乏状態だけの話ではなく、常に神を仰ぐことで私たちは日常の状況においても神の満たしを受けとめて、豊かな心で歩みゆけることを意味します。信仰をもって歩むとは幸いなことです。

イエスが招く恵みの道は、欠乏をも満たす豊かな神の恵みに生きるというところに一つの大切な特徴があります。イエスは「時が満ち、神の国が近づいた」（一・一五）と語り、「わたしについて来なさい」（一・一七、二・一四）と招かれます。創造主の偉大な恵みが統治する事実が真摯に受けとめられる世界がイエスご自身とともに決定的に接近していると宣言して、心を向け直して（悔い改め）、信頼してついて来るように、ということです。そこで味わうのは創造主の恵みですから、人間の欠乏を満たして余りある出来事に十分なり得ます。イエスについて行くことで、私たちの必要を満たす神の恵みの豊かさに生きることができるのです。ぜひともこの豊かさを味わって生きる者でありたく思います。

イエスの言葉を現実と受けとめる

イエスの語る神の国を何か夢物語や精神論のようなものとして理解して、現実の出来事とは別もののようにとらえてしまうと、招かれている神の恵みの豊かさは単なる絵に描いた餅に引き下げられてしまいます。本当は実在するのに、味わうことができません。もったいないことです。そうではなくて、イエスの語る神の国を現実の出来事と受けとめることです。それによって、語られている恵みの豊かさを事実として味わうことができるのです。

「イエスは舟から上がって、大勢の群衆をご覧になった。彼らが羊飼いのいない羊の群れのようであったので、イエスは彼らを深くあわれみ、多くのことを教え始められた」(三四節)。派遣された実習先から帰って来た弟子たちの異変に気づいたイエスは、彼らを休ませるべく人里離れた荒野でリトリートを敢行しますが、イエスが語る恵みの言葉に飢え渇いた群衆がそこにも集まって来て、それどころではない様子となります。けれどもイエスは群衆を憐れんで、メッセージを語られます。もちろん、そこに弟子たちも同席しています。そうこうしているうちに、時間も遅くなり、夕食時となります。弟子たちは群衆に食事をさせるために集会の解散を提案します(三五〜三六節)。ところがイエスは、「あなたがたが、あの人たちに食べる物をあげなさい」(三七節)と言われます。困りました。相手は五千人以上の群衆、ここは何もない寂しい荒野、自分たちは疲れている、遅い時刻で暗くなってくる、手持ちの食料はわずかに五つのパンと二匹の魚、打つ手なしの完全な欠乏状態です。どうしたらよいのでしょうか。

しかし、イエスともあろう方が無闇に無茶振りしたとは考えられません。どうしたらよいのか、何かヒントらしいものがあったはずです。それはいったい何でしょう。弟子たちは、つい先ほどまでイエスが語るメッセージを聞いていました。というか、聞いていたはずです。集まって来た群衆を憐れんで、イエスが語ったメッセージを。その集会に弟子たちも同席していたのですから。イエスは何を語られたでしょうか。間違いなく、それは神の国について、イエスとともにある恵みの支配についてです。創造主なる神が人々の必要を知っておられ、時にかなって恵みで満たしてくださるというメッセージです。しかも、「時が満ち」と宣言して旧約成就を語るイエスは、旧約聖書における歴史の出来事から恵みの神が満たしてくださる事例を様々に語ってくださったに違いありません。あるいは、荒野を旅するイスラエルの民を養ったマナの出来事に言及されたかもしれません。そして、その方の臨在が今ここにある、と。だとしたら、たくさんのヒントを下さっていることになります。きちんと聞いて、信仰をもって目の前の出来事に適用することができれば、何をすればよいのかがわかったはずです。

ところが、弟子たちは何を聞いていたのか、今の今まで聞いてきたイエスのメッセージが目の前の出来事に結びつきませんでした。「あなたがたが、あの人たちに食べる物をあげなさい」（三七節）と言われると、とっさに計算して、逃げの口実を得ようとします。必要を満たしてくださる恵みの神が共におられるから祈ってみよう、という発想が出てきません。今その話を聞いたばかりなのに、目の前の状況と結びつかないのは、お話はお話、現実は現実と、勝手に分けて理解してしまう癖に捕らわれていたからでしょう。私たちはどうでしょうか。聖書の語ることと直面する現実とを分けて考えてしまっていないでしょうか。聖書は理想、しかし現実は……などと言って、ニヒルな現実主義を気取っていては、いつまで経っても生ける神の力を知ることはないでしょう。

しかし、そんな弟子たちのリアクションを尻目にイエスの取った行動は、手持ちの食料、五つのパンと二匹の魚を確認させたうえで（三八節）、「天を見上げて神をほめたたえ、パンを裂き、そして人々に配るように弟子たちにお与えになった」（四一節）というものです。そしてその結果は、「彼らはみな、食べて満腹した」（四二節）ということです。ご自身が語ったメッセージはおとぎ話などではなく、現実に生きておられる神の恵みの事実であるということです。

五つのパンと二匹の魚で五千人以上を養った出来事を合理的に「解釈」して、神の力の事実としてではなく、互いに分け合う美談として語って得々としている手合いがいますが、それではイエスの意図もマルコの福音書の使信もまるで理解していないと言わざるを得ないでしょう。欠乏を満たす主なる神は生きておられます。そしてイエスは、その臨在そのものであられる方なのです。あなたはその方に出会っているでしょうか。

手持ちわずかでもイエスに明け渡す

欠乏状態にあったとしても、そこを満たしてくれるのは生ける神の恵みです。イエスはそこに私たちを招いてくださいます。私たちのできることは、その招きを信頼して、欠乏なら欠乏のまま招いてくださるイエスのもとに行くことです。そして、正直にその状態をイエスに明け渡すとき、欠乏を満たす神の恵みの力が現されるのです。

さて、この場面で弟子たちが直面している欠乏状態はかなりのもので、いわばないないづくしです。疲れて腹が減って体力がない、なのに人々が集まって来て呆然として気力がない、夕飯時なのに荒野の片隅だからお店がない、群衆に食物を与えなさいと言われても食料がない、二百デナリあれば足りるかもしれないと計算はできてもお金はない、こんな課題を突きつけられてもアイデアがない、知恵がない、と。

けれどもイエスは、何とかして弟子たちに生ける神の恵みの力を味わってほしい、欠乏が満たされるというみわざにあずかって、なおも信頼して歩む人々になってほしいということで、弟子たちに語りかけてご自分に目を向けさせようとなさいます。さっきまでのメッセージから何か悟ることはないのかと、あからさまになじったりはしないで、何とか気づかせようとヒントを下さいます。「あなたがたが、あの人たちに食べる物をあげなさい」と。「どうしても無理っぽい、そんなときはどうしたらいいだろうか。わたしのもとに持って来なさい」と内心語りかけつつ、まだ分からない弟子たちになおもヒントを下さいます。「パンはいくつありますか。行って見て来なさい」（三八節）。「ここらへんで気づきなさい」と言ってしまいそうなところ、弟子たちはまだ分かりません。そのため、聞かれたままを報告するだけです。「五つです。それに魚が二匹あります」（三八節）。けれども、こんなものどうするのだろう、という感じです。それでイエスは具体的に指示を出して、五つのパンと二匹の魚を手に取ります。

イエスの手に渡されたのは、わずか一人分の弁当です。相手は五千人以上です。けれどもイエスの手に渡されたとき、何が起きたでしょうか。イエスが「天を見上げて神をほめたたえ、パンを裂き」（四一節）、弟子たちがそれを配っていくと、「彼らはみな、食べて満腹した」（四二節）というのです。わずかな手持ち、しかし、それをイエスに明け渡すと、イエスはそれを祝福して、欠乏を満たすみわざをなしてくださいます。けれども明け渡さないで恥じ入っていたり、自分たちだけのものにしてしまったりしては、欠乏は欠乏のまま残されてしまいます。「これだけしかありませんが、主よ、あなたには手持ちの多少は問題ではありません。おゆだねしますから、みわざをなしてください」と明け渡すとき、真に欠乏を満たす方としてイエスは私たちに出会ってくださるのです。

30　見えずとも共に歩んでくださる主

〈マルコ六・四五～五二〉

「それからすぐに、イエスは弟子たちを無理やり舟に乗り込ませ、向こう岸のベッサイダに先に行かせて、その間に、ご自分は群衆を解散させておられた。そして彼らに別れを告げると、祈るために山に向かわれた。夕方になったとき、舟は湖の真ん中にあり、イエスだけが陸地におられた。イエスは、弟子たちが向かい風のために漕ぎあぐねているのを見て、夜明けが近づいたころ、湖の上を歩いて彼らのところへ行かれた。そばを通り過ぎるおつもりであった。しかし、イエスが湖の上を歩いておられるのを見た弟子たちは、幽霊だと思い、叫び声をあげた。みなイエスを見ておびえてしまったのである。そこで、イエスはすぐに彼らに話しかけ、『しっかりしなさい。わたしだ。恐れることはない』と言われた。そして、彼らのいる舟に乗り込まれると、風はやんだ。弟子たちは心の中で非常に驚いた。彼らはパンのことを理解せず、その心が頑なになっていたからである。」

人違いをしてしまったこと、生きていれば何回かはありますね。筆者は視力が良くないので、結構やらかしています。ある教会の信徒の方を、教団の長老の先生と見間違えて声をかけたり、銭湯で他人の子を自分の息子と間違えて声をかけたり（メガネをはずした状態で湯気が立ち込めるなか、全くの勘違いをしていましたが、まずいことにならなくてよかった）……。見ていても、見えていないということです。こうしたことは無事ですめば笑い話になりますが、せっかく生ける神のみわざがなされているのに気がつかないとか、そば近くを歩む主イエスがおられるのに分からないとかいうことがあるなら、これは笑い話になりません。もったいないこと、そして、残念なことです。大事なことが見えていないことになります。しかし、そんな見えていない私たちのところをイエスは訪れ、なおも近くを歩み、そんな私たちでも何とか分かるようにと、諦めることなく臨んでくださいます。確かに、現在の私たちは肉眼でイエスの姿を確認するわけにはいきません。けれども、その意味で見えていなくても、共に歩んでくださる主として信頼して従っていくことができるようにと、イエスは私たちの信仰の目を開いてくださいます。肉眼で見えなくても、そば近く主が共におられることをリアルに受けとめながら歩むお互いでありたいものです。

「わたしについて来なさい」（一・一七、二・一四）と声をかけてくださったイエスを主と告白して従っていく道、弟子の道に召し出された最初の弟子たちは、まさしく地上を歩むイエスを肉眼で見ながら、文字どおり後をついて歩みます。特に、内弟子の十二人は常にイエスと共に行動して、地上を歩むイエスの目撃証言をする役割を担うことになります。しかし、イエスについて行く弟子の道は、彼らだけの話ではありません。彼らはその役割のゆえに肉眼でイエスを見ながらついて行くという歩みになるわけですが、彼らの証言に触れてイエスの招く恵みの道に歩むようになった人々も（私たちを含めて）イエスの弟子であり、肉眼でイエスの姿を見ているのではありませんが、イエスを主と告白して従って歩んで行きます（Ⅰペテロ一・八〜九）。肉眼で見えていなくても、イエスが共に歩んでくださる現実、これが見えるほどに確かな事実としてとらえられるならば、弟子の道を心強く歩んで行けます。そこを明らかにしてくださるために、イエスはまた新たな経験を弟子たちにお与えになります。

従う者を見守る主のいつくしみ

「それからすぐに、イエスは弟子たちを無理やり舟に乗り込ませ、向こう岸のベツサイダに先に行かせて、その間に、ご自分は群衆を解散させておられた。そして彼らに別れを告げると、祈るために山に向かわれた」（四五〜四六節）。イエスが五つのパンと二匹の魚で五千人以上を満腹させた出来事の直後のことです。弟子たちはここまでイエスについて歩んで、つい先日までは実習ということでイエスによる恵みの招きと力あるみわざを携えて派遣されて、相当の成果をあげてきたばかりです。けれども、自分たちの手柄に酔ってしまうことで恵みに生きる姿から離れかけている弟子たちの様子を見て取ったイエスは、恵みに生きる憩いを確認させるために、一行で荒野に退くリトリートを敢行されます。そこにも群衆が押し寄せますが、イエスは恵みをもって彼らに憩いを与え、弟子たちを含めて全員を満たすというみわざを行われました。そして、まさしくその直後のことです。

せっかく大いなるみわざをみんなで味わったところ、もう少し余韻に浸っていたいのが人情かもしれません。それなのに、いきなり解散だとは、どういうことでしょう。確かに時刻は夕食時を過ぎて、辺りは暗くなっていくころです。詰めかけた群衆を野宿させるわけにもいかないという実際的な事情もあったでしょう。それにしても、「弟子たちを無理やり舟に乗り込ませ、向こう岸のベツサイダに先に行かせて」とは、どういうことでしょう。

考えられることは、五つのパンと二匹の魚のみわざを通して驚いた群衆がイエスと弟子たちを担ぎ上げて、自分たちに都合のいいリーダーになってもらおうとする雰囲気が支配的になってきたからだということです。イエスがいれば何でも出してくれるとか（ドラえもんの四次元ポケットのよう？）、食いっぱぐれなく豊かに生活できるとか（働かずとも食えぬことなし？）、どうも見当はずれの期待感が見え隠れします。なるほど、領主ヘロデのガリラヤで「羊飼いのいない羊の群れ」（三四節）のような彼らの姿、さらにその背後にローマ帝国の圧政が迫っており、社会生活を何とかしてほしいという切実な気持ちは分かります。革命のヒーローをイメージして「メシア」と称して待ち望む時代風潮の中で、荒野で群衆を養うというみわざを目の当たりにすれば、この方かもしれないという期待が一気に高揚するのも無理からぬことです。

しかし、イエスの目的は、彼らのそうした期待やリクエストにそのまま応えることではありませんでした。イエスの語る神の国は恵みの支配であって、自分たちに都合のいい国ではありません。恵みは敵味方の境界を越えて分かち合われ、平和をつくり出すものです。取税人もイエスの弟子として招かれた事実からして、そのことを雄弁に物語ります。ですから、群衆の誤解から出るフィーバーは抑えなければなりません。また、弟子たちがそれに巻き込まれて、せっかく今学んだ事柄・恵みを分かち合って憩いを得るということが、担ぎ上げられることによって逆方向に持って行かれてはなりません。それゆえ、イエスは群衆を解散させて、弟子たちをその場から去らせるのです。

そんなことで、大慌てで舟に乗り込み、わけも分からないまま出航です。しかし、さすがにそこは弟子たちです。ちゃんとイエスの言うことを聞いて、向こう岸へと向かいます。イエスに従う道に歩んでいます。弟子たちだけで夕暮れのガリラヤ湖に漕ぎ出して行きます。一方、イエスは群衆を解散させた後で「祈るために山に向かわれた」(四六節)ということですから、「舟は湖の真ん中にあり、イエスだけが陸地におられた」(四七節)という状況になっています。

つい先日の実習でも弟子たちは自分たちだけで行動する場面を経験していますから、物理的にイエスの姿が近くにない状況は初めてのことではありません。けれども、どさくさで出発させられて、しかも大きな恵みのみわざで憩いを得たとはいえ、疲れの中にあり、オールを握る手も今一つ力が入らないなか、折からの強い向かい風です。ガリラヤ湖を知り尽くす元漁師の弟子たちが漕げども漕げども進まないという状況です。困りました。どんどん時間は過ぎて、ついに夜明け前になってしまいます（四八節）。漕ぎ始めは夕方ですから、彼らは九時間近く漕ぎ続けたことになります。疲れます。もちろん、交代で漕いだはずですし、漁師たちは夜通し漁をすることもありますから、夜に月星を頼りに方向を定めて舟を操る経験は珍しいことではなかったはずです。それでも大変な向かい風ですから、疲れきっていたでしょう。心細かったはずです。

私たちの人生にも似たような局面があります。どんなにもがいても前に進まず、疲れ果ててしまい、得意の分野なのに自信を失い、周りの闇の深さに不安を覚え、自分の位置さえ見失ってしまいそうな局面です。信仰をもって歩んでいても、そういう経験をします。イエスが見える姿で近くにいてくださったら、どんなに心強いことかと思います。弟子たちも同じだったでしょう。

しかし、そんな弟子たちをイエスは見捨ててしまわれたのではありません。イエスは「祈るために山に向かわれた」（四六節）といいますが、何について祈ったかといえば、もちろんご自分とともに到来してきた恵みの支配が地上に成るようにということです。そして、現時点において重要なのは、ついて来始めた弟子たちが本当に恵みの意味を知って、そこに生きる証人になることです。ですから、山で祈ったとはいえ、山深くこもっていたというのではなく、湖上の弟子たちの舟をはっきりと見ることができる高台におられたわけです。向こう岸へと送り出した弟子たちが無事に到着できるかどうか、見つめながら祈っておられたということです。それで、「イエスは、弟子たちが向かい風のために漕ぎあぐねているのを見て、夜明けが近づいたころ、湖の上を歩いて彼らのところへ行かれた」（四八節）わけです。イエスはちゃんと見守ってくださる方です。前に進めないで苦労している様子、闇に包まれて不安で困惑している様子を放っておかない方です。強風が吹き荒れる湖上を近づいてくださる方、困難を乗り越えて、そばに来てくださる方です。

　ところが、ここでイエスは意外な行動に出られます。「そばを通り過ぎるおつもりであった」（四八節）。えぇっ、ここまで来て通過しようとされるなんて、どういうこと？　何か意地悪のような気がしてしまいそうです。けれども、これは近くまで来ておいて見捨ててしまうというのではなく、まずは近くで姿を見せて、弟子たちに大切なことを思い起こさせたいというイエスの意図です。それはいったい何でしょう。本質的には五つのパンと二匹の魚のみわざと同じです。イエスご自身が本当は近くにおられるということ、信頼する思いで直面している事態をイエスに委ねること、それで恵みに生きる力強さを味わえること、そうした信仰を呼び覚ましたい、ということです。そのためには、何でもかんでも手助けすればいいというものではありません。子育てで経験することですが、転んだ子が自分で起き上がることを学ぶために親は簡単には手助けをしません。それと同じことです。私たちのうちから主への信頼が引き出されてこなければなりません。そのためにイエスは丁寧な導きをしてくださいます。

けれども、イエスのせっかくの導きが分からないのが人間の愚かさです。見ているのに、見えていないということです。「しかし、イエスが湖の上を歩いておられるのを見た弟子たちは、幽霊だと思い、叫び声をあげた。みなイエスを見ておびえてしまったのである」(四九〜五〇節)。はたから見たら、何と失礼な話でしょうか。相手がだれでも失礼な話ですが、まして相手はイエスご自身です。神の恵みの力をもたらし、弟子となるようにと召し出してくださった方です。師であり主である方の姿を見て、幽霊とは見間違いも甚だしい感じです。もちろん、登場の仕方が尋常でないので、この弟子たちのリアクションは普通と言えば普通でしょう。

しかし翻って、こういうことは私たちお互いの経験にはないでしょうか。周囲の困難な状況に心が支配されて、近くにいてくださるイエスが分からないのです。自分の思い描いた形とは違う形でイエスがそばにいてくださるので、せっかくの恵みを見間違えてしまうのです。しかし、イエスはなおもいつくしみ深い方です。「そこで、イエスはすぐに彼らに話しかけ、『しっかりしなさい。わたしだ。恐れることはない』と言われた」(五〇節)。イエスは困難の中で恵みを見失っている者を見守り、近づいて声をかけ、力づけてくださる方なのです。

真の神の臨在

恵みの道への招きに従って来る者たちをイエスは見守り、力づけてくださいますが、それによって明らかにされるのは、そこに真の神の臨在があるということです。天地の創造主、全能の神が共においでくださるということです。この事実を受け取ることができれば、私たちの歩みはどんなに心強いでしょう。湖上を歩むイエスの出来事は、ここに目を向けさせてくれます。

ガリラヤ湖の逆風に悩まされる弟子たちの舟に湖上を歩いて近づくイエスの姿を、弟子たちは幽霊と思い込んで叫びますが、イエスはすぐに声をかけて励まされます。「そして、彼らのいる舟に乗り込まれると、風はやんだ。弟子たちは心の中で非常に驚いた」(五一節)。それはそうでしょう。驚きです。けれども、振り返ってみると、かつて弟子たちは似たような場面を経験しています。同じくガリラヤ湖で大嵐に見舞われて死を覚悟した場面です。あのときはイエスも一緒に出航しており、すぐにイエスに助けを求めることができ、イエスは嵐を静めてくださいました(四・三五~四一)。そのとき嵐を静めるイエスの力に弟子たちは大いに驚いたということですが、今回、同じガリラヤ湖、そして嵐よりは軽い逆風、イエスは乗船してはいませんが、かつての経験を踏まえて何か別の対応やリアクションはなかったものかと考えさせられます。イエスの姿は肉眼で見えないけれども、イエスに助けを求めるとか、イエスが湖上を歩いて近づいて来たときに気がつくとか、せめてイエスが乗船して風がやんだときに驚くよりもむしろ恥じ入るとか。かつての経験に学んで、そこを踏まえているなら、かつてとは違う成長した姿が期待できそうなところです。しかし、実際はそうではありませんでした。弟子たちを含め、私たち人間には悟りの鈍い愚かさがあります。

おそらくイエスとしては、弟子たちのこうした悟りの鈍さを浮き彫りにする意図もあって、今回はあえて同行せずに見守ったということだったのでしょう。それで、マルコの福音書もそこを受けて、特に嵐を静めた出来事よりも直前の五つのパンと二匹の魚のみわざに言及して、「彼らはパンのことを理解せず、その心が頑なになっていたからである」（五二節）と述べるのです。すなわち、パンのことで悟っていれば、荒野でも群衆を養うことができる出エジプトの主なる神の臨在を覚えて、祈りに導かれるとか、せめて風がやんだときに驚きを超えて心からひれ伏すとか、悟らされた者の姿があるべきところです。その線で行けば、湖上を歩むイエスの姿は、出エジプトの昔、イスラエルに紅海を渡らせた主なる神、大水の難にも妨げられない方の姿と重なります（詩篇七七・一九～二〇など）。まさしく、その方の臨在がここにあるということです。その姿を現したのに、悟ってくれないもどかしさ。本当はここが分かってほしかったと、そういうことです。

このように、悟りの鈍さが暴かれるのは何かだめ出しを食らっているかにも見えてしまいますが、ここはそうではなく、むしろ悟りの鈍い者たちにも主は憐れみ深く、なおも共に歩んでくださることを示しています。イエスが湖上を歩んで弟子たちにご自身を現されたのは、真の神が臨在をもって悟りの鈍い彼らとも共にあることを示すためです。先述のように出エジプト時の紅海徒渉もそうですが、波間を歩むというのは神ご自身のみわざの象徴です。「神はただひとりで天を延べ広げ、海の大波を踏みつけられる」(ヨブ九・八)といいます。古代人にとって海や湖は魔物が住むかもしれない不気味な場所です。けれども、神はそこをも足もとに置いて支配する方です。湖上を歩み、困難の中にある弟子たちに近づき、声をかけて励ますイエスの姿は、すべてを支配する神ご自身が臨在をもって共にあり、悟りの鈍い者をも助けてくださることを意味するのです。

そして、このことはまさしく、湖上を歩むイエスを見て幽霊かと怯える弟子たちに声をかけたイエスの言葉に集約されています。「しっかりしなさい。わたしだ。恐れることはない」(五〇節)。「わたしだ」はギリシア語で〝エゴー・エイミ〟です。自らの存在を指し示す強い表現で、「わたしはある」とも言えるでしょう。ここまでくると、聖書の読者には見えてきます。出エジプトの出来事のためにモーセを召し出したとき、神が自己紹介した言葉です。「わたしはある」と言われる方です。弟子たちが幽霊かと騒いでいるので、幽霊ではないよという意味で述べたのとは次元をはるかに超える意味です。「わたしはある」というご自身だけで存在する唯一自存の方・神ご自身、巨大な古代王朝エジプトから奴隷の民を救い出した力ある方、そして、憐れみ深い方が今ここにいる、ということです。だから、「しっかりしなさい。恐れることはない」と言われるのです。

逆風で疲れて前に進めないとき、イエスは真の神の臨在をもって近づいてくださいます。見ているつもりで見えておらず、悟ることもできない者をも、イエスは真の神の臨在をもって励ましてくださいます。イエスの招きに応えて恵みに歩む心強さを、さらに味わい知りたく思います。

31 「小さな証し」のインパクト

〈マルコ六・五三〜五六〉

「それから、彼らは湖を渡ってゲネサレの地に着き、舟をつないだ。彼らが舟から上がると、人々はすぐにイエスだと気がついた。そしてその地方の中を走り回り、どこでもイエスがおられると聞いた場所へ、病人を床に載せて運び始めた。村でも町でも里でも、イエスが入って行かれると、人々は病人たちを広場に寝かせ、せめて、衣の房にでもさわらせてやってくださいと懇願した。そして、さわった人たちはみな癒やされた。」

ちょっとしたことが歴史を大きく動かすことがあります。サッカー日本代表元監督のイビチャ・オシム氏が日本のチームを率いるきっかけとなった原経験は、東京オリンピックに選手として来日した際、とある休日、サイクリング中に農家のおばあちゃんから梨をもらったことに感動して、日本人のホスピタリティに惚れ込んだことだったということです。農家のおばあちゃんとしては日本代表監督をスカウトしたつもりなど毛頭なかったはずですが、結果として、そこにつながるということで、日常の小さな事柄の意義にあらためて目を向けさせるエピソードです。

そこから考えると、私たちがキリスト者として生きる日常、小さな出来事であっても、「イエスが主である」という信仰を証ししているならば、実は後になって大きな影響力をもって、周囲の社会に対して、主イエスに従う幸いを指し示す働きへと展開する豊かな可能性があるということになるでしょう。自分では小さな証しと思っても、大きなインパクトを持つものとして神が用いてくださるということです。否、「小さな証し」とは言っても、そこに主イエスが招く神の恵みが証しされているならば、本当は大きいも小さいもなく、すべては神の御手の中にあります。それゆえ、証しにおいては自己卑下する必要も、他人をうらやむ必要も全くありません。証しが指し示す神の恵みは、証しの内容が何であれ、大きな力を持つからです。

「わたしについて来なさい」（一・一七、二・一四）とイエスは人々に語りかけ、ご自身とともに訪れている神の恵みの支配に生きるようにと人々を招いてくださいます。「時が満ち、神の国が近づいた。悔い改めて福音を信じなさい」（一・一五）。そして、これに応答した人々は、神の恵みの力強さを体験して（病の癒し、孤独からの解放、社会関係の和解など）、恵みを感謝して受けとめて分かち合う歩みに導かれていきます。そして、そうした出来事と姿がまさしく、イエスとはだれで、恵みとは何かを指し示す証しとして用いられていくのです。たとえそれが人間目線では小さなこと・目立たないことに思えても、実は雄弁に神の恵みを物語り、大きなインパクトを周囲に与えていく証しとなります。私たちもまた、そうした証人として用いていただきたいものです。

主によって引き出された証し

人目に小さく見えても、大きなインパクトを持つ恵みの証し――それは主ご自身によって引き出されたものです。「証し」とはいえ、そもそもは人間発信ではありません。というのは、恵みをもたらし、それに気づかせる主ご自身のみわざを証しするものという意味で、それは主が引き出すものであり、また証しすること自体も実は主の促しの中でなされることという意味で、主が引き出してくださるものであるからです。

「村でも町でも里でも、イエスが入って行かれると、人々は病人たちを広場に寝かせ、せめて、衣の房にでもさわらせてやってくださいと懇願した。そして、さわった人たちはみな癒やされた」(五六節)。これまでのイエスの活動レポートでも幾度となく出てきたような状況描写です。それで、何となく軽く読み飛ばしてしまいそうです。確かに、力あるみわざがなされていますが、特定の登場人物による何かドラマティックな出来事が報告されているわけではありません。次の場面への幕間のように目立ちません。その意味で、まずこのテキスト自体が「小さな証し」なのかもしれません。けれども、よく見ると、以前に起きた印象深い出来事を思わせる表現が出てきます。「衣の房にでもさわらせてやってくださいと懇願した」と。そう、あの長血を患っていた女性がイエスの後ろからこっそりと衣の房に触れて癒されたという出来事です（五・二五〜三四）。つまり彼女の証しが、それを聞いた人々を突き動かし、その結果、一つの社会現象となって多くの人々が救いを求めてイエスのもとを訪れたということです。

さて、そこで長血の女性が癒されるという出来事を振り返ってみたいのですが、そもそも彼女は自分のことをベラベラしゃべるような人ではありませんでした。面と向かってイエスに癒しを求める大胆さはありませんでしたし、自分の身に起きた癒しの出来事も、当初は自分だけにとどめておいて、だれにも言わずに隠れていようかという様子でした。だれが衣の房に触れたのかイエスがあえて捜すことをしなければ、自分からは話すこともなく終わっていたかもしれない、控えめな女性です。彼女の従来の性格はさておき、患っていた病が女性の性に関する病で、しかも十二年間です。長い間、他人に言えない悩みと痛みを抱えて、ひっそりと生きることが身についてしまっていたのでしょう。イエスの後ろから衣の房に触れることが、彼女の勇気の最大限でした。以前からイエスのことは知っていたはずですし、十二年間の患いですから早く癒されたいのはやまやまですが、それでも彼女にできた行動はここまででした。ですから、人前で証しするなど思ってもみないことでした。

しかし、イエスが示す神の恵みは豊かで力強く、控えめな態度でも信仰を表した彼女の病を癒し、さらに患部の快復にとどまらず、彼女がこの先も恵みに心を開いて、安心して健やかに暮らしていけるように彼女を導きます。患部の快復だけなら、取り急ぎの道のりでもありますし、わざわざ立ち止まって癒された人物を捜すなどということをしなくてもよさそうなものです。ところが、イエスは捜すだけでなく、本人が自ら名乗り出て話すのを待つという対応もなさいました。それで、ようやく彼女は自分のことを多くの人の前で語り始めます（五・三二〜三三）。このイエスの対応、その狙い目はイエスと直で出会わせること、恵みの支配を自覚させること、そして、公にそれを告白させて彼女自らのうちに信仰を確かに持たせることです。こっそりと去るのではなく、皆の前で語れば、それだけ事実は確かなものになります。恵みの事実が確かになれば、この先も恵みにすがって安心して健やかに歩みゆけるわけです（五・三四）。

このように、癒された事実とそれまでの経緯を皆の前で語るのは、彼女自身にとっては信仰を確かにすることなのですが、それを聞いている周囲の人々にとっては恵みの事実が指し示されることになります。それは恵みの証しとなるのです。そして、この証しは、言うまでもなくイエスが彼女から引き出したものです。なぜなら、証しされる出来事はイエスのみわざで、それを語るように導いたのはイエスご自身だからです。

これは、証しとは何であるかをよく示している出来事と言えるでしょう。証しとは自分の言いたいことを言いたいように言うことではなく、イエスがしてくださったことについてイエスに引き出していただいて語ることです。それでこそ、「真実をすべて」（五・三三）話すことになります。証しとしての真実とは、人間目線の自己解釈ではなく、恵みをもたらすイエスの前で語られる信仰の告白なのです。そして、それが証しとしての説得力を発揮して、多くの人々に感化を及ぼすものとして用いられるのです。控えめな彼女のこと、自分としては「小さな証し」と思っていたかもしれません。しかし事実は、後ほど多くの人々が「せめて、衣の房にでもさわらせてやってください」（六・五六）とイエスに懇願するほどに大きなインパクトを持つようになったということだったのです。

主によって裏づけられる証し

人目に小さく見えても、大きなインパクトを持つ恵みの証し——それは、証しされる事柄が主によって裏づけられるゆえに与えることのできるインパクトです。聞かされた証しが真実であることを裏づける主のみわざがなされて、人々が同じ恵みを何らかの形で味わい知ることができるように導かれるということです。こうした裏づけがあって、証しのインパクトはさらに強いものとなります。

「それから、彼らは湖を渡ってゲネサレの地に着き、舟をつないだ」（五三節）。このテキストで報告されている事柄は、「ゲネサレの地」でのことであったと記されています。ところが、直前のエピソードでは弟子たちの舟はベツサイダに向かったと記されています

（四五節）。ベツサイダはガリラヤ湖北岸の町（ガリラヤ地方の境界線ぎりぎりの町）、それに対してゲネサレの地とは、ガリラヤ湖北西部の地方名（ガリラヤの中心都市カペナウムなどが属する）。ということは、ベツサイダに行くつもりで別の場所に着いてしまったのでしょうか。折からの強風で舟は流されてしまったのでしょうか。しかし、その強風もイエスの臨在によって凪に変わります（五一節）。ですから、やはり目的地のベツサイダには到着できたでしょう。そして、あらためて出航してゲネサレの地に着いたということになるでしょう。

そこで、ゲネサレの地という言い方ですが、これは地方名であって都市名ではありません。言ってみれば、カペナウムよりも範囲が広いことになります。それで、それだけの範囲において、人々は「村でも町でも里でも」イエスのもとに病人を連れて来ては、「衣の房にでもさわらせてやってください」と懇願したわけです。つまり、長血の女性の証しがこれだけの範囲で広くインパクトをもって伝えられ、用いられたのだということになります。

こうした様子を見ながら、弟子たちは長血の女性の証しを思い出したでしょうか。「衣の房にでもさわらせてやってください」という人々の懇願に、彼女の証しを思い出すことができたでしょうか。はっきりとしたことは分かりませんが、それでもマルコの福音書にこうした記録が載っているということは、この時点で弟子たちもある程度は気がついており、後になってはっきりと自覚したことになるでしょう。彼女の証しが真実なものとして強いインパクトをもって用いられたことを一つ裏づけています。

さらに注目すべきは、「衣の房にでもさわらせてやってください」との懇願が聞き入れられて、「さわった人たちはみな癒やされた」(五六節)ということです。つまり、彼女の証しの真実が裏づけられたということです。求めた人々がみな、同じみわざにあずかったというわけですから。

イエスは、ご自身が引き出した証しを裏づけしてくださる方です。話させておいて、後は野となれ山となれということではなくて、その証しを聞いた人々が納得できる出来事をもって裏づけしてくださる方です。証しした者に恥を負わせるような方ではありません。私たちが証しできるのは、そのようにイエスが裏づけしてくださるからです。もちろん、常にすべての人に全く同じ出来事が臨むわけではありませんが、いずれにしても、このみわざをなす主は生きておられることを、何らかのかたちで分からせてくださいます。ですから、たとえ「小さな証し」のように思えても、私たちは主の裏づけを信じて、神の恵みの証人として歩んで行けるのです。

32 「けがれ」とは何か

〈マルコ七・一～二三〉

「さて、パリサイ人たちと、エルサレムから来た何人かの律法学者たちが、イエスのもとに集まった。彼らは、イエスの弟子のうちのある者たちが、汚れた手で、すなわち、洗っていない手でパンを食べているのを見た。パリサイ人をはじめユダヤ人はみな、昔の人たちの言い伝えを堅く守って、手をよく洗わずに食事をすることはなく、市場から戻ったときは、からだをきよめてからでないと食べることをしなかった。ほかにも、杯、水差し、銅器や寝台を洗いきよめることなど、受け継いで堅く守っていることが、たくさんあったのである。パリサイ人たちと律法学者たちはイエスに尋ねた。『なぜ、あなたの弟子たちは、昔の人たちの言い伝えによって歩まず、汚れた手でパンを食べるのですか。』イエスは彼らに言われた。『イザヤは、あなたがた偽善者について見事に預言し、こう書いています。

「この民は口先でわたしを敬うが、
その心はわたしから遠く離れている。

彼らがわたしを礼拝しても、むなしい。
人間の命令を、教えとして教えるのだから。」

あなたがたは神の戒めを捨てて、人間の言い伝えを堅く守っているのです。』またイエスは言われた。『あなたがたは、自分たちの言い伝えを保つために、見事に神の戒めをないがしろにしています。モーセは、「あなたの父と母を敬え」、また「父や母をののしる者は、必ず殺されなければならない」と言いました。それなのに、あなたがたは、「もし人が、父または母に向かって、私からあなたに差し上げるはずの物は、コルバン(すなわち、ささげ物)です、と言うなら――」と言って、その人が、父または母のために、何もしないようにさせています。このようにしてあなたがたは、自分たちに伝えられた言い伝えによって、神のことばを無にしています。そして、これと同じようなことを、たくさん行っているのです。』

イエスは再び群衆を呼び寄せて言われた。『みな、わたしの言うことを聞いて、悟りなさい。外から入って、人を汚すことのできるものは何もありません。人の中から出て来るものが、人を汚すのです。』 イエスが群衆を離れて家に入られると、弟子たちは、このたとえについて尋ねた。イエスは彼らに言われた。『あなたがたまで、そんなにも物分かりが悪いのですか。分からないのですか。外から人に入って来るどんなものも、人を汚すことはできません。それは人の心には入らず、腹に入り排泄されます。』 こうしてイエスは、すべての食物をきよいとされた。イエスはまた言われた。『人から出て来るもの、それが人を汚すのです。内側から、すなわち人の心の中から、悪い考えが出て来ます。淫らな行い、盗み、殺人、姦淫、貪欲、悪行、欺き、好色、ねたみ、ののしり、高慢、愚かさで、これらの悪は、みな内側から出て来て、人を汚すのです。』」

不潔よりも清潔のほうがいいですね。汚いものよりも綺麗なもののほうがいいですね。けがれよりも清さのほうがいいですね。素朴なイメージとして普通にそうだと思います。身体、服装、家屋、調度品から、政治のあり方まで、そうです。ですから、私たちはできるだけそうありたいと願い、努力したり工夫したりします。しかしながら、人格の深みに関することや人間関係・社会生活の裏側あたりのことになると、自分の心がけだけでは困難を感じる要素が出てきます。「水清ければ、魚住まず」と言ったり、「清濁併せ呑む」豪胆な人物が評価されたり、理想論を振りかざすだけではいかんともしがたい人間や社会の諸相から、ある種の妥協やあきらめの必要が主張されたりします。そして多くの場合、それは自分の至らなさを正当化したり、自分への非難に対して防御したりするために言われることなので、自分には甘く、自分と似通った状況の人々にも甘く、逆の感じの人々には辛くなりがちです。すると、自分の汚さに目をつぶるわりに、他人の汚さは我慢できないという自己矛盾を抱えることになり、それが余計に自分を汚い人間にすることが起きてきます。そして、清い感じの人が妬ましく思えて、あら捜しを始めたりします。けれどもそれは、本当は清いほうがいいという思いの裏返しです。清さに憧れながらも、なかなか思うようにはいかない姿がそこにあります。あなたはいかがでしょうか。

マルコの福音書七章前半では、けがれと清さがテーマになっています。パリサイ人がイエスにつけたイチャモンがきっかけで発展した会話、そしてメッセージのテーマです。ここに至るまでの道のりで、イエスは「時が満ち、神の国は近づいた。悔い改めて福音を信じなさい」(一・一五)と、人々を恵みの支配に召し出してこられました。召し出すとは、○○から召し出すということと、○○へと召し出すという両面をあわせ持つものです。けがれと清さということでいえば、けがれから召し出す、そして清さへと召し出すということになるでしょう。そして、それは「悔い改め」(メタノエオー=方向転換)というラディカルな態度によるものといいます。もちろん、それは神の恵みに心を向け直すことにおける徹底ということです。恵みが分からず、感謝ができず、自己中心と傲慢の虜になって、罪を犯しても開き直っている、いわゆるけがれの中から、恵みを知って、感謝と安心に生きて、分かち合う幸いに歩む、いわゆる清さの中へと生き方の向きが変わることです。そのために、招いてくださったイエスを信頼してついて行くことです。イエスの弟子となるとは、こういうことです。

ところが、清さを自負するパリサイ人がなぜかそこに文句をつけるわけです。はたしてそれはどういうことなのでしょうか。そしてこの議論は、イエスの弟子として恵みに歩むように召し出された私たちにとって、どんな意味を持つのでしょうか。けがれから清さへ召し出されて、しかし清さとけがれのジレンマに悩みながら歩む私たちに、イエスは何を語りかけてくださるのでしょうか。

罪深い人間の内から出てくるもの

さて、あらためて、けがれとは何でしょうか。今まで、断りもなく「けがれ」という言葉を使ってきましたが、聖書の中にも類似の言葉（罪、咎、悪など）が幾つか出てきて、ややこしさを感じている人もいることでしょう。そこで、ごく簡単に整理してみます。

まず、悪とは、これら一切の元締め的な力で、神の恵みから私たちを引き離すために人間や社会のあらゆる側面に総合的に働くものです。罪とは、悪の力に勝てない私たちが具体的な形で恵みから離れた歩みをするようになることです。けがれは、罪に生き続けてそれに染まってしまい、個人の存在・人生から周辺社会、そして世界全体にまで相互的・持続的にその影響が増幅することです。咎は、その過程の中で特に互いの間柄に齟齬《そご》が生じて、呵責にさいなまれることです。それゆえ、悪は打ち負かされるべきもの、罪は赦されるべきもの、けがれは清められるべきもの、咎は和解によって解消されるべきもの、といったところでしょうか。

「さて、パリサイ人たちと、エルサレムから来た何人かの律法学者たちが、イエスのもとに集まった。彼らは、イエスの弟子のうちのある者たちが、汚れた手で、すなわち、洗っていない手でパンを食べているのを見た」（一～二節）。それでイエスにイチャモンをつけたというのが議論の始まりです（五節）。「汚れた手」というのがきっかけです。けれども、ここでは衛生的な理由ではありません（ちなみに、衛生的な理由で食事前に手洗いをするのは大切なことです）。儀式的な意味と言えばよいでしょうか。しかし、それは単なる形式・習慣ではなく、むしろ、そこまでこだわりを持たせる特殊な感覚からくるものでした。「市場から帰ったときは、からだをきよめてからでないと食べることをしなかった」（四節）という言及は、そのあたりをよく示しています。つまり、市場へ行けば、自分たちが軽蔑し差別していた異邦人と接触します。けがれというレッテルを貼った人々との接触で汚されたとみなす部分を洗い清めることなしには、神に受け入れられる日常生活にならないと思い込んでいたというわけです。さらに、そこにメシア待望が絡んで先鋭的になり（清くなければメシアは来ないと）、自分たちと同じようにしない人々に厳しく当たるという有様でした。それで自分たちは清い・正しいと考えていたというのですから、ずいぶんと身勝手な言いぐさですが、差別意識や敵対心はここまでいやらしくねじれていくのです。

これに対してイエスは「あなたがたは神の戒めを捨てて、人間の言い伝えを堅く守っているのです」（八節）と述べて、パリサイ人たちの思い違いをはっきりと指摘されます。

さらに、これに続けて、こうした彼らの姿を例証する事柄として、ささげ物に関する言い伝えとその運用について問題点を浮き彫りにされます。すなわち、ささげ物（コルバン）宣言をすれば他の用途は認められないので、扶養家族である親のための生活費をささげ物（コルバン）と宣言しておけば、経費としての出費を抑えられるという考えです。言ってみれば、親の生活費を削って献金に流用する名目で着服し、それをいかにも敬虔そうな論法で正当化することです。せこいですね。けれども、彼らはそれでも清いと思い込んでいました。いずれささげるのだからよいではないか、という主張です。しかし、イエスはそこにモーセの十戒に対する違反をご覧になります。両親を敬うという大切な神の戒めがないがしろにされているということです（九〜一二節）。「このようにしてあなたがたは、自分たちに伝えられた言い伝えによって、神のことばを無にしています。そして、これと同じようなことを、たくさん行っているのです」（一三節）と。

けがれとか清さとかいうと、私たちは表面上のことを取り上げて、アウト・セーフを議論し、自分に甘くて他人に厳しい論法を作り上げて、自分を正当化し、他人を批判することをやりがちです。けれども、それでは表面を取り繕うことが清さであるかのようなとんでもない誤りを引き起こしていくことになります。パリサイ人たちは、これをやらかしていたわけです。

それで、イエスは「外から入って、人を汚すことのできるものは何もありません。人の中から出て来るものが、人を汚すのです」（一五節）と述べて、けがれは表面上の取り繕いでどうこうできるものではなく、心の中にあるものが問題であるとして、その取り扱いこそ心を砕くべき事柄であると語られるのです。手洗い云々が問題なのではなく、古来の食物規定が問題なのでもなく、すなわち、食べてしまえば排泄されるだけの食物自体にけがれや清さのこだわりを持つべきではなく、むしろ悪の力に負けて、神の恵みから遠ざかり、罪に染まり支配されていく生活・関係・社会こそ取り扱われなければならないことで、それは恵みに向き合わない心から出てくるということ、そこに問題があるのです。そうした心の中から「淫らな行い、盗み、殺人、姦淫、貪欲、悪行、欺き、好色、ねたみ、ののしり、高慢、愚かさ」（二一〜二二節）が出てきて、人を汚すということなのです。神の恵みで満たされることに生きていないので、欲望に支配され、暴力に走り、偽りとさげすみで互いの間柄が破綻していきます。汚されるということです。異邦人への嫉みとののしりから手洗いに固執したり、貪欲によって親への愛を渋って、欺きからささげる気もないのにささげ物（コルバン）宣言したりというパリサイ人の有様は、まさしくこれでした。

イエスのこうした指摘は、私たちにとって身につまされることですが、それは同時に悔い改めへの呼びかけであることを覚えたく思います。けがれがあるから捨てられるということではなく、けがれがあるのに自分でそれを認めることなく清さを主張して、自己を正当化して他者を軽蔑するところに問題があるということです。なぜなら、それは悔い改めを不可能にしてしまうからです。そうではなくて、けがれから召し出してくださるイエスの呼びかけに聞いて、素直に従うことです。それが求められていることを覚えたいと思います。

清くするのは主ご自身

「悔い改めて福音を信じなさい」(一・一五)と語りかけるイエスは、けがれから清さへと召し出してくださる方です。ということは、けがれとは、そう語りかけてくださるイエスご自身が何とかしてくださるものだということです。私たち自身ではどうすることができなくても、イエスにあっては清くする対象なのだと言えばよいでしょう。

「これらの悪は、みな内側から出て来て、人を汚すのです」(二三節)。パリサイ人たちのイチャモンから始まった議論の締めとしてイエスはこのように語られます。しかし、こう言われてしまうと、私たちは立つ瀬がない感じがします。私たちの内側から出てきてしまうのなら、私たちにはどうしようもありません。悪の力に対して無力なわけです。それで罪に居座り続けて、けがれを身に負うという寸法です。これだけだと、何か絶望的です。

それにしても、この自分でどうにもならないけがれとは、いったい何がそもそもの原因なのでしょうか。「人の心の中から」(二一節)と指摘されていますが、人の心は元来そういうものとして創られていたというのでしょうか。否、絶対にそんなことはありません。

神は私たちをけがれに歩むように創造されたのではありません。逆です。神の恵みに純粋に応答する清さに歩む目的で創造されたはずです。それなのに、こうなってしまったのは、「その心はわたしから遠く離れている」（六節）とイエスがイザヤ書を引用して述べているとおり、恵みの神から離れた心、それが問題であるということです。神から離れた心から悪いものが出てきて人を汚すということです。心が神から離れてしまえば、神の恵みへの純粋な応答はできません。むしろ、傲慢と自己中心の餌食になっていきます。神からの戒めも警告も響きません。「あなたがたは神の戒めを捨てて、人間の言い伝えを堅く守っているのです」（八節）、また「神のことばを無にしています」（一三節）と指摘されるとおりです。

私たち人間の心が神から離れてしまって、その結果、けがれを身に負うことになったのなら、普通に考えて、その責任は心が離れてしまった私たちの側にあります。ですから、それでどうなっても、本来は私たちが背負っていかなければならないことになるはずです。私たちのほうで離れてしまったのですから、それで神から見捨てられても文句は言えませんん。けれども、もし本当に見捨てられてしまったら、私たちは悪の力に勝つことができませんから、あとはひたすらけがれにけがれていく状態に落ち込んでいくことになります。

ところが、神は憐れみ深い方です。見捨てられても文句の言えない私たちを決して見捨てることなく、けがれるに任せて堕ちていく道から私たちを召し出す手はずを整えてくださいました。それが「悔い改めて福音を信じなさい」と招くイエスその方なのです。

ここでイエスはパリサイ派の人たちに厳しい言葉を述べていますが、何も最終宣告を言い放っておられるのではありません。確かに、「イザヤは、あなたがた偽善者について見事に預言し、こう書いています。『この民は口先でわたしを敬うが、その心はわたしから遠く離れている。彼らがわたしを礼拝しても、むなしい。人間の命令を、教えとして教えるのだから』」（六～七節）という一撃には厳しいものがあります。しかし、引用されたイザヤ書の続きを読むと（イザヤ二九・一四以下）、必ずしもこの時点で皆が見捨てられるということではなく、むしろ、そこから立ち返ってほしいという神の切なる思いが吐露され、厳しい宣告の中にも立ち返る者があることが示唆されています。「自分たちの中にわたしの手のわざを見るとき、彼らはわたしの名を聖とし、ヤコブの聖なる者を聖として、イスラエルの神を恐れるからだ。心迷う者は理解を得、不平を言う者も教訓を得る」（イザヤ二九・二三～二四）と。そして、マルコの福音書によれば、心遠く離れてしまった人々を神の恵みに立ち返らせるために来てくださったのが、ほかならぬイエスご自身なのだということです。「時が満ち、神の国は近づいた」（一・一五）とのイエスの宣言は、心が遠く離れてしまった人間が自分たちでは神の恵みに戻って来られないけれども、そんな私たちに神のほうから近づいてくださっていることを告げていると言えるでしょう。それゆえ、「悔い改めて福音を信じなさい」（一・一五）とのイエスの招きに応えるかどうかが、けがれから清さへの召しに歩むことができるのか、けがれがけがれのまま残りエスカレートしていくのか、そのいずれかを決めることになるのです。

神の恵みの支配はイエスとともにあります。古の日、荒野でマナをもって大群衆を養った方の臨在を、すでにイエスは同じく荒野で五つのパンと二匹の魚をもって五千人以上を養うみわざで示しておられます（六・三五〜四四）。「洗っていない手でパンを食べている」（二節）かどうかではなく、パンを下さる神の恵みを見て感謝と信頼に生きるかどうか、そこがけがれから清さへの召しに歩むかどうかの分岐点となるのです。私たちもけがれから清さへと召し出してくださるイエスについて行き、招かれるごとく神の恵みに生きていきましょう。

33　恵み溢れる「おこぼれ」

〈マルコ七・二四〜三〇〉

「イエスは立ち上がり、そこからツロの地方へ行かれた。家に入って、だれにも知られたくないと思っておられたが、隠れていることはできなかった。ある女の人が、すぐにイエスのことを聞き、やって来てその足もとにひれ伏した。彼女の幼い娘は、汚れた霊につかれていた。彼女はギリシア人で、シリア・フェニキアの生まれであったが、自分の娘から悪霊を追い出してくださるようイエスに願った。するとイエスは言われた。『まず子どもたちを満腹にさせなければなりません。子どもたちのパンを取り上げて、小犬に投げてやるのは良くないことです。』彼女は答えた。『主よ。食卓の下の小犬でも、子どもたちのパン屑はいただきます。』そこでイエスは言われた。『そこまで言うのなら、家に帰りなさい。悪霊はあなたの娘から出て行きました。』彼女が家に帰ると、その子は床の上に伏していたが、悪霊はすでに出ていた。」

おこぼれを頂戴するというのは、あまり良いイメージがないかもしれません。他人の食べ残しであっても、もらえるものはもらっておくという何かさもしい感じがするのでしょうか。おこぼれとは、言ってみれば残りものですから、普通は廃棄するものです。最近のエコ志向からいえば、何でも廃棄というのも考えもので、もったいないから再利用という発想があるかもしれませんが、それで商品価値的なものがあるかどうかは別問題です。けれども、ここで考えてみたいのですが、同じおこぼれでも、世界屈指の三ツ星シェフが作った渾身の一品だったら、どうでしょうか。一生に一度食べられるかどうかという世界最高峰の料理のおこぼれです。いただいてしまいますか。おこぼれであっても質が違う、次元が違うということであれば、話が違ってくるということでしょう。

さて、私たちは神の恵みで生かされています。世界屈指のシェフどころではない、全能の神の養いをいただいて生かされています。いのちそのものから始まって、環境や関係、生きるのに必要な事柄すべては神の恵みです。それなのに、感謝して受けとめられずに、何か残りものばかりもらっているかのような惨めな気持ちを持ってしまうことはないでしょうか。それでは、神の恵みに対して感動もなければ期待もありません。そのため、応えることも求めることもしないというのであれば、もったいないではすまされない話ですね。

「時が満ち、神の国は近づいた」（一・一五）とイエスは宣言し、せっかくの神の恵みに対して実にもったいないリアクションしかできない私たち人間に対して「悔い改めて福音を信じなさい」（一・一五）と迫られます。これに応えて神の恵みに心を向け直し、イエスの招きに信頼して歩み始めるとき、残りものをもらって生きていたのではない、実に豊かなものを神からいただいて生かされていた事実に気づかされます。

ところが、ここまでのマルコの福音書の記事でも明らかですが、このイエスの招きに比較的素直に応答する人もいれば、逆に冷ややかに、あるいは批判的に眺めるだけで応えようとしない人もいます。そして、どちらかといえば、歴史的伝統からいえば、神の恵みについて詳しく教えられているはずの人たちが批判的なリアクションを示し、そうした伝統から遠いはずの人たちが素直な応答をするようになっていきます。このように、恵みの招きはすべての人々に臨むものですが、応答の仕方いかんでそこに歩む幸いにあずかることができるかどうかが決まってくるのです。ですから、ぜひとも私たちは恵みの招きに素直に応答し、その幸いに歩み、神の恵みの絶大な豊かさに目が開かれて生きるお互いでありたく思います。

尽きぬ恵みの事実

神の恵みは「神の」恵みである以上、尽きることがありません。追いつめられた状況の中でも豊かに注がれ、人間が想定する境界線を越えて溢れていきます。これを事実として受けとめること、そこが基本です。

「イエスは立ち上がり、そこからツロの地方へ行かれた」(二四節)。何のことはない移動の記録に見えますが、「立ち上がり、そこから」という言い方は一つのターニングポイントを示しているようです。それもそのはず、せっかく恵みの招きがイエスによって明確に示されているのに、パリサイ系律法学者など多くのユダヤ人指導層はイエスの招きを拒む態度を示し、揚げ足を取るための論戦を挑むだけで、まるで応答しようとはしません（一～二三節）。それを受けての移動です。一つの決断のもと、イエスはひととき、異邦人の地フェニキアの港町ツロに身をお寄せになるのです。先の論戦のテーマの一つが異邦人への差別意識・敵対心であったことを考えると（三～四節）、このイエスの移動は相当に示唆的です。恵みの招きが人間の想定する境界線を越えて行くことを示す行動と言えるでしょう。恵みの招きは、それを拒む人々からはやがて離れていき、想定された境界線を越えて求める人々のもとへ向かうことになるのです。

しかしながら、「家に入って、だれにも知られたくないと思っておられた」（二四節）というあたりは、ひとひねりある感じです。隠れていようという行動です。恵みの招きのためなら隠れていてはいけないのですが、イエスはなぜこんな行動に出られたのでしょうか。ひと休みということでしょうか。けれども、かつて弟子たちを休憩させるために荒野に退いたところへ群衆が恵みを求めてやって来たとき、憐れみ深いみわざでもって応えた経緯がありました（六・三〇～四四）。あるいは、間違ったメシア待望が横行しており、活動に慎重さが求められたからでしょうか。しかし、ここはフェニキアのツロ、異邦人の町です。

メシア待望それ自体はあまり関係ありません。

では、どうしてイエスは隠れていようとお考えになったのでしょう。考えられることは、弟子たちへの教育目的です。恵みの招きは隠そうとしても隠れていることはできないことを、身をもって示そうとしたということです。「明かりを持って来るのは、升の下や寝台の下に置くためでしょうか。燭台の上に置くためではありませんか」(四・二一)と述べられたとおり、恵みの招きは明らかにされるために訪れているということです。消え去るために訪れたのではありません(疾風のように現れて、疾風のように去っていくのではありません!)。ユダヤ人指導層が恵みの招きを消し去ろうとしても、隠されるどころか、むしろ国境を越えて明らかにされていきます。隠れていることができないことを教えるために、ここでイエスはまずあえて隠れてみるという行動に出られたわけです。

すると案の定、「ある女の人が、すぐにイエスのことを聞き、やって来てその足もとにひれ伏した」のです(二五節)。「すぐに(エウテュス＝力強い恵みのみわざの展開を示すマルコの表現)」です。幼い娘を癒してほしいと願うギリシア人の母親が現れます(二五〜二六節)。彼女とイエスの会話も、そう考えると、弟子たちに対する教育目的が一つあったと言えるでしょう。必死に願う彼女にイエスは言われます。「まず子どもたちを満腹にさせなければなりません。子どもたちのパンを取り上げて、小犬に投げてやるのは良くないことです」(二七節)と。一瞬、耳を疑う冷淡なお断り文句に聞こえてしまいます。イエスともあろう方がこんなに意地悪なことを言われるなんて、と若干つまずきを感じる人もいるでしょう。イエスも結局、民族意識の偏見を乗り越えられずに、異邦人よりも自民族を優先する発言をしたのだとか、潜在的に男性中心主義という偏見があり、それで彼女の願いを冷たくあしらったのだとかと言いたがる人もいるようです。

しかしそうだとすると、先に見たようにイエスがあえてこの時点で異邦人の地に足を踏み入れた理由も、また、一度はあえて隠れていようという態度をとって見せた理由も、まるで説明できなくなります。そうならば、そういう読み方にこそ偏見を疑って然るべきでしょう。むしろ、同行している弟子たちへの教育目的と考えれば、話の筋が通ってきます。恵みの力あるみわざを求めて来る人を前に、まずはあえて隠すような発言をしておいて、しかし案の定、そんなことで恵みの招きは隠れてしまうようなものではなく、すでになされたみわざと証しに惹きつけられて求める人にとっては、なおも期待して求めて然るべきものであることが示されます。そして、異邦の地であっても、隠そうとしても分かる人には分かる、真剣に信じて求める人は起こされることが明らかにされるということです。弟子たちにそこを見てほしいというお心です。

そして、まさしくそのように、彼女からの返答です。「主よ。食卓の下の小犬でも、子どもたちのパン屑はいただきます」（二八節）と。小犬呼ばわりされて悔しいとか卑屈になるとか、そんなレベルの話ではなくて、隠そうとしても隠れようがない明らかな恵みの招きに自分もあずかりたいと切に願う姿がここにあり、それが浮き彫りにされて、それに応えての癒しのみわざがなされるという展開です。そして、もう癒されたから家に帰るようにと言われて、帰ってみたら本当に癒されていたという結末です（二九〜三〇節）。イエスが招く恵みの支配は尽きることがありません。国境を越えて異邦の地でも広げられていきます。隠そうとしても、おのずと明らかになっていきます。止められても求める人が起こされて、神の恵みにすがる信仰が裏づけられていくのです。

そして興味深いことに、この尽きることのない神の恵みの事実は、旧約聖書に記されている一つのエピソードと重ねると、さらにパワフルなメッセージが紡ぎ出されてきます。もちろん、旧約聖書のすべては尽きることのない神の恵みを証ししていますが、とりわけここでイエスが訪れた「ツロの地方」（二四節）でかつて何があったかを思い起こしてみると、まさしくパンをめぐって尽きることのない神の恵みが証しされた出来事が列王記第一に記録されているのが分かります。

預言者エリヤが告げた大干ばつの中で、神がエリヤを導いて食物を得るため訪れさせたのはフェニキアのツァレファテ、ツロから距離にして二〇キロほどの町でした。神の言葉に聴かないイスラエルから一時期離れて、まさしく「ツロの地方」に出向いて、同じくそこで出会うのがわが子の命を案ずる一人の母親です。干ばつで貧しい中、最後のパンを預言者に食べさせるようにとの導きを受けて、彼女は戸惑います。しかし、それに従うと、なんと「エリヤを通して言われた主のことばのとおり、かめの粉は尽きず、壺の油はなくならなかった」（Ⅰ列王一七・一六）という神の恵みを経験したのです。これを考え合わせると、この恵みの神はなおも生きておられ、今ここで臨在を現しておられるという出来事がイエスによってなされたということになります。イエスが招く神の恵みは尽きることがありません。それは時代すら超えるということです。この恵みの事実に心を開くことです。恵みの豊かさの味わいは、ここから始まります。

恵みの事実への尽きない期待

尽きることのない神の恵みの事実。しかし、その恵みが注がれているのに、受け取るべき側がそっぽを向いていたのなら話になりません。そうではなくて、受け取る側も期待をもって受け取ることです。しかも、尽きない恵みに負けじと、尽きない期待をもって受け取るならば、そこに相乗効果があるというものです。ぜひとも、そのようにして恵みの豊かさを味わいたく思います。

イエスがツロの地方で出会ったギリシア人の女性は、そもそもなぜイエスのところに来たのでしょうか。娘を癒してほしいということですが、どうしてイエスのことを知っていたのでしょうか。場所はツロの地方、異邦の地です。これまでのイエスの活動拠点ガリラヤからすれば七〇キロほどの距離、国境を越えています。ギリシア人ですから、いわゆるメシア待望からは思想としても社会運動としても遠い位置にいます。そんな彼女がどうしてイエスに関心を向けたのでしょうか。

一つ考えられることは、イエスに関してそれだけのニュースがツロの地まで伝わっていたということでしょう。もちろん、病を癒す、悪霊を追い出す、そのほか様々な解放のみわざについてのニュースもあったでしょう。けれども、おそらく彼女の心を動かしたニュースはパンの奇跡だったでしょう。五つのパンと二匹の魚で五千人以上を満腹にして、なおも余りのパン屑が十二のかごいっぱいになったという出来事です。尽きることのない恵みの事実です。

なるほど、イエスと彼女の会話に「満腹」とか「パン屑」とかそれに関わる言葉が出てきます。たぶん彼女がイエスにひれ伏して願った最初の言葉の中にパンの奇跡への言及があったと思われます。それならば、イエスが「子どもたちを満腹にする」とか「パンを取り上げる」とか述べたのは何も唐突なことではなく、むしろ話の流れとしては納得のいくものとなります。つまり、彼女は五つのパンの奇跡をなさったイエス、まさしく尽きることのない恵みのみわざをなした方に期待してひれ伏し願ったのです。

しかも、イエスに願い求める彼女もまた、尽きることのない期待をもってひれ伏していることが分かります。「子どもたちのパンを取り上げて、小犬に投げてやるのは良くないことです」（二七節）とのイエスの回答に対して、「主よ。食卓の下の小犬でも、子どもたちのパン屑はいただきます」（二八節）との彼女の返答です。冷たくあしらわれたといじけてしまったらそこまでですが、むしろ、なおも尽きない恵みへの期待をもって願い求めてやまない姿がそこにあります。もちろん、イエスも冷淡に断ったわけではないことは、前述のとおりです。むしろ、この会話の中には、尽きない恵みの提供者と尽きない期待を持つ受領者との間の軽妙なユーモア溢れるやりとりを見て取ることさえできるでしょう。

五つのパンの奇跡、尽きない恵みの事実の証し。実際にここでの「子どもたち」に相当するガリラヤの人々は、胃袋を満たしたわりに本来の意味で恵みに満たされたとは言い難く、「恵みに生きなさい」とのイエスの招きに素直に応答しない輩も多数いるという現状なのです。尽きない恵みがさらに注がれなければならないのは事実です。しかし、同時に尽きない恵みはすでに溢れているのも事実です。実際に五つのパンは五千人を満腹にしてなおも、十二のかごいっぱいに残りのパン屑が集まったということです。そうであるならば、その溢れた分、残りの「パン屑」にたとえられる尽きない恵みの剰余分をいただくことはできるはずです。期待しますから、それを下さい、ということです。恵みが尽きないなら、期待も尽きないという様子。だから、やはり恵みは尽きないという結果。こういう相乗効果にあずかりたいものですね。

それならば、やはり期待することです。尽きない恵みにふさわしく、私たちも期待して求めることです。これは、私たちの期待値に応じて、注がれる恵みが決まるというような応報的なものではありません。もともと恵みは尽きることがないからです。ただ、その事実に気がついて受け取ることができるかどうかは、私たち次第です。

ここであらためて考えてみましょう。パン屑は「パン」ですか、それとも「屑」ですか。きっと、それはパンの質によるでしょう。そこらで買った一五八円の食パンであれば、食べ残しは「屑」とみなされるでしょう。ところが、世界一のパン職人が一世一代の最高傑作として振る舞ってくれたパンであったら、いかがでしょうか。たとえそれが一片のパン屑であっても、捨てるのはもったいない、「屑」ではなくて「パン」だということになるのではないでしょうか。それならば、全能の神が注いでくださる尽きない恵みは、それが何であっても「屑」などではない、いただけるだけでも身に余る光栄、いただけるならば、どれだけでも期待して求め、感謝して受ける。そういうものではないでしょうか。尽きない恵みにふさわしく期待して、恵みの豊かさを味わうお互いでありたいと思います。

34　開け、福音のコミュニケーション

〈マルコ七・三一～三七〉

「イエスは再びツロの地方を出て、シドンを通り、デカポリス地方を通り抜けて、ガリラヤ湖に来られた。人々は、耳が聞こえず口のきけない人を連れて来て、彼の上に手を置いてくださいと懇願した。そこで、イエスはその人だけを群衆の中から連れ出し、ご自分の指を彼の両耳に入れ、それから唾を付けてその舌にさわられた。そして天を見上げ、深く息をして、その人に『エパタ』、すなわち『開け』と言われた。すると、すぐに彼の耳が開き、舌のもつれが解け、はっきりと話せるようになった。イエスは、このことをだれにも言ってはならないと人々に命じられた。しかし、彼らは口止めされればされるほど、かえってますます言い広めた。人々は非常に驚いて言った。『この方のなさったことは、みなすばらしい。耳の聞こえない人たちを聞こえるようにし、口のきけない人たちを話せるようにされた。』」

「宣教」と聞くと、聖書のメッセージを伝えに海外に行くとか、大々的に集会を開くと

か、そういうイメージを持つかもしれません。それで、何か仰々しい感じを持ってしまって、空回りしたり尻込みしたりということもあるでしょう。しかし、はたして宣教とはそういうことなのでしょうか。確かにそのように海外へ行くことも大会を開くことも宣教の一環と言えるでしょうが、それがすべてと考えているのなら、かなり修正が必要です。

宣教というのは、神の恵みの支配の良き訪れの知らせ（福音の言葉）を告げることで、「恵みの支配をもたらすイエスが主」という信仰告白に導く活動のすべてを意味します。ですから、派手な活動だけでなく、むしろ、地道な日常が福音を証ししていることが大切となります。イエスが主となって治めてくださるのは人生のすべてですから、それを形づくる地道な日常をイエスが治めて、私たちを恵みに歩ませる姿、分かち合わせる姿が示されていくことこそ宣教の本意ということになるでしょう。

そして、そのように福音、すなわち良い知らせを告げることは、告げる本人が告げる内容について良いものであると日常において受けとめていることを意味します。良いものであるから、良いものとして伝えたいということです。また、それは伝える相手にとっても良いものであると信じているので、良いものとして伝えていくことです。けれども、それはお知らせなので、伝える相手に対して押しつけることはしません。どう応答するかは相手次第です。しかし、もちろん良いものとして受けとめてくれる応答を引き出すべく、様々な働きかけをすることになります。

それゆえ、宣教とは福音のコミュニケーションと言えるでしょう。それならば、そのことを通して、私たちのコミュニケーションそれ自体も福音の言葉によって良いものとされ、成長へと導かれていくはずです。なぜなら、私たちの使う言葉も言葉で表現する内容も神の恵みで支配されて、福音のコミュニケーションにふさわしくトレーニングされていくからです。考えてみれば、私たちも福音を受け入れる前と後では、どんな言葉でどのように世界を描いていたか、まるで違ってきているのではないでしょうか。神の恵みを土台にした話ができる耳と口が開かれて、福音のコミュニケーションができるようになる幸いが始まっています。「悔い改めて福音を信じなさい」（一・一五）と迫るイエスに聴いて、イエスの弟子となるとき、この幸いにあずかる者となることができるのです。イエスによって耳と口が癒されて開かれた人のエピソードは、この幸いを爆発的な形で示しています。私たちも福音のコミュニケーションができる幸いに成長したいものです。

恵みに開かれる耳と口

「すると、すぐに彼の耳が開き、舌のもつれが解け、はっきりと話せるようになった」（三五節）。耳が聞こえず口のきけない人にイエスが出会い、癒しのみわざがなされるという場面です。まず誤解を避けるために確認すべきことですが、こうした障がいのある人は恵みの世界がわからず、福音のコミュニケーションができないということでは断じてありません。むしろ、逆の状況が多数見受けられるのが事実です。音声は感知できないけれども、恵みに満ちた神のみことばを敏感に聞く耳を持っている人々がいます。音声では会話できないけれども、雄弁に神の恵みを語る言葉を持っている人々がいます。

しかし残念ながら、紀元一世紀のユダヤ・パレスティナでは（現代社会でも）、こうした障がいのある人がひどい差別を受けたり、問題視されたり、様々につらいところを通らされたのは確かで、そんななかで自分の存在の意味を見失ったり、深い孤独や寂しさ、絶望感などのただ中に置かれて苦しんでいたりすることは容易に想像ができます。家族をはじめ、周りの人々も、何とかしたくてもどうにもならず、持て余したり、背負うのに疲れを感じてしまったりする事態もあったでしょう。この場面に出てくるケースも、背景としては似たような状況があったと考えられます。そこへイエスがやって来られたということです。

これまでのイエスの活動によって、この地域にもイエスに関する噂は伝わっており、大いなる力を持った憐れみ深い方で、様々な癒しと解放のみわざをなさる方という情報は人々に共有されていたようです。後に詳述しますが、ここでイエスが訪れているのは、異邦人が居住する地域です。それゆえ、メシア待望のような関心ではなかったはずですが、イエスの来訪は強烈なインパクトをもって受けとめられました。そんな人々が「耳が聞こえず口のきけない人を連れて来て、彼の上に手を置いてくださいと懇願した」（三二節）

というわけです。イエスのもとに連れて来てくれて、癒しのみわざを懇願してくれる人々が周囲にいたことは、この人にとって幸いなことでした。それだけ思ってくれる人々がいるということです。しかし、そうやって思ってくれる人々でも、手の施しようがない事態に心を痛めつつ、自分たちの無力さを認めざるを得ない状況でした。そのため、やって来てくれたイエスにお願いしようということになったわけです。

ところが、この懇願を受けたイエスは、リクエストにそのままお応えになったというわけではありませんでした。人々のリクエストは「彼の上に手を置いてください」ということでしたが、そのまま言われたとおりに行動されたのではありませんでした。おそらく、彼らとしては過去にイエスが手を置いて癒した事実について聞いたので、それに基づいてのリクエストだったのでしょうが、イエスとしてはそれを超えるメッセージを示そうとされたのでしょう。イエスの取った行動は、「その人だけを群衆の中から連れ出し、ご自分の指を彼の両耳に入れ、それから唾を付けてその舌にさわられた」（三三節）というものでした。過去の出来事から興味本位で不思議見たさに集まった人々も多数いたでしょうから、その人だけを連れ出して見世物扱いになるのを避けるという配慮です。そして、手を置くのではなく、耳と口に触れるという行動です。当人だけを前にして、問題の核心、痛みの出所に触れられるのです。避けて通るのでなく、まさしくその痛みに共感して、慈しみの手で触れてくださったわけです。その痛む部分は汚れたものでもなく、嫌悪すべきものでもなく、慈しむべきものなのだと受けとめてくださったということです。イエスはそのようにして、あなたの痛む部分にも触れてくださる方であることを、ぜひとも知ってください。

さて、その次にイエスはここで何をされるのでしょうか。「そして天を見上げ、深く息をして、その人に『エパタ』、すなわち、『開け』と言われた」（三四節）。「開け」とは、直接にはもちろん障がいとなっている耳と口が開くようにということです。さらには、それによってこの人自身が解き放たれて人生が開かれるように、という応用的な意味を見て取るのも面白いでしょう。しかしこの言葉を発する前に、イエスは天を見上げて深呼吸されます。見かけ上は、何か精神統一のようにも見えますが、大切なのはどこを見つめられたのかというところです。天を見上げるというイエスの行動は、直近の場面では五つのパンの奇跡の記事に記録されていました。「イエスは五つのパンと二匹の魚を取り、天を見上げて神をほめたたえ」（六・四一）、パンと魚を配ると、五千人が食べても余りある食事ができたという出来事です。これと同じく、「開け」と発言するこの場面でも、父なる神を賛美して、恵みの力を人間目線では手詰まりの状況の中で示されたということです。

それで、その結果が「すると、すぐに（エウテュス＝恵みの力強さを示すマルコ特有の表現）彼の耳が開き、舌のもつれが解け、はっきりと話せるようになった」（三五節）ということでした。その場にいるのは、イエスと彼の二人だけです。ですから、聞こえるようになって初めて聞いたのはイエスの声でした。口がきけるようになって初めて話した相手がイエスご自身でした。まず、恵みをもって癒してくださった方とコミュニケーションを取ることができたということです。嬉しかったでしょう。会話の内容は記されていませんが、間違いなく恵みの言葉、解放の宣言を聞き、感謝と賛美で応えたということだったでしょう。福音のコミュニケーションの始まりです。

このように、イエスは私たちの抱える問題にも慈しみをもって触れ、恵みの言葉を聞かせて、それに応える力を与え、福音のコミュニケーションを始めることができるようにしてくださる方なのです。

良い知らせは伝わるもの

福音のコミュニケーションは、個人とイエスの間柄だけの話ではありません。確かに、そこが基本であり始まりなのですが、そこで尽きるものではなく、むしろ、そこが確かであるなら、そこから広く深く多くの人々に向けて展開されていくものです。一人の人がイエスに出会い、恵みの言葉を聞く耳、そして恵みに応える言葉を語る口が開かれるとき、そのコミュニケーションは周囲に伝播していきます。良い知らせは伝わるものです。もちろん、伝える側の意志や行動が大切な媒体となるのは言うまでもないことで、そこを疎かにしても自然に伝わっていくものではありませんが、肝心なことは福音自体に伝わる力があって、私たちがその力に服して生きるとき、福音のコミュニケーションは圧倒的に豊かになるということです。

さて、イエスによって群衆の中から連れ出していただいて耳と口が癒された人のエピソード、場所は「デカポリス地方を通り抜けて、ガリラヤ湖に来られた」（三一節）ということで、同じガリラヤ湖畔でも異邦人の居住地域です。デカポリスは、デカい警官のことではなく、「十の街」という意味で、ギリシア人による植民都市（約三百年前のアレクサンドロス大王の時代に始まる）を中心にした地域ということです。ちなみに、ここに至るイエスの旅程は「ツロの地方を出て、シドンを通り、デカポリス地方を通り抜けて」（三一節）ということなので、相当ぐるりと大回りをしてガリラヤ湖畔に、しかも、弟子たちの地元カペナウムから見れば、対岸のガリラヤ湖畔にやって来たことが分かります。この時点では何かガリラヤ地方を避けているかのようなルート設定です。ひたすらに異邦人の居住地域を通ってガリラヤ湖畔に戻って来たということです。その理由を求めるならば、おそらく、ガリラヤ地方のユダヤ人たちはイエスの力あるみわざに群がっても、その目的である恵みの招きに向き合おうとしない姿、荒野でマナを降らせてイスラエルの大群衆を養った神の臨在を示しているパンの奇跡を目の当たりにしても悟らない姿を呈していくのに対して、ここで一つ警告的な招きとして応答するチャンスがしぼんでいくことを示すべく、あえてこうしたルートを採用されたと考えられます。

そして、その逆にあぶり出されてくるのが、異邦人のほうがイエスの招きに敏感に応答する姿です。直近では、ツロの地方で出会った母親が娘の癒しをイエスに懇願して、恵みへの真摯な応答が引き出されていく出来事がありました（二四～三〇節）。そして次がこの箇所、デカポリス地方のガリラヤです。異邦人の地ですが、実はイエスにとってこの辺りを来訪するのは初めてのことではありませんでした。かつてイエスが訪れて、力あるみわざがなされ、それが証しされていたので、それを知っている人々はイエスが来訪するや、耳が聞こえず口のきけない人をイエスのもとに連れ来たという寸法になるわけです。

それならば、かつてイエスがこの辺りを訪れたとは、どんな場面だったでしょうか。「こうして一行は、湖の向こう岸、ゲラサ人の地に着いた」（五・一）という記録で始まる一件です。墓場に住み着いて昼夜叫んでいた人がイエスによって癒されたという出来事です。あのときイエスがその場にいたのはほんのひと時、岸辺の墓場周辺にいただけで、出会ったのは癒された本人と付近の村人数名だけでした。けれどもその証しは広くその地方に伝えられていきます。「それで彼は立ち去り、イエスが自分にどれほど大きなことをしてくださったかを、デカポリス地方で言い広め始めた。人々はみな驚いた」（五・二〇）ということです。これが下地となって、今回のイエス来訪の時、さらなるみわざが現されるということです。耳と口を患う人がイエスによって癒されて福音のコミュニケーションを始める前に、福音自体が伝わっており、その下地を作っていたのです。

これは、私たちで言えば、キリスト者になる前にミッションスクールの学生だったとか、キリスト者の友人・知人の姿を見てきたとか、自ら求める前に何かで福音に触れていたという事実に当てはまると言えるでしょう。

そのようにして備えられた地盤があり、そこにイエスとの出会いが与えられて始められる福音のコミュニケーションは、伝わる福音の力そのままに、さらなるダイナミックな展開を見せることになります。この箇所で耳と口を患う人が癒されたという出来事は、大ニュースとなって瞬く間に広まっていきます。「イエスは、このことをだれにも言ってはならないと人々に命じられた。しかし、彼らは口止めされればされるほど、かえってますます言い広めた」（三六節）。この出来事は、最初、イエスが彼を群衆から連れ出したうえで行った癒しで、だから、まさしく現場には二人だけだったのですが、彼が自由に話せるようになっているため、癒された事実が知られることになります。癒された彼自身も何がどうなったかを語ったことでしょう。知った人々もさらに多くの人々に知らせていきます。

イエスは「口止め」をされますが、ここはユダヤ人の地ではないので、誤ったメシア待望を警戒してという意味ではありません。もちろん、悪いニュースだから隠しておきたいということではありません。むしろ、隠そうとしても隠れることはできない福音の良い知らせとしての所以をあぶり出して見せるという意図と考えられます。かくもさように、「口止め」しても広まっていく福音の証しの爆発的な力強さを示しています。それはさらに八章に記される力あるわざの舞台を設定していきます（一節）。まさしく「明かりを持って来るのは、升の下や寝台の下に置くためでしょうか。燭台の上に置くためではありませんか。隠れているもので、あらわにされないものはなく、秘められたもので、明らかにされないものはありません」（四・二一～二二）の実演です。弟子たちへの実地教育です。ツロの地でも最初は隠れていようという行動に出たのと本質的に同じです。

注目すべきは、これらが異邦人の地で行われたことです。とりわけ、耳と口を患う人が癒されるという出来事は、「『神は来て、あなたがたを救われる。』　そのとき、……耳の聞こえない者の耳は開けられる。そのとき、……口のきけない者の舌は喜び歌う」（イザヤ三五・四～六）の成就として、ユダヤ人が待ち望んでいた出来事です。メシアの到来を告げる出来事です。それなのに、それがユダヤ人の忌み嫌う異邦人の地で明らかにされ、しかも、言い広められるという皮肉な事実です（三七節）。良い知らせの伝わる力は、素直に受けとめられるところでこそ、より強く発揮されるということです（六・一～六参照。ナザレでは人々の不信仰のゆえに力あるみわざがなされなかったというケース）。

さらに、この出来事でイエスがお用いになったアラム語表現がそのまま記録されている点も注目されます。「エパタ（＝開け）」と（三四節）。これは明らかに、著者マルコとしては読者に注目させたい重要事項ということです。ちなみに、イエスの用いたアラム語表現がそのまま記録されている例としては、「アバ（＝父よ）」（ゲツセマネの祈りにて。どんな時にも父なる神に祈ることができるという使信)、「エロイ、エロイ、レマ、サバクタニ(=わが神、わが神、どうしてわたしをお見捨てになったのですか)」(十字架の上で。人々の罪を背負ったときの引き裂かれる思いの吐露)、「タリタ・クム(=少女よ、起きよ)」(ヤイロの娘の蘇生。死に勝つ力の顕現)など、ここぞというところでアラム語表現が飛び出してきます。

ということは、この出来事、つまり、異邦人がメシア到来を告げる出来事にあずかり、それを口止めされても良い知らせとして言い広めた事実は、非常に重要な出来事で、これに注目しなさい、ということなのです。民族や伝統、文化などの違いが問題ではなく、良い知らせの伝わる力はそうした壁を越えて行くということです。大切なのは、良い知らせが告げる恵みの事実に素直であるかどうかということです。恵みに聴く耳が開かれて、恵みに応える口が開かれるとき、福音のコミュニケーションが始まり、それはあらゆる壁を越えて力強く広げられていくことを明確に覚えたいと思います。

35　弟子の道・追試とチャレンジ

〈マルコ八・一〜一〇〉

「そのころ、再び大勢の群衆が集まっていた。食べる物がなかったので、イエスは弟子たちを呼んで言われた。『かわいそうに、この群衆はすでに三日間わたしとともにいて、食べる物を持っていないのです。空腹のまま家に帰らせたら、途中で動けなくなります。遠くから来ている人もいます。』弟子たちは答えた。『こんな人里離れたところで、どこからパンを手に入れて、この人たちに十分食べさせることができるでしょう。』するとイエスはお尋ねになった。『パンはいくつありますか。』弟子たちは『七つあります』と答えた。すると、イエスは群衆に地面に座るように命じられた。それから七つのパンを取り、感謝の祈りをささげてからそれを裂き、配るようにと弟子たちにお与えになった。弟子たちはそれを群衆に配った。また、小魚が少しあったので、それについて神をほめたたえてから、これも配るように言われた。群衆は食べて満腹した。そして余りのパン切れを取り集めると、七つのかごになった。そこには、およそ四千人の人々がいた。それからイエスは彼らを解散させ、すぐに弟子たちとともに舟に乗り、ダルマヌタ地方に行かれた。」

定期試験をなくそう、という学校教育の方法が注目されています。賛否諸説あるでしょうが、その趣旨としては、単元ごとの試験に何度でもトライして、最終的に内容を自分のものにできればオーケーということです。学生は自分で立てた学習計画に基づき、自分のペースで自ら学習に取り組むようになるとか。なるほど、面白い方法です。これでいくと、自分で満足のいく結果を得るまで、何度でも追試を受けることができることになります。確かに試験は緊張するものですが、いくらでもチャレンジできるシステムは、追試本来の意味が点数を取ることではなく、学習内容を身につけることなのだと明確にする点で注目に値します。しっかりと身につけるチャンスは十分にあるということですね。

さて、ここで教育論はひとまず置いて、私たちの信仰の歩みに目を転じます。イエスを主と告白して、イエスに招かれた神の恵みの道に歩んでいくことです。もちろん、学校教育とは違いますが、そこにも追試に通じる要素が存在しています。恵みの世界ですから、成績で判断されるわけではありませんが、信仰の歩みが「試される」ことが幾度となくあります。「試される」のだから、言ってみれば試験です。同じ課題で幾度となく試されることもあります。それならば、それはある意味で追試ということになります。もちろん、それで資格が取れるとか、合否が決まるとか、そういう話ではありません。ただ、イエスの招きに応えて恵みの道を歩む、すなわちイエスの弟子として従っていくとき、それにふさわしく成長していくために「試される」というプロセスを踏むということです。成長を感じられることもあれば、補強すべき点が見つかることもあります。時間・金銭・労力などをささげることでしょうか。立場や人気へのこだわりを捨てることでしょうか。思い煩いを委ねることでしょうか。試されるべき様々な課題があります。一挙に克服できるものもあれば、生涯かけて取り組む課題もあります。繰り返し追試を受けて、弱点を自覚させられながら、同時に恵みのうちに成長を見いだす喜びが与えられます。私たちが従う主は憐れみ深い方で、決して見捨てることはありません。弟子としてふさわしく成長できるように、追試の機会を通してでも引き上げてくださいます。

「わたしについて来なさい」（一・一七、二・一四）と語りかけるイエスは、言葉だけの方ではありません。招かれた恵みの道に弟子たちが成長するために、追試のように繰り返して課題を与え、忍耐強く真実を尽くして彼らを教え導かれます。私たちもイエスに従って恵みの道を歩む弟子として、イエスが提供してくださる訓練を繰り返し受けて、然るべき姿へと成長させていただきたく思います。

主の弟子としての弱点補強

「群衆は食べて満腹した。そして余りのパン切れを取り集めると、七つのかごになった。

そこには、およそ四千人の人々がいた」(八・八〜九)。七つのパンで四千人の人々が満たされるというイエスのみわざです。以前にも似たようなことがありました。言うまでもなく、五つのパンと二匹の魚で五千人以上の人々が養われたという出来事です。言ってみれば、今回、再び同じテーマの課題が繰り返されているということです。弟子たちとしては、まさしく追試と言うべきでしょうか。数値(人数とパンの数)は違いますが、状況はほぼ同じです。ですから数学ではありませんが、「公式」を当てはめれば解けそうな課題です。

それならば、その「公式」とやらはいったい何であったか、まずはかつてのケースを振り返ってみましょう。五つのパンの奇跡の場合、弟子たちは二人一組の宣教実習から帰って来たばかりで、休憩が必要な状況でした。過密スケジュール、ライバル意識、プレッシャー、虚栄心。一度、心を神の恵みに向けて、憩いを得る必要がありました。それで、リトリートに一行で出かけたところ、そこにも群衆が集結していました。飼う者のいない羊の群れのような人々を見て、イエスは深く憐れみ、彼らに恵みの言葉を語られます。弟子たちも一緒に聴いています。ところが、夕暮れになり食事時、いい加減に群衆を解散して各々食事をさせようと弟子たちは提案しますが、イエスは弟子たちが群衆に食事を与えるようにという課題をお出しになります。せっかくの休みなのに、という感じで困惑気味の弟子たちです。そうでなくても、五千人の人々に対して、自分たちの手持ちの食料は五つのパンと二匹の魚だけです。無理難題を超えています。しかしイエスとしては、先程来、群衆に語ってきた恵みの言葉によってヒントを出しておられ、それに気づけば解けたはずの問題でした。けれども、弟子たちは気づかず、結局イエスが助け舟を出して、模範解答を発表されます。わずかの手持ちでも、イエスにゆだねればよいということです。イエスがなしたように、天を見上げて祝福を祈ればよいということです。そして、荒野でマナを降らせた神ご自身の臨在のうちに、尽きない恵みはついに五千人の群衆を満腹にしたという結果です（六・三〇～四四）。いわば、この恵みの方程式が「公式」となります。∞(5a+2b)≧5000+12c+d という結果から、∞f(x)≧A ということになるとでも言いましょうか。

というわけで、過去問を思い出せば解けそうな追試の課題です。手持ちのパンが七つで、四千人の群衆。場所は人里離れた荒野で、食料調達は無理なところ。そこを何とかせよという課題です（四節）。過去問をやってから何か月も経っていないわけですから、ここまで状況が似ている課題に直面して思い出せないはずはなかろうと思いますが、どうもそうはいかなかったようです。しかも今回、この状況になって三日間が経過しているということです（二節）。三日間、弟子たちは何をしていたのでしょう。過去問からしっかり学んでいたなら、三日間もあれば何をしたらよいのか、答えは出せたはずです。それなのに、彼らは分からなかったか（鈍過ぎだったのでしょうか）、分かったけれども言い出せなかったか（臆病だったのでしょうか）、言いたくなかったか（渋ったのでしょうか）、ともかく事は何も動きません。こうして彼らの弱点が暴露されます。ここが補強されなければ、追試の意味はありません。

　このことを逆の面から見ると、もちろんイエスとしてはこの状況をご自分から何とかしようと思えばいくらでもおできになりました。けれども、まずはこの三日間、ご自分のほうからは何もアクションを起こさず、弟子たちがどうするかを黙って見ておられたことになります。まさしく追試です。五つのパンの出来事から学んでいるだろうか、どうすべきか答えを出すことができるだろうか、と待っていてくださったということです。三日間もです。しかも、群衆に対しては恵みの言葉を語っていたでしょうから、今回も十分にヒントが出ています。しかし残念なことに、弟子たちは答えを出すことができません。ギリギリまで待ってくださいましたが、イエスはついに見兼ねて切り出されます。「かわいそうに、この群衆はすでに三日間わたしとともにいて、食べる物を持っていないのです。空腹のまま家に帰らせたら、途中で動けなくなります。遠くから来ている人もいます」(二～三節)。これで弟子たちの弱点が指摘されたことになります。

　しかし、弱点を指摘されるのも一つの恵みです。確かに痛い思いはしますが、弱点をさらして歩む恥から守られますし、弱点が分かれば手の施しようがありますし、指摘してもらえるということは見離されてはいないということですから。

　さて、弱点が指摘されたところで、そこを補強するために、さらに追試は続きます。過去問においては、「あなたがたが、あの人たちに食べる物をあげなさい」(六・三七)と直接に取り組むことへの言及、指示がありますが、今回は追試ですから、若干レベルが上がっています。何に取り組むべきか、直接の指示はありません。自分で課題を見いだし、指示がなくても取り組むことができるかどうかも試されています。しかし、過去問を生かせない弟子たちは、またも同じ間違いを繰り返します。何が課題なのか、どうすべきであるのか、見いだせないだけではありません。「こんな人里離れたところで、どこからパンを手に入れて、この人たちに十分食べさせることができるでしょう」（四節）。あっさりと結論を出し、「無理です」と。これが筆記試験だったら、白紙回答になるでしょうか。一点ももらえないパターンです。

けれども、イエスは忍耐強くなおもヒントをお与えになります（普通の教師だったら、怒っているかもしれません）。「すると、イエスはお尋ねになった。『パンはいくつありますか』」（五節）。かなりおまけのヒントのはずですが、それでも弟子たちは分かりません。ただ尋ねられるままに、手持ちのパンの数を答えただけです（五節）。本当なら、「主よ、私たちにはこれだけしかありません。けれども、あなたにおゆだねしますから、先日と同じように恵みの力を現してください」と言うべきところでしょう。そう言えればいいのに、それが言えません。

そこで、イエスは先日と同様に模範解答を提示なさることになります。「すると、イエスは群衆に地面に座るように命じられた。それから七つのパンを取り、感謝の祈りをささげてからそれを裂き、配るようにと弟子たちにお与えになった」（六節）。先日と同じ行動、そして、同じ結果です。「群衆は食べて満腹した。そして余りのパン切れを取り集めると、七つのかごになった」（八節）ということです。これで分かったでしょう、という感じのプレゼンテーションです。$\infty f(x) \geqq A$ なので、この場合は、$\infty 7a \geqq 4000 + 7b$ ということになるわけです。とにかくイエスにすがり、恵みの力に期待することです。あぶり出された弱点をどう補強したらよいか、これで明らかです。

同じことを繰り返されることは、半分情けない感じもしますが、これもまた恵みです。少なくとも見離されていないということです。それでも、見込みありと思っていてくださるということです。これだけ忍耐をもって何とか分からせようとしていてくださるということです。主の深い憐れみです。また、繰り返されたこのテーマは本当に大切なことである、ということも確認できます。

信仰生活の中でかつてと同じ課題に直面することはありませんか。同じ失敗を繰り返すことはありませんか。同じみことばに目が留まることはありませんか。繰り返されることは恵みです。しかし同時にチャレンジでもあります。追試であぶり出された弱点は、追試を通して補強しなければなりません。繰り返してもらっている間に少しでも恵みに生きることが身につくように、ということです。そのために大切なことは、やはりイエスについて行くことです。

主の弟子としてのレベルアップ

追試の目的は、弱点補強だけではありません。弱点補強は言ってみれば、マイナスをゼロに戻す作業です。大切な作業ですが、それだけでは十分でありません。全く同じ問題ならば習得したと言えても、少し設問をひねられて応用的な問題になると歯が立たないというのでは心もとありません。マイナスをゼロに戻したうえで、プラスαが欲しいところです。それでこそレベルアップです。追試の目的が果たされていくと言えるでしょう。イエスの弟子として従うことにも、同じことが言えます。

七つのパンで四千人が満腹になるという出来事、先述のとおり、かつて五つのパンの奇跡で直面した課題の追試とでも言うべき出来事です。けれども、すでに見たように、両者は全くのコピーではありません。数字の違いもさることながら、七つのパンの出来事のほうが幾つかの点で課題のレベルが上がっています。すでに指摘しましたが、七つのパンのほうでは、イエスは三日間の考える猶予を弟子たちに与え、ご自分からはひとまず何もアクションを起こされません。すでに経験した恵みを思い起こす訓練、考える訓練、自分たちから恵みを求める訓練です（一～二節）。出来事の場所としても、人里離れた荒野であることは共通していますが、五つのパンのほうでは、それでも「周りの里や村に行って、自分たちで食べる物を買うこと」（六・三六）が想定できる場所ですが、七つのパンの場合、そうでもありません（四節）。やはりレベルが上がっています。

しかし、これぐらいのレベルアップなら、以前にもあったケースです。たとえば、嵐の中の舟の上で一緒にいるイエスにすがった出来事（四・三五〜四一）からレベルアップして、逆風の中の舟の上で湖上遠くより近づいて来るイエスの姿から恵みの力を思い起こすことが求められた出来事へと成長が促されたことです（六・四五〜五二）。

ところが、五つのパンの出来事から七つのパンの出来事へのレベルアップは、そんな程度のものではありません。さらに一段高いものと言えばよいでしょうか。そこを見て取るには場所が手掛かりとなるのですが、それは人里離れた荒野での不便さのレベル云々《うんぬん》を超えて、弟子たちには土地勘のない場所、だから、「周りの里や村に行って、自分たちで食べる物を」などと迂闊なことが言えなかったということです。土地勘がないのは、訪れたことがないからです。それもそのはず、ユダヤ人がほとんど近づくことのない異邦人の土地だからです。直近のエピソード、デカポリス地方のガリラヤ湖畔でイエスが耳と口を患う人に「エパタ（＝開け）」と述べて癒した出来事（七・三二〜三五）から間もなくということですから、その出来事で衝撃を受けた人々の証しが一挙に広まって（七・三六〜三七）、「そのころ、再び大勢の群衆が集まっていた」（一節）という状況です。この人々に七つのパンの奇跡が示されたということです。

ということは、ここに集まっている四千人のほとんどは、その地の異邦人と考えるのがフェアでしょう。おそらく弟子たちとしては、こんなにたくさんの異邦人の集団を目の当たりにするのは人生初ではなかったかと思います。見知らぬ外国を訪れる緊張感、何となく分かります。なるほどレベルが上がっています。

おそらく、ここが難点となって、弟子たちはイエスの追試になかなか答えることができなかったのでしょう。弟子たちとはいえ、そこまで愚かではありません。つい最近経験したばかりのドラマティックな五つのパンの奇跡を、十二人がそろいもそろって忘れているなどとは考えにくいことです。むしろ、思い出してはいても、言い出せないということです。

なぜでしょうか。目の前に集まっているのは異邦人の群れ（ゲラサ人の地付近であれば、汚れたものとされる生業、養豚業を営む人々）です。「えっ、異邦人と一緒に食事するの？エッ、異邦人に自分たちがサービスするの？」変な抵抗感が弟子たちの心を支配したのでしょう。それで三日間、何も言い出せなかったというわけです。パンは七つということですが、三日前には二十個ぐらいはあったのではないかとさえ勘ぐってしまいます。イエスにそれを差し出すことをせず、自分たちは食べていたのかもしれない、と。

想像を膨らませ過ぎたかもしれませんが、ここには確かに過去問と比べて新しい要素が加わっています。五つのパンと同じみわざが異邦人にも行われようとしていることを一緒に喜んで、それを分かち合うことができるかどうかという課題です。この追試はただものではありません。

ここでイエスが弟子たちに学んでほしいことは、次のようにまとめることができるでしょう。⑴イエスの憐れみ深さは、人間の想定を超えること（ここでは、異邦人の世界へと）。⑵イエスについて行く弟子の道は、恵みを分かち合うための犠牲を伴うこと。⑶犠牲を払うことができない自分たちの了見の狭さ。⑷それでもなお、あきらめることなく、追試をしてでも分かってほしいと導くイエスの期待、忍耐、真実。

特に、人間の想定を超える憐れみ深さについては、七章に記録されるエピソード、ツロで出会った一人の母親が五つのパンの奇跡を前提に娘の癒しを願い、「食卓の下の小犬でも、子どもたちのパン屑はいただきます」とイエスに求めて癒された出来事と合わせると、パワフルなメッセージが浮き彫りにされます。彼女は異邦人でも（十二かごいっぱいになった）パン屑はいただくと述べましたが、ここではパン屑どころではない、ガリラヤのユダヤ人たちに振る舞ったと同じ出来事をもってパンを分け与え、古《いにしえ》の日、荒野でマナをもってイスラエルの民を養った同じ神ご自身がここにもおられることを示したということです。つまり、この神の臨在は人種・民族の差など関係なく、すべての人に及ぶのです。これが神の恵みの支配であるということです。したがって、これにあずかるということは、人間の罪深さがつくり出した差別や不信感などを乗り越えて、神の恵みを分かち合うということなのです。イエスは何としても弟子たちにこれをつかんでほしいと、追試まで敢行して、彼らを取り扱いなさったということです。私たちもまた、そうした取り扱いをいただきながら、イエスに従う者たちとして然るべき姿に成長させていただきたく思います。

36　しるしよりも従い

〈マルコ八・一一〜一三〉

「すると、パリサイ人たちがやって来てイエスと議論を始めた。彼らは天からのしるしを求め、イエスを試みようとしたのである。イエスは、心の中で深くため息をついて、こう言われた。『この時代はなぜ、しるしを求めるのか。まことに、あなたがたに言います。今の時代には、どんなしるしも与えられません。』イエスは彼らから離れ、再び舟に乗って向こう岸へ行かれた。」

試験官と受験者では、立場としてどちらが上でしょう。そんなことは聞くまでもないことですね。もちろん、試験官です。筆記試験であれ、面接試験であれ、どんな人を高く評価するのか決めるのは試す側です。設問、配点、採点基準、合否判定、すべて試す側の手中にあります。明らかに試す側が立場としては上になります。

「あなたがたの神である主を試みてはならない」（申命六・一六）。もし人が神を試すようなことをするなら、その行為は人が自らを神よりも上の立場に置いたことを意味します。

試す側に立つことは、上の立場に立つことだからです。もちろん、そんなことは絶対に許可されるようなことではなく、また本来はあり得ない事柄です。しかし、当人がそのつもりがなくとも、面白半分のいたずら実験のようにして神に頼みごとをしたり、自分の基準を絶対として挑発的な態度で神に求めたりするなら、それは神を試す側に身を置いていることになります。私たちは神に祈るとき、そのように意図的に試す態度に出ることはないにせよ、願い求めの自己主張が強過ぎたり、条件付きの交渉事のようだったりすると、もしかしたらイエロー・カードかもしれません。何かしるしになるものでも見せてくれたら従うことにしますから、などという態度は問題があるということです。相手を試したうえで、従うかどうかの判断は自分が基準という態度です。立場が逆転してしまっています。

「わたしに従ってきなさい」（一・一七、二・一五）とイエスは招き、ご自身と共にある神の恵みの支配を人々に提示して、信頼して従うようにと迫られます。「神の国が近づいた。悔い改めて福音を信じなさい」（一・一五）。恵みを無視した自己中心で傲慢な生き方から心を恵みに向け直して、恵みの神に感謝して希望を告白して生きるための招きです。この招きに対して人々は様々な反応を示します。

マルコの福音書でも八章の時点ですでに様々な反応が記録されてきました。弟子としての歩みを志す者。あからさまな反対者。どっちつかずの様子見をしつつ美味しいところだけを持っていく者。ただのミーハー。様々な反応が出てくる中で、しかし傾向としてはユダヤ社会の中心を気取る人々は反対・拒絶の反応を強く示すようになります。彼らはイエスの揚げ足を取ろうと挑発的な態度で論陣を張り、何かとイエスを試す言動に出ます。試す態度とは、前述のように、まさしく自らを上の立場とする態度です。イエスを上から目線で眺め、その招きを貶める口実を得て、従うことをしない自分たちを正当化する姿です。そうした人々に対して、イエスはやはり悔い改めを迫られます。

私たちはいかがでしょうか。イエスの招きに対して、そこまでの反対・拒絶でなかったにせよ、自分の考え・感覚・感情をイエスの招きの上に据えてしまうなら、同じ傾向に乗ってしまっていることになるでしょう。そうなっているのなら、やはり悔い改めが求められます。悔い改めて、立場を逆にしてへりくだり、純粋に従う私たちでありたく思います。

しるしを求める問題点

「すると、パリサイ人たちがやって来てイエスと議論を始めた。彼らは天からのしるしを求め、イエスを試みようとしたのである。イエスは、心の中で深くため息をついて、こう言われた。『この時代はなぜ、しるしを求めるのか』」(一一～一二節)。しるしとか証拠としての奇跡とか言われるものに対して、イエスが否定的なスタンスを示しておられる場面です。けれども、聖書においてそうしたことが全く否定されているのかといえば、そうでもなく、たとえば、ヨハネの福音書ではイエスのみわざをしるしと称していますし(二・

一一など）、使徒の働きでは、聖霊の満たしの中で使徒たちもしるしを行っています（二・四三）。マルコの福音書においても、しるしという言葉に対してここでは否定的な扱いですが、やはりイエスが人々の求めに応じて力あるわざをなさったという場面は数々あり、しるし自体がそのままダメだということではなさそうです。むしろ、どういう事柄をどんなつもりで求めるのか、そこが問題なのです。そこに余計なものが入り込みやすいので、気をつけるようにということです。

私たちも、もしかしたら、そういう罠に引っかかってしまうことがあるかもしれません。イメージどおりのみわざがなされるかどうかで、信じて従うかどうかを決めたり、自分自身が何かしるしのようなことでもできれば、恵みを分かち合う働きができるのにと条件を付けたりして。いかがでしょうか。

ここでパリサイ人たちが求めているしるしは、もちろんメシアのしるしです。自分たちを征服して苦しめる（重税や軍事力で）ローマ帝国を覆して、自分たちに都合のいい社会にしてくれる革命のリーダーをメシアと称して、その到来を待ち望んでいたわけです。そして、その到来のしるしとして期待されていたのは、やはり革命のヒーローにふさわしく、ド派手な登場だったのです。たとえば、神殿の屋根から約四十メートル降下して見事に着地するとか（マタイ四・五〜七。なるほどヒーローもののようです）。ここで彼らが求めたしるしもそれと似たようなものです。救い主は自分のイメージどおりでなければならないということで、自分の枠に押し込める考えに基づいています。そして、その枠は、自分のわがままな願望やそれを無理やり押し通していくやり方で構成されるもので、しるしを求めることの中に簡単にこういうものが入ってくるということなのです。

こういうものが入り込んでくると、求める者の態度も悪くなります。ここでパリサイ人たちはしるしを求めてはいますが、その態度たるや「議論を始めた」とか「試みようとした」とか、いかにも挑戦的・挑発的な態度です。どんな顔をしていたのでしょうか。おそらく眉間にしわを寄せて、にらみつけるような目つきで、という感じだったでしょう。求めたとはいうものの、およそ他人にものを頼むような態度ではありません。もっとも、求めるにも様々あって、へりくだって願うのも求めることであり、当然の権利として請求するのも求めることであり、無理やり強引に要求するのも求めることであり、いずれも求めるということには違いありません。ところが、彼らの場合は挑発ですから、しるしを求めるという言葉を使っていても、本当は求めているのではなく、まさしく試しているということです。

求める側ならば、強引な態度であっても立場は下です。しかし試す側ならば、たとえソフトな態度でも立場は上です。彼らは挑発的な態度で試すことをしているのですから、やはりイエスを上から見下げる立場を取っていることになります。

なぜパリサイ人たちはこのようになってしまったのでしょうか。彼らにとってネックであるのは、自分たちが受け入れたくない人々をイエスが受け入れ、恵みを分かち合う交わりをつくるように自分たちに悔い改めを迫ったことです。ここが気にくわない、と。彼らは自分たちの律法（とはいえ、神の戒めを歪曲した言い伝え）を守るのに熱心で、それによって革命のヒーローとしてのメシア到来を待ち望んでいました。熱心であれば、メシアが来る、と。だから、やたらと熱心になり、逆に守れない人々に対して厳しく当たり、切り捨てて抑圧するという、およそ神の憐れみとは反対の生き方に転じていきます。ローマ人をはじめ異邦人、彼らと関わる取税人、障がいや重病を抱える人々、貧しい人々などを受けつけなくなっていきます。

ところが、イエスがこうした人々を喜んで受け入れ、心を神の恵みに向け直す者はみな神の国の民であると人々を招き始めると、こんなことを言うヤツは危ない、となるわけです。しかも、悔い改めを説かれた日には、黙って見てはいられず、何とか揚げ足を取って潰してしまえとばかりに、イエスを試すという言動に出るわけです。出所は彼らの自己中心で偏った心、了見の狭さ、そして高慢です。このようにして自分たちのイメージをイエスに押しつけるかたちで、しるしを求めて挑発し、イエスを試すわけです。

結果はどうだったでしょうか。「イエスは彼らから離れ、再び舟に乗って向こう岸へ行かれた」（一三節）。求めたしるしは与えられることなく、イエスを見失うことになったということです。そもそも、こういう人々はしるしを見ても信じないのでしょうが、ともかく、せっかく来られたイエスに去って行かれてしまい、しるしを見る可能性すら失うことになったということです。ちなみに、この場所はダルマヌタ地方のガリラヤです（一〇節）。ユダヤ人が居住するガリラヤ湖畔地域の中心です。そこでは、恵みの支配の力強いしるしは可能性すら奪われるというかたちになり、逆に、パリサイ人たちが受けつけない異邦人の居住地域デカポリス地方のガリラヤでは七つのパンの奇跡がなされるという皮肉な結果となりました（一～九節）。偏った心に支配されて、挑発的で高慢な態度で自分のイメージをイエスに押しつけるなら、恵みのみわざを見失います。そうなってしまわないようにしたいものです。

主ご自身に応答する信仰

「わたしについて来なさい」（一・一七、二・一四）と招くイエスに従うことは、イエスが主であると実際に告白して生きることです。イエスの弟子となるとは、こういうことです。それゆえ、しっかりとこの道に進むのに、自分のイメージをイエスに押しつける態度は全くあり得ません。主と告白する以上、上から目線で試してやるなどという態度は廃棄されなければならず、むしろ、悔い改めをもってイエスの招きに素直に応答する信仰が求められているわけです。

パリサイ人たちが挑発的にイエスを試そうとしてしるしを求めるのに対して、「イエスは、心の中で深くため息をついて、こう言われた。『この時代はなぜ、しるしを求めるのか。まことに、あなたがたに言います。今の時代には、どんなしるしも与えられません』」（一二節）。この発言は、確かにしるしに対して否定的な印象を与える言い方ですが、しるし自体がダメだとは述べていません。ポイントは「今の時代」という言葉です。「今の時代」にしるしを求めることが問題となるということです。それならば、「今の時代」とはいつの話でしょうか。直接には単純にイエスの生涯当時ということです。では、そこでしるしを求めることが問題なのはなぜでしょうか。一言でいえば、あえてしるしを求めることは実際には必要ないことだからです。つまり、しるしにまさる方、しるし以上の方、しるしが指し示す本体とも言うべき方が目前にいるからです。イエスご自身です。そして、イエスを従うべき主と告白して、その招きに応えることで、イエスとともにある恵みの支配にあずかることができるからです。イエスによって行われる恵みの支配の現実が目の前にあります。それは何か不思議な出来事以上に、神の恵みが人々の想定を超えて及んでいくこと、それで人々は慰めを受け、悔い改めに導かれ、和解を受け取り、平和をつくる者たちとされることです。

しるしにまさる方がおられるのに、しるしを求めるのは失礼極まりない話です。まして、挑発的な態度で試してやろうなどという態度は論外です。それで、「今の時代には、どんなしるしも与えられません」と言われるわけです。

けれども、イエスは挑発的な態度のパリサイ人たちを救いようのない連中として見捨ててしまうことはなさいません。確かに嘆かわしいことであるので、「イエスは、心の中で深くため息をついて」、厳しい言葉を述べられることになりますが、それでも見捨てているわけではありません。嘆きのため息は、見捨てていないからこそ出てくるものです。見捨てているなら、出てくる態度は余裕の無視ということになるでしょう。イエスは彼らを見捨てているのではなく、嘆き節によって悔い改めを促しておられるのです。

「どんなしるしも与えられません」とイエスは述べられますが、救いが与えられないということではありません。なるほど、「まことに、あなたがたに言います」という言い方は厳かな宣告ですが、マルコの福音書の中での用法を見てみても、必ずしも滅びの宣告というわけではありません（三・二八、九・一、四一）。むしろ、しるしは与えられないという厳かな宣告によって、気がついてほしいことがあるということです。つまり、本当はしるしなど必要ではなく、しるしにまさる方、恵みの支配をもたらす方、従うべき主ご自身がここにいるということに気づいてほしいということです。そして、恵みに心を向け直して歩み始めるようにとの、悔い改めの招きなのです。言い方には厳しいものがありますが、そう言い残して去って行かれるイエスの後ろ姿は、愛するがゆえに彼らを悔い改めに招くお心を雄弁に物語っていると言えるでしょう。

私たちはイエスにここまで言わせてしまう前に、素直に応答できる者でありたく思います。自分のイメージでしるしにこだわるのではなく、イエスとともにある恵みの支配に心を向け直して、イエスに従って歩んで行きましょう。

37　尽きぬ恵みを悟る心

〈マルコ八・一四～二一〉

「弟子たちは、パンを持って来るのを忘れ、一つのパンのほかは、舟の中に持ち合わせがなかった。そのとき、イエスは彼らに命じられた。『パリサイ人のパン種とヘロデのパン種には、くれぐれも気をつけなさい。』　すると弟子たちは、自分たちがパンを持っていないことについて、互いに議論し始めた。イエスはそれに気がついて言われた。『なぜ、パンを持っていないことについて議論しているのですか。まだ分からないのですか、悟らないのですか。心を頑なにしているのですか。目があっても見ないのですか。耳があっても聞かないのですか。あなたがたは、覚えていないのですか。わたしが五千人のために五つのパンを裂いたとき、パン切れを集めて、いくつのかごがいっぱいになりましたか。』　彼らは答えた。『十二です。』『四千人のために七つのパンを裂いたときは、パン切れを集めて、いくつのかごがいっぱいになりましたか。』　彼らは答えた。『七つです。』　イエスは言われた。『まだ悟らないのですか。』」

幼い子どもを連れて回転ずしの店に食べに行くと、せっかく寿司屋に来たのだから寿司を食べればいいのに、寿司でないものばかりを子どもがやたらと食べたがることがよくあります。まぁ、それで本人たちは幸せなのだから、それはそれでどうぞ、ということかもしれませんが、やはり大人としては寿司屋に来たのだから「寿司食いねぇ」と思ったりもします。こういう光景は、もちろん笑い話になりますが、もしかしたら、私たちも別の様々な事柄で似たようなことをやらかしているのかもしれません。せっかく目前に素晴らしいものがあっても、その本当の意味や価値が分からなかったり、ほかのことに心奪われて見過ごしたりして、もったいないことになってしまうということです。回転ずし程度なら笑い話ですみますが、神の恵みだったらどうでしょう。恵みの招きだったらどうでしょう。せっかく神が恵みをもってあなたの人生に、あるいは教会の中で素晴らしいことを行ってくださっていても、それを全く見過ごしてしまって、そこにある神の招きに気がつかない、そして、応答ができないということであるなら、これはもったいないではすまされません。

「まだ分からないのですか、悟らないのですか。心を頑なにしているのですか。目があっても見ないのですか。耳があっても聞かないのですか。あなたがたは、覚えていないのですか」（一七～一八節）。弟子たちの様子をイエスが嘆いて述べられた言葉です。なんとも厳しいトーンです。「わたしについて来なさい」（一・一七、二・一四）とイエスに召し出され、イエスとともにある恵みの支配の何たるかを間近で見せていただき（五・三五〜四三など）、親しい交わりの中でその意味を聞かせていただき（四・一〇〜二三など）、さらに、その働きの一端を体験させていただいてきた弟子たちです（三・一四〜一五、六・七〜一三）。そろそろ大切なことが分かってきてもよさそうなところです。それなのに、どうもそうではない様子です。そこで、イエスが彼らに注意を促して、悟るべきことに意識を向けるように述べられたのです。

イエスの招きは、神の恵みに生きる道です。恵みを無視して自己中心で傲慢だった歩みを悔い改めて、心を恵みに向け直して感謝と安心と分かち合いに生きる道です。しかし、弟子たちともあろう人たちがその肝心なところを見落としてしまっていたら、残念ではすまされません。けれども、マルコの福音書がある面浮き彫りにするのは、その現実です。「このたとえが分からないのですか。そんなことで、どうしてすべてのたとえが理解できるでしょうか」（四・一三）。「どうして怖がるのですか。まだ信仰がないのですか」（四・四〇）。「弟子たちは心の中で非常に驚いた。彼らはパンのことを理解せず、その心が頑なになっていたからである」（六・五一〜五二）。イエスの力あるみわざに接しながらも、肝心なことがつかめない弟子たちの姿です。もちろん、イエスはせっかく召し出した弟子たちがこのまま分からずじまいでよいなどと全く考えてはおられません。むしろ、彼らにはちゃんと分かってほしいということで、表現はきついのですが、一つここで注意を喚起されたというわけです。私たちもイエスについて行く以上、イエスの招きの肝心な点を見落とさず、きちんと悟る者たちでありたいと思います。

恵み抜きで生活を考えない

「そのとき、イエスは彼らに命じられた。『パリサイ人のパン種とヘロデのパン種には、くれぐれも気をつけなさい。』　すると弟子たちは、自分たちがパンを持っていないことについて、互いに議論し始めた」（一五～一六節）。お互いの脳みそは理知的なようで、実はそうでもなく、一つの言葉で別の連想が広がって、全く違う話が始まってしまうことがあります。この場合、イエスは食べ物の話をしているのではなく、パリサイ人的な律法の強釈・強調やヘロデ的な地位への執着は、わずかなパン種が生地全体を膨らませるように周囲に影響を強く及ぼすから気をつけるようにと言いたかったのですが、弟子たちは別の連想をしたようです。イエスが引き合いに出されたパン種という言葉は、どう考えても説明のための比喩として述べているだけで、食べ物の話をしたわけではないにもかかわらず、弟子たちはその言葉から食べ物のパンを連想して、しかも、それが議論に発展してしまいました。議論というと何か高尚な学問的雰囲気がしますが、これは言ってみれば言い争い、口ゲンカです。

なんでまた、こんな連想が出てきてしまったのかというと、「弟子たちは、パンを持って来るのを忘れ、一つのパンのほかは、舟の中に持ち合わせがなかった」（一四節）という事情があったからです。なるほど、気になっていることは、どうしても口に出してみたくなるものです。別の話題であっても、パン種と言えば……という感じで、手持ちの食料の話に話題が移ってしまったのです。少しだけ、そのときの会話を思い描いてみましょうか。パンが一つしかないことで、悲観的なトマスが「向こう岸まで断食か」、若いヨハネが「腹減りますよ」、計算力の高いピリポが「十三等分しても意味ないね」、元取税人マタイが元熱心党員シモンを疑って、「おまえが食っちゃったんじゃないの」、疑われたシモンは「俺じゃねーよ」とマタイにつかみかかり、リーダーのペテロが「おい、食料当番。ちゃんと準備しておけと言っただろう。人の話はちゃんと聞けよ」（イエスの話を聞いていないのを棚に上げて）。

こんな弟子たちの姿、なんだか間抜けなことをやっているように見えるでしょうか。しかしイエスの話から連想して、こうした言い争いに発展してしまったのは、彼らに共通の心配事、食料事情、ひいては日常の経済問題、具体的な生活状況に関する思い煩いが背景にあったからではないかと思われます。だからこそ、うっかりミスをやらかしただれかが赦せないという言い争いに発展したのではないか、ということです。話のタネにイエスがパン種を引き合いに出すと、彼らの心配のタネに結びついてしまったという展開です。

確かに、イエスの弟子になったからといって、経済的に儲かるわけではないし、社会的に出世するわけではないし、そういう意味で楽な生活ができるわけではありません。ただ、どんな中でも神の恵みが支配して満たしてくださるので、そこに気づくかどうか、また感謝して応答できるかどうか、ということなのです。しかし、このときの弟子たちは、肝心のこの点が心から抜け落ちてしまっていたようです。

そして、これが皮肉にも、イエスが指摘したところのパリサイ人のパン種とヘロデのパン種と言われるものに行き着いてしまう、という結末が垣間見えます。日常の経済的な思い煩いで支配された心はパン種のように広がって、周囲を巻き込み、争いに発展してしまうということです。イエスは弟子たちの中にこういう傾向をあらかじめ見て取って、先手を打って語りかけたら、案の定こういうことになった、とでも言える出来事です。

ちなみに、パリサイ人のパン種とは、たとえば経済生活については、ささげ物（コルバン）宣言してしまえば親のための生活費をそちらに回せるとして、憐れみ深い分かち合いを敬虔の仮面で無にしてしまう愚かさに現れたものです（七・一以下）。ヘロデのパン種とは、たとえば誕生パーティーの席での事件に見られるような、立場・メンツにこだわる権力誇示、そのため真理を語る預言者の命を奪う残虐さに現れたものです（六・一四〜二九）。具体的な姿は、弟子たちのほうが全く小さなものでしかないように思えますが、恵みが見えず、思い煩いに支配され、だれかを犠牲にしようとする方向は同じで、なるほどパリサイ人のパン種、ヘロデのパン種と言えそうです。規模が小さくても、ばかにしてはなりません。「パン種」と言われるものですから。イエスはそこを指摘されたわけです。恵み抜きにして生活を考えてしまうあり方は、事柄の大小に関わらず、思い煩いから争い事へ、そして、だれかが犠牲になるという道をたどります。だから、「くれぐれも気をつけなさい」とイエスは言われるのです。そう言われているハナから弟子たちがやらかしてしまっているのは、まさしく人の持つ本質的な問題であるからでしょう。それゆえ、イエスはそこを見過ごすことなく、「なぜ、パンを持っていないことについて議論しているのですか。まだ分からないのですか、悟らないのですか。心を頑なにしているのですか。目があっても見ないのですか。耳があっても聞かないのですか。あなたがたは、覚えていないのですか」（一七～一八節）と彼らをたしなめられるのです。恵みに生きることから離れてしまわないように、忍耐強く導いてくださるのです。その導きに沿って、私たちも恵み抜きで生活を考えるのではなく、すべて恵みから物事を見て生きる者でありたいと思います。

養ってくださる主の臨在を知る

「わたしが五千人のために五つのパンを裂いたとき、パン切れを集めて、いくつのかごがいっぱいになりましたか」（一九節）。弟子たちがなかなか悟ることができないので、イエスは五つのパンの奇跡を彼らに思い起こさせます。この出来事の大きな意味の一つは、古《いにしえ》の日、出エジプトの時に荒野でマナをもってイスラエルの民を養った方が今ここに共におられるということです。イエスがその臨在をもたらしておられるということです。それで、その方を信じて仰げば、途方にくれるような欠乏でも満たされるみわざがなされます。ヘロデの治世、飼う者のいない羊の群れのような群衆を深く憐れむ方として、この養いをなさる方こそ真の王です。そのお方が、この出来事を思い起こすように、と言われるのです。

さらにイエスは問いかけられます。「四千人のために七つのパンを裂いたときは、パン切れを集めて、いくつのかごがいっぱいになりましたか」（二〇節）。この出来事は五つのパンの出来事よりもレベルが上、とりわけ場所的にいって、異邦人主体の群衆が相手です。弟子たちは七つのパンを持っていても、なかなか差し出せない感じでした。しかしイエスはそれを持って来させて、祝福して分け与え、人々を養われたのです。荒野でマナをもって養われた方の臨在が異邦人にも及ぶという出来事です。この豊かな恵みを思い起こすように、ということです。

ここまで言ってもらえれば、分かりそうなものです。五つのパンで五千人、七つのパンで四千人。では、一つのパンだったら何人でしょう。今、舟の上にいるのは十三人。けれども、その一人はイエスご自身です。おゆだねすれば、十分に何とかなりそうです。だったら、言い争うことも何もないわけです。恵み深い主の臨在が共にあるということで、もう分かったでしょうとばかりに、だめ押しの一言です。「まだ悟らないのですか」（二一節）。恵みの支配はイエスとともにあります。それゆえ、イエスについて行く道は神の恵みで溢れています。養ってくださる主の臨在を仰ぎましょう。せっかく身近でなされている神の恵みのみわざを見過ごしてしまうことのないように。そして、悟らずじまいに終わることのないように。

38　恵みがはっきり見えるまで

〈マルコ八・二二〜二六〉

「彼らはベツサイダに着いた。すると人々が目の見えない人を連れて来て、彼にさわってくださいとイエスに懇願した。イエスは、その人の手を取って村の外に連れて行かれた。そして彼の両目に唾をつけ、その上に両手を当てて、『何か見えますか』と聞かれた。すると、彼は見えるようになって、『人が見えます。木のようですが、歩いているのが見えます』と言った。それから、イエスは再び両手を彼の両目に当てられた。彼がじっと見ていると、目がすっかり治り、すべてのものがはっきりと見えるようになった。そこでイエスは、彼を家に帰らせ、『村には入って行かないように』と言われた。」

視力が弱くて、普段からメガネやコンタクトレンズのお世話になっている方は経験的によく分かると思いますが、見えてはいてもボンヤリとしか見えない感じと、はっきりと見える感じとは大きく違います。ボンヤリとしか見えないと、不確かで不安で、何もかも手探り、動きも怪しくなります。筆者もメガネを使いますが、高校生だったある日、メガネを壊して、裸眼で自転車に乗って家に帰ったときの恐怖を思い出します。

肉眼でもそうだとしたら、心の目というか、自分の生活や周囲の社会から何を感知していかに受けとめるかという機能について、十分な力がないということになると、やはり不確かで不安で、自分がどう歩んだらよいのか分からずに立ちつくしたり、さまよったりすることになるでしょう。とりわけ、本当は注がれている神の恵みがはっきりと見えないと、生かされている自分の存在や命の意味も、同様に周囲の人々の意味も、それゆえに日常生活・人生・社会・歴史全体の意義もボンヤリとしか分からないことになりますから、その歩み方は実に心もとないものになってしまいます。ところが、そこがはっきり見えるようになってくると、恵み深い神に生かされているお互いとして喜びと平安、感謝と分かち合いに生きる道が開かれてきます。心の目が開かれて、注がれている神の恵みがはっきりと見える者でありたく思います。

「わたしについて来なさい」(一・一七、二・一四)とイエスに召し出された弟子たちは、イエスが招く恵みの道の力強さを見せられながら、イエスと行動を共にしてきました。しかし、それによって神の恵みの何たるかを十分に悟ることができたかといえば、そうではなく、むしろ今の段階では「まだ悟らないのですか」(二一節)とイエスに言われてしまう有様です。分かっているようで、分かっていない弟子たちです。イエスについて行く歩みを続けているという点では、何が何だかさっぱり分からないというのとは違うはずですが、やはり肝心なところが見えていないのです。

これは、教会に通い始めたころの私たちの姿に似ているかもしれません。ボンヤリとしか見えていない状況です。しかし、せっかくイエスについて行くのですから、しかもその道は神の恵みの支配にあずかる道なのですから、しっかり見えるようになりたいものです。そして、そう願うなら、イエスがそうしてくださる、とマルコの福音書は証しします。イエスはボンヤリとしか見えない弟子たちを切り捨てるような方ではなく、逆に、恵みがはっきり見えるまで真実を込めて取り扱ってくださる方なのです。

丁寧に癒す主のみわざ

「彼らはベツサイダに着いた。すると人々が目の見えない人を連れて来て、彼にさわってくださいとイエスに懇願した。イエスは、その人の手を取って村の外に連れて行かれた」（二二〜二三節）。目の見えない人を癒してくださいというリクエストです。だったら、それに応えて、すぐに人々の前で癒してあげればよさそうなところ、イエスは目の見えない本人だけを人々の輪から連れ出されます。一対一の状況をつくったということです。またなぜそんなことをと思いたくなりますが、幾つかの事情を考えることができるでしょう。

まずは、目の見えない人を連れて来た人々の動機です。確かに、他人の癒しを求めるのは、とりあえず善意ではあるでしょう。けれども、そこが中心というよりも、イエスによる癒しのみわざをみんなで見てやろうという何か見世物的な動機であったり、場合によっては、できるものならやってみろという実験的な動機であったりすると、リクエストにそのまま応えることは、そうした動機もそのまま肯定することになりかねません。特にメシアのしるしを求めたがる昨今の風潮です。つい数日前にも、ガリラヤの中心ダルマヌタ地方でパリサイ人たちからそうした挑発を受けたばかりです。誤ったメシア思想に乗せられては困ります。イエスがこれを退けられたエピソードは記憶に新しいところです（一一〜一三節）。それゆえ、湖を渡って北岸・国境の街ベツサイダでも、パリサイ人ほど挑発的でないにせよ、似たようなリクエストがあっても不思議ではありません。

また、イエスのところに連れて来られた目の見えない人の人生・人格・気持ちはどうでしょうか。もちろん、目が見えないということで様々な苦労を味わってきた人生です。現代の福祉事情とはまるで違う古代社会です。目が見えないというだけで、仕事もなく、お金もなく、差別にさらされ、どれだけ悔しい思いをしてきたことでしょう。想像に難くありません。しかも、彼が失明したのは生まれつきということではなく、人生の途中のどこかでということです。木や人の姿を肉眼で見たことがあるということですから（二四節）。そうだとすると、なおさら、見えていたころの楽しい思い出、便利さ、美しい世界など、記憶にあるはずで、それが奪われた悲しみはいかほどであったでしょう。生まれつき視力がないという場合と違って、途中で視力が奪われた場合、直面する仕打ちは今までに経験したことがなかったという意味で実に耐え難く思われたことでしょう。そういう人であるからこそ、人前で見世物のように扱ってはならず、ただ一人の人格として大切に扱われることが必要だったわけです。肉眼の視力が回復すればそれでよしという話ではなく、屈辱に満ちた彼の人生そのものが癒されなければなりません。イエスはそこを分かっていてくださって、一対一の状況をつくられたのです。

「イエスは、その人の手を取って村の外に連れて行かれた。そして彼の両目に唾をつけ、その上に両手を当てて、『何か見えますか』と聞かれた」(二三節)。手を取って導きなさるということです。もちろん、目の見えない人と一緒に歩くのだから、手を取るというアクションは当然のことですが、やはり記されている以上は、それを超える意味があるのでしょう。イエスは彼を大切な人格として丁寧に取り扱っておられるということです。唾液を使うのは庶民療法的ですが、患部に手を当てるのは、やはりイエスは問題のある所に触れてくださるということです。興味本位でのぞかれるなら隠しておきたい部分、しかし、真の憐れみでもって触れていただけることで、本当の癒しが与えられます。そして、イエスは「何か見えますか」と尋ねられます。何の変哲もない言葉かけですが、自然な会話に人格的な交わりが垣間見えます。ご自身の力を誇示するのではなく、無理やり何かを言わせるのでもなく、ここで起きているみわざを感知させて、応答を引き出す会話です。人格を丁寧に取り扱ってくださるイエスの姿がここにあります。

「すると、彼は見えるようになって、『人が見えます。木のようですが、歩いているのが見えます』と言った」（二四節）。彼の視力が次第に戻り、記憶の中の人や木の映像が、今見えている映像と重なります。しかし人が木のように見えるというのは、まだまだ映像がボンヤリしているということです。筆者もメガネを取れば、見える映像の鮮明度はその程度です。これで完全に癒されたなどと言ってしまったら、乱暴過ぎるでしょう。そこで、イエスは二段階目のオペレーションを行われます。

「それから、イエスは再び両手を彼の両目に当てられた。彼がじっと見ていると、目がすっかり治り、すべてのものがはっきりと見えるようになった」（二五節）。イエスは、彼がはっきり見えるまでみわざを続けなさいます。途中で放り出されることはありません。この癒しの出来事は肉眼の癒しですが、同じことは心の目についても言えます。恵みの支配の事実がボンヤリとしか見えないというところで癒しのみわざを投げ出してしまうのでなく、見えるようになるまで、必要ならば同じみことば・出来事を繰り返してでも、癒しのみわざをなしてくださいます。大切なのは、私たちがイエスの前に立ち続けることです。そうであるかぎり、イエスは私たちを丁寧に取り扱い、心の目を開き、恵みの支配の事実をはっきりと受けとめることができるようにしてくださいます。

「じっと見ていると」という彼の行動には、彼に対するイエスの丁寧な取り扱いから引き出された彼自身の感謝と期待が表されているようです。この方ならきっと何とかしてくだざるという思いで見つめたということです。こんなことでどうなるものか、などと思っていたら、じっと見つめるという行動は出てこないでしょう。イエスの丁寧な取り扱いから引き出された信頼の応答がここにあります。イエスの癒しのみわざに自らもあずかっていこうという姿勢があります。「何か見えますか」というイエスの促しに応答して見つめていると、そのみわざがその人のものとなるということです。そこに至らせるまで、イエスは私たちを丁寧に導いてくださる方なのです。

十字架をも引き受ける主のみわざ

イエスは神の恵みの支配がはっきりと見えるまで私たちを丁寧に導いてくださる方ですが、その丁寧さは、最終的にはご自身の命を投げ出してでも私たちの心の目を開かせるという出来事にまで至ります。十字架の出来事です。ご自分の命を惜しみなく献げてまで、恵みの事実、その招きを明らかにする姿です。マルコの福音書は、イエスの十字架によって私たちの目が開かれて、まさしくイエスこそ恵みを分からせてくださる方、そして従うべき主なる方であるということが明らかになると告げるのです。

目の見えない人がイエスによって二段階で癒されるというのは、マルコの福音書だけが記録しているエピソードです。それゆえに、ここに注目することは、マルコの福音書のユニークなメッセージを読み取る一つの鍵となると言ってよいでしょう。しかも、ここがマルコの福音書の中間地点、ここで前半と後半が分かれます。もちろん、時系列的にいっても、この出来事はこのあたりであったと理解して何ら差し障りはありません。というか、それが事実でないと、この行程を踏むイエスの意図が見えなくなります。イエスの旅路は行き当たりばったりでなく、その行程自体にきちんとした意味があるということです。そういう観点から、この二段階で目が癒されるというみわざを眺めてみると、マルコの福音書全体の深いメッセージが見いだされてきます。

ここがマルコの福音書の中間地点ということですが、前半は、イエスの力あるみわざによる恵みの招きと、それに応えてイエスに従い始める弟子たちの姿、特に、中途半端で煮え切らず、悟りの鈍い様子が浮き彫りにされます。間近でイエスの力ある奇跡に触れながら、肝心なところが分からない、恵みの支配の事実が見えてこない弟子たちの様子です。「まだ悟らないのですか」（二一節）とイエスに言われてしまう有様です。センセーショナルな奇跡に驚いているだけでは、イエスの招きの本当のところは分からないということです。「目があっても見ないのですか」（一八節）とのイエスの言葉は、続く出来事を暗に示しているような言い方です。

そして、マルコの福音書の中間地点、二段階で目が癒されるという出来事です。イエスに触れられて、視力が戻ってきますが、最初はボンヤリとしか見えません。人が木のように見える程度のかすみ具合です（二四節）。ところが、イエスはさらに癒しのみわざを進めて、今度は「目がすっかり治り、すべてものがはっきりと見えるようになった」（二五節）ということです。暗示的というのは、これは肉眼が癒された彼だけの話ではなく、マルコの福音書の中間地点として記録されることで、「目があっても見ないのですか」と言われてしまった弟子たちになされつつあることを実は物語っているということなのです。「わたしについて来なさい」と語りかけられて、ついて行き始めた彼らは、まさしくボンヤリと視力を取り戻した状態です。けれども、肝心の恵みの支配がはっきりと見えません。さらに取り扱いが必要です。マルコの福音書の後半は、そこを語るのです。

それならば、マルコの福音書の後半にはどんなことが記されているでしょう。詳しくはこの先のお楽しみですが、ポイントだけ描き出すとすれば、次のようになるでしょう。恵みの支配がはっきりと見えない弟子たちは、イエスについて行きながらも相変わらず、ずれていて、恵みの分かち合いよりも自分の立場や互いの力関係ばかりが気になる様子です。イエスは何度もそこを正して、イエスご自身の道は恵みを分かち合うためにへりくだって、最後には命も献げるものだと告知されます。そして、その告知どおり、イエスは十字架への道を歩まれます。

なおもボンヤリとしか見えない弟子たちは、十字架に向かって進むイエスについて行けなくなり、イエスがだれだか一度見失うことになりますが、弟子以外でただ一人、イエスがだれであるかを正しくとらえた人が出てきます。十字架の正面に立った百人隊長です。

彼が思わず口にした「この方は本当に神の子であった」（一五・三九）との言葉は、読者が最初から教えてもらっていた正解、「神の子、イエス・キリストの福音のはじめ」（一・一）と響き合います。つまり、ここに来て初めて登場人物の口から正解が述べられたわけです。十字架の正面に立つ者だけが、イエスが本当はだれなのかがはっきりと分かる、見ることができるということです。

いかなる妨害・暴力にも屈しない恵みの招きの力、拒む人々をも恵みに招く愛と赦し、このへりくだりでもって世界を治める王の姿、この方こそ神の立てられた真の王です。十字架の正面に立たないと、これははっきりととらえられないということです。別の言い方をすれば、恵みがはっきり見えるまで取り扱ってくださるイエスは、ついにはご自分の命を捨ててまでして、この姿をはっきりと現してくださるということです。ボンヤリとしか見えていなかった弟子たちは途中で逃げ出しますが、イエスはそういう者たちをも見捨てることなく、十字架を経たご自分と彼らとが真正面から再び相見《あいまみ》えることを約束して、恵みに歩むように再度招いてくださるのです。なんとしてでも恵みがはっきり分かるように、ご自分の命をかけてまで導いてくださる方、それが主イエス・キリストなのです。

おわりに

二〇〇〇年一月のある日の午後、私は、当時在学していたシカゴ・ルーテル神学大学院の講堂で衝撃的な感動に包まれていました。同校の新約学教授D・ローズ博士によるマルコの福音書のドラマティック・プレゼンテーションを生で鑑賞し、まさしくマルコ自身が語り部として登壇していたのかと錯覚するほどに真に迫った語りに圧倒されて、身じろぎすらできないで、しばらく座席にとどまっていたことを昨日のことのように思い起こします。マルコの福音書を暗誦するだけではなく、それを語り部として見事にひとりで演じつつ語る熱い気迫。場面と登場人物に応じて声色・口調やアクションを巧みに使い分けて、観衆を福音書の世界に引き込んでいく演技力。衣装や小道具にまで気を配る徹底ぶり。それらを支えるローズ博士の、福音書に対する敬虔、かつ真摯な姿勢。否、それ以上に、そのようにして物語られる「神の子、イエス・キリストの福音」の真実味、主イエス・キリストご自身の招きの力強さと慰めの深さと鋭いチャレンジに、改めて心ひれ伏す思いでした。

それ以前にも、私はエペソ人への手紙やピリピ人への手紙の全体を暗誦する老姉妹（すでに天に召されたH姉）を知っていましたし、聖書のドラマティック・プレゼンテーションというものにも触れたことはありましたが、ローズ博士のそれは物語るということにおいて、本文の原語や構造の理解に裏打ちされた語りとして圧倒的でした。そして、自分自身もまた、ドラマティック・プレゼンテーションに取り組むまでの力はないにせよ、それほどまでに生き生きと福音書を味わい、また、説教という形で教会において分かち合う者でありたいと願ったことでした。

こうしたドラマティック・プレゼンテーションの背後には、福音書を解釈する際に文学作品としての特質に注目する物語批評という方法論があります。それは、福音書の成立史を深追いして想定上の資料ごとに意味を分断する傾向にある歴史批評と比べて、一書全体を取り扱い、文章構造を読み解き、そのユニークさを明らかにすることを主眼としており、福音書自体のメッセージを生き生きと浮き彫りにする点ですぐれている解釈法と言えるでしょう。そして、それは、原著者において聖霊の教導により文書化された神の言葉が聖書を構成すると告白する立場に立つならば、有益な、というよりも不可避の解釈法と言えるでしょう。それこそ、ローズ博士も *Mark As Story: An Introduction to the Narrative of a Gospel*（Fortress Press, Philadelphia, 1986）を著して明らかにしていることですが、福音書に福音書として語らしめるならば、その全体がいかなる表現手法を駆使してメッセージを伝えようとしているかが浮き彫りにされて、その内容がより生き生きと読者に迫ってくると同時に、表現手法がただの「手法」ではなく、表現手法自体が実はメッセージなのだということへの気づきが与えられてきます。そして、こうして読まれる福音書は、何か一つの神学的立場（宗教改革の神学とか）の正当性を主張するための史料的な扱いに終始するようなものではなく、それ自体がユニークなメッセージを輝かせるリソースとして自らの存在を露わにしてくるのです。

私自身もこうしたことに学ばされつつ、本書においても、マルコの福音書が駆使するレトリック（著者が読者に投げかける対話の契機、言葉の反復、出来事や人物の対比、囲い込みの構造、理解と不可思議さを深める問いかけと応答など）、社会文化的背景、登場人物の描き方、他の福音書との比較においてマルコの福音書に特徴的と言える事柄などに着目したうえでメッセージを汲み取り、説教としていかにそれを会衆と分かち合うかに心砕いてみた次第です。

ちなみに、福音書をユニークな作品として読むということについては、私はローズ博士だけではなく、W・スウォトリ、M・フッカー、A・ヴァーヘイ、R・ヘイズ、D・ボッシュなどの著書に触れることで目が開かれてきたことですが、振り返ってみれば、A・ヴァーヘイやR・ヘイズの著書は倫理学、D・ボッシュの著書は宣教学ということで、こうした読み方が教会の生きる現場に直接にヒットするのだということに改めて感慨を深くするものです。いかなる現場で書かれ、いかなる現場に向けて書かれ、それゆえにいかなる特徴をもつ作品であるかを問うことですから、現場同士の対話の中でメッセージが生き生きと浮き彫りにされるのは当然のことでしょう。このあたりは、クラシック音楽の解釈と再現に似ているかもしれません。

本書に所蔵した説教三十八編は、基督兄弟団一宮教会において二〇〇九年九月から二〇一一年十一月までに礼拝説教として語られたもので、マルコの福音書一章一節から八章二六節までをテキストとしてカバーしています。実際に語られた説教では、語り口調を大切にし、また、聴衆との対話で形成されていくことを意識する意味で、普段の説教ノートは一語一句までの完全原稿ではなく、まさしくノートの段階で止めています。なので、書物に起こすために書き言葉に修正し、また、全体を整えるために加筆している部分もあります。けれども、基本的には礼拝で語られた内容がそのまま収められています。それゆえ、本書を通して、一宮教会における礼拝の交わりの息吹を感じ取っていただけるのではないかと思います。

本書所蔵の講解説教は、マルコの福音書が語る、主イエスに従う弟子の道への招きをテーマとしていますが、これを教会の兄姉とともに分かち合い、同じく弟子の道に歩む交わりを目指して歩んできた道のりは私の宝であり、それを書物という形でお分かちできることを幸甚に思います。ぜひとも、主イエスに従う弟子の道に招かれている幸いを共に受けとめ、共にその道に歩んでいきたく思います。

時期的な話、本書所蔵の説教シリーズが開始されたのは、私が一宮教会の代表役員代行から代表役員に就任して間もなくのことでした。二十年来の祈りであった宣教センター・オリーブが献堂されて三年が経過し、主に従う者たちの祈りに主が力強く応えてくださった事実を直視しつつ、同時に今度はこの先、具体的な働きとして何に取り組むべきであるか、模索を続けるなかにありました。そうしたなかでマルコの福音書がひも解かれ、語りかけ続けられたのは、「わたしについて来なさい」との主イエスの言葉。どこへ行くとは言われないで、ついて来るようにということ。弟子として従うことを私自身も学ばされ、同じく教会の兄姉も改めて学ぶようにという主の計らいと受けとめました。この期間だけで主イエスの弟子の群れとして教会が形成されたわけでは全くありませんが、拙い者の牧会の働きを喜びと忍耐をもって受けとめ、歩みを共にしてくださる教会の兄姉は、まさしく主イエスの弟子として生きることを体得してきてくださったのだと、改めて心熱くさせられる次第です。その意味でこの道のりを直接に分かち合ってきた一宮教会の交わりこそ、本書最大の貢献者、そして推薦者にして受領者ということになるでしょう。素晴らしい兄姉たちに感謝しつつ、導いてくださる主を崇めつつ、マルコの福音書講解上巻の締めとさせていただきます。

二〇二〇年　夏

基督兄弟団一宮教会・牧師室にて

中島真実

＊聖書 新改訳 2017© 2017 新日本聖書刊行会

イエス・キリストの福音のはじめ

2020年9月15日 発行

著　者　中島真実

印刷製本　日本ハイコム株式会社

発　行　いのちのことば社
〒164-0001 東京都中野区中野2-1-5
電話 03-5341-6922（編集）
03-5341-6920（営業）
FAX03-5341-6921
e-mail:support@wlpm.or.jp
http://www.wlpm.or.jp/

ISBN 978-4-264-04186-3

◆シリーズ　新約聖書に聴く◆

袴田康裕著

〈コリント人への手紙第一に聴くⅠ〉教会の一致と聖さ

分裂と党派争い、道徳上の乱れの中にある教会に対して、パウロはどんな指針を与えたのか。コリント人への手紙第一の一章から六章までを解き明かす。

定価二、〇〇〇円＋税

袴田康裕著

〈コリント人への手紙第一に聴くⅡ〉キリスト者の結婚と自由

異教社会の中でキリスト者は具体的にどう生きたらよいのか。結婚、社会生活、教会生活、礼拝の問題等に対する聖書のメッセージを聞き取る。コリント人の手紙第一の七章から一一章までを平易に語る。

定価二、〇〇〇円＋税

袴田康裕著

〈コリント人への手紙第一に聴くⅢ〉聖霊の賜物とイエスの復活

キリスト者に与えられている聖霊の賜物について、また復活の教理について、聖書全体の光に照らしてバランス良く、正しく理解するために。コリント人への手紙第一の一二章か一六章までを解き明かす。

定価二、〇〇〇円＋税

鎌野直人著

〈エペソ人への手紙に聴く〉神の大能の力の働き

神の絶大な力が働くことで、クリスチャンと教会の姿はどのように変えられるのか。十一回にわたる講解説教と、きよい歩み・ホーリネスと宣教について本書簡から語った二編の説教を収録。

定価一、五〇〇円＋税

内田和彦著

〈ペテロの手紙第一に聴く〉**地上で神の民として生きる**

困難や苦しみ、誘惑や迫害、そして自分自身の弱さに直面していた神の民に、使徒ペテロはどんなメッセージを送ったか。

定価一、六〇〇円＋税

遠藤勝信著

〈ペテロの手紙第二に聴く〉**真理に堅く立って**

自分に残された時間の短さを意識しつつ、主から学んだことを語り伝えるペテロのことばの一言一言を味わう。ペテロの遺言が心に染みる講解説教。

定価一、五〇〇円＋税

（重刷の際、価格を改めることがあります。）